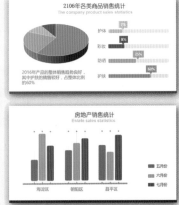

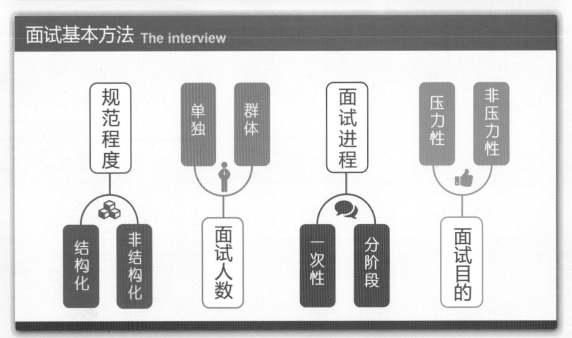

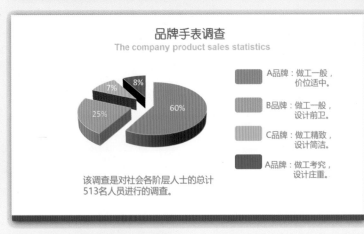

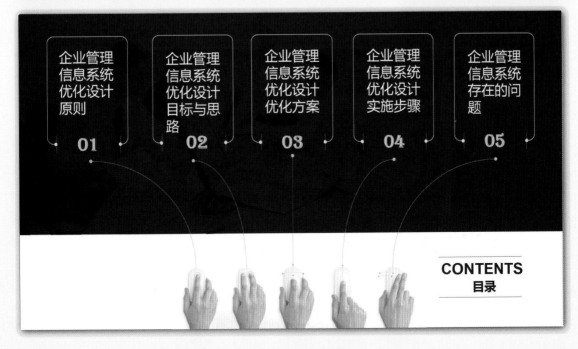

赠送 PPT 案例展示

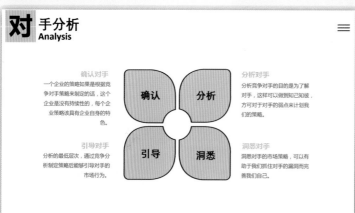

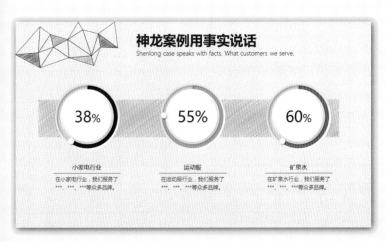

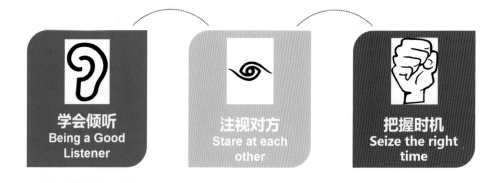

关系的强度会随着两人分享信息的多寡，以及两人的互动形态而改变。我们通常把和我们有关系的人分成：认识的人、朋友以及亲密朋友。两人之前沟通技巧主要有学会倾听、注视对方以及把握时机。

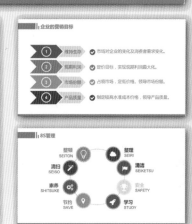

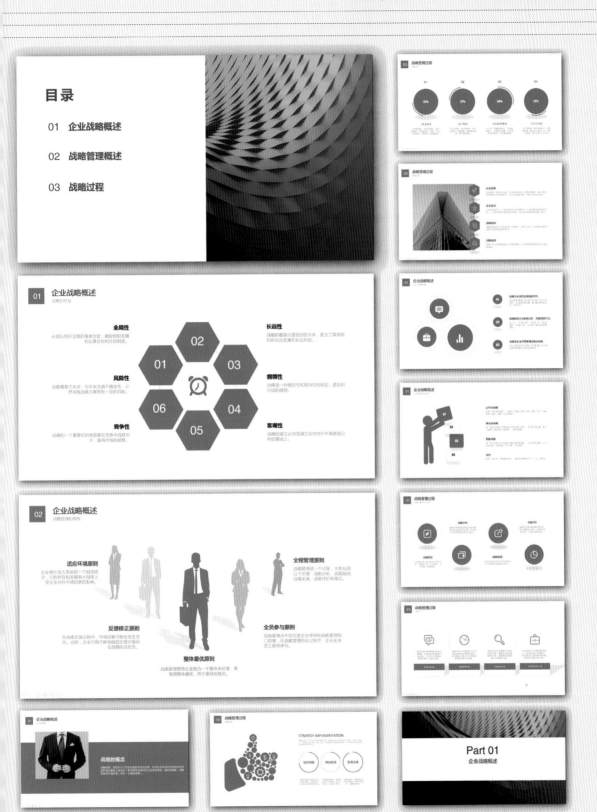

Office

2016 办公应用
从入门到精通

神龙工作室 编著

人民邮电出版社

北京

图书在版编目（CIP）数据

Office 2016办公应用从入门到精通 / 神龙工作室编著. -- 北京 : 人民邮电出版社, 2017.5（2017.8重印）
ISBN 978-7-115-45088-3

Ⅰ. ①O… Ⅱ. ①神… Ⅲ. ①办公自动化－应用软件
Ⅳ. ①TP317.1

中国版本图书馆CIP数据核字(2017)第040983号

内 容 提 要

本书是指导初学者学习 Office 2016 的入门书籍，书中详细地介绍了初学者在学习 Office 时应该掌握的基础知识、使用方法和操作技巧。全书分 4 篇，第 1 篇 "Word 办公应用"，内容包括 Office 简介、Word 基础入门、初级排版、图文混排、表格和图表应用、Word 高级排版；第 2 篇 "Excel 办公应"，内容包括 Excel 基础入门、编辑工作表、管理数据、让图表说话、函数与公式的应用；第 3 篇 "PPT 设计与制作"，内容包括 PPT 设计，文字、图片与表格的处理技巧；第 4 篇 "综合应用案例"，内容包括 Office 组件之间的协作、Word 应用案例、Excel 应用案例、PPT 设计案例。

本书附带一张精心开发的专业级 DVD 格式的电脑教学光盘。光盘采用全程语音讲解的方式，紧密结合书中的内容，对各个知识点进行深入讲解，并提供长达 10 小时的与本书内容同步的视频讲解。同时光盘中附有 920 套 Office 2016 办公模板、2 小时高效运用 Word/Excel/PPT 视频讲解、8 小时财会办公/人力资源管理/文秘办公等实战案例视频讲解、财务/人力资源/文秘/行政/生产等岗位工作手册、Office 应用技巧 1280 招电子书、300 页 Excel 函数与公式使用详解电子书、常用办公设备和办公软件的使用方法视频讲解、电脑常见问题解答电子书等内容。

本书既适合电脑初学者阅读，又可以作为大中专类院校或者企业的培训教材，同时对有经验的 Office 用户也有很高的参考价值。

◆ 编　　著　神龙工作室
　　责任编辑　马雪伶
　　责任印制　彭志环

◆ 人民邮电出版社出版发行　　北京市丰台区成寿寺路 11 号
　　邮编　100164　　电子邮件　315@ptpress.com.cn
　　网址　http://www.ptpress.com.cn
　　固安县铭成印刷有限公司印刷

◆ 开本：787×1092　1/16
　　印张：21.25　　　　　　　　　彩插:4
　　字数：528 千字　　　　　　　2017 年 5 月第 1 版
　　印数：2 501－3 000 册　　　2017 年 8 月河北第 2 次印刷

定价：49.80 元（附光盘）
读者服务热线：(010)81055410　印装质量热线：(010)81055316
反盗版热线：(010)81055315
广告经营许可证：京东工商广登字 20170147 号

　　随着企业信息化的不断发展，办公软件已经成为公司日常办公中不可或缺的工具。使用Office工作人员可以进行各种文档资料的管理、数据的处理与分析、演示文稿的展示等。目前，Office已被广泛地应用于财务、行政、人事、统计和金融等众多领域，为此我们组织多位办公软件应用专家和资深职场人士精心编写了本书，以满足企业实现高效、简捷的现代化管理的要求。

本书特色

　　■ 实例为主，易于上手：全面突破传统的讲解模式，模拟真实的办公环境，将读者在工作过程中遇到的问题以及解决方法充分地融入讲解案例中，以便读者轻松上手，解决各种疑难问题。

　　■ 高手过招，专家解密：通过"高手过招"栏目提供精心筛选的Office 2016使用技巧，以专家级的讲解帮助读者掌握职场办公中应用广泛的办公技巧。

　　■ 提示技巧，贴心周到：对读者在学习过程中可能遇到的疑难问题都以"提示""技巧"的形式进行了说明，使读者能够更快、更熟练地运用各种操作技巧。

　　■ 双栏排版，超大容量：采用双栏排版的格式，信息量大，力求在有限的篇幅内为读者奉献更多的实战案例。

　　■ 一步一图，图文并茂：在介绍具体操作步骤的过程中，每一个操作步骤均配有对应的插图，以使读者在学习过程中能够直观、清晰地看到操作的过程及其效果，学习更轻松。

　　■ 书盘结合，互动教学：配套的多媒体教学光盘与书中内容紧密结合并互相补充。

光盘特点

　　■ 超大容量：本书所配的DVD格式光盘的播放时间长达20小时，涵盖书中绝大部分知识点，并做了一定的扩展延伸，克服了目前市场上现有光盘内容含量少、播放时间短的缺点。

　　■ 内容丰富：光盘中不仅包含10小时与书本内容同步的视频讲解、本书实例的原始文件和最终效果，同时还赠送以下3部分内容。

　　（1）2小时高效运用Office视频讲解，8小时财会办公/人力资源管理/文秘办公/数据处理与分析实战案例视频讲解，帮读者拓展解决实际问题的思路。

　　（2）920套Office 2016实用模板，1280个Office应用技巧的电子书，300页Excel函数使用详解电子书，帮助读者全面提高工作效率。

　　（3）多媒体讲解打印机、扫描仪等办公设备及解/压缩软件、看图软件等办公软件的使用，300多个电脑常见问题解答，有助于读者提高电脑综合应用能力。

　　■ 实用至上：以解决问题为出发点，通过光盘中经典的Office 2016应用实例，全面涵盖了读者在学习Office 2016时所遇到的问题及解决方案。

 配套光盘使用说明

① 将光盘印有文字的一面朝上放入光驱中，几秒钟后光盘就会自动运行。

② 运行光盘时，系统会弹出如右图所示的提示框，直接单击【是】按钮即可。如果光盘运行之后，只有声音，没有图像，用户可以双击光驱盘符，进入光盘根目录，找到并双击【TSCC.exe】文件，重新运行光盘即可。

③ 建议将光盘中的内容安装到硬盘上观看。在光盘主界面中单击【安装光盘】按钮，弹出【选择安装位置】对话框，从中选择合适的安装路径，然后单击 确定 按钮即可完成安装。

④ 以后观看光盘内容时，只要单击【开始】▶【所有应用】▶【Office 2016办公应用从入门到精通】▶【Office 2016办公应用从入门到精通】菜单项，打开光盘主界面（如右图），从中选择内容学习即可。

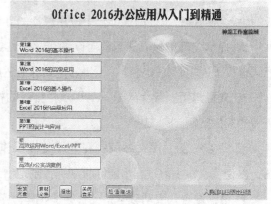

⑤ 如果想要卸载本光盘内容，依次单击【开始】▶【所有应用】▶【Office 2016办公应用从入门到精通】▶【卸载Office 2016办公应用从入门到精通】菜单项即可。

 扫一扫，惊喜等着你

使用手机扫描二维码可关注微信公众号，微信公众号中不仅提供了丰富、实用的办公技巧及常见问题解答，还有长达30个小时的Office办公应用视频，更有多种远高于本书价值的商业模板送不停。

本书由神龙工作室策划编写，参与资料收集和整理工作的有孙冬梅、张学等。尽管编者力求精益求精，书中难免有不足之处，恳请广大读者不吝批评指正。

本书责任编辑的联系信箱：maxueling@ptpress.com.cn。

编者

第8章
编辑工作表——办公用品采购清单

光盘演示路径：
Excel 2016的基本操作\编辑工作表

第9章
管理数据——制作车辆使用明细

光盘演示路径：
Excel 2016的基本操作\管理数据

高手过招

※ 输入星期几有新招

 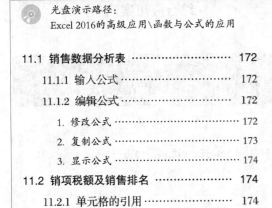

第 3 篇
PPT 设计与制作

第12章
PPT设计——设计员工培训方案

 光盘演示路径：
PPT的设计与应用\PPT设计

高手过招

※ 设置演示文稿结构有新招

第13章
文字、图片与表格的处理技巧

第 4 篇
综合应用案例

第14章
Office 2016组件之间的协作

高手过招

※ 链接幻灯片

第15章
Word应用案例——综合应用案例

 光盘演示路径：
Word 2016的高级应用\Word应用案例

第16章
Excel应用案例——财务报表的编制与分析

 光盘演示路径：
Excel 2016的高级应用\Excel应用案例

第17章
PPT设计案例——销售培训PPT设计

光盘演示路径：
PPT的设计与应用\案例详解

第1篇

Word 办公应用

本篇主要介绍 Word 2016 在日常办公中的高效应用，通过本篇的学习，用户可以轻松高效地组织和编写文档，排版出更具视觉冲击力的文档，轻松提高 Office 办公水平。

第1章

Office 2016 简介

Office 2016是微软公司推出的新一代办公软件，它是 Office 2013 的升级版本，不仅具有以前版本的所有功能，而且新增了许多更加强大的功能。接下来让我们一起了解 Office 2016 中文版！

1.1 启动与退出 Office 2016

Office 2016安装完成以后，用户就可以对Office 2016进行启动与退出操作了。Office 2016中各组件的启动与退出方法基本相同，本书以启动与退出Word 2016为例进行详细介绍。

1.1.1 启动Office 2016

Office 2016安装完成以后，就可以打开Office 2016中的任意组件了。下面以启动与退出 Word 2016 为例进行介绍。

单击【开始】按钮，在弹出的【开始】菜单栏中选择【所有应用】▶【Word 2016】菜单项，随即打开了一个Word 文档"文档1"，此时就启动了Word 2016程序。

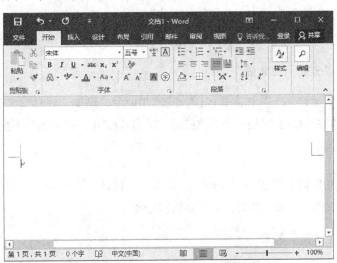

1.1.2 退出Office 2016

文档编辑完成后，直接单击窗口右上角的【关闭】按钮，即可退出 Office 组件。

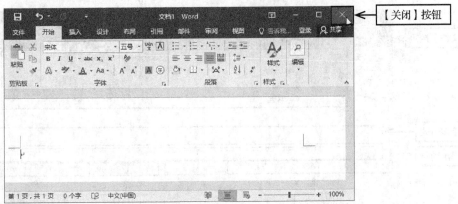

1.2 Office 2016的工作界面

Office 2016的操作界面与Office 2013相比有很大的改变，并增添了很多新的功能，使整个工作界面更加人性化，用户操作起来更加方便。

1.2.1 认识Word 2016的工作界面

Word 2016的操作界面主要由标题栏、快速访问工具栏、功能区、【文件】按钮 文件 、文档编辑区、滚动条、状态栏、视图切换区以及比例缩放区等组成部分。下面对主要部分进行简要介绍。

O 标题栏

标题栏主要用于显示正在编辑的文档的文件名以及所使用的软件名，另外还包括标准的"最小化""最大化"和"关闭"按钮。

O 快速访问工具栏

快速访问工具栏主要包括一些常用命令，例如"保存""撤销"和"恢复"按钮。在快速访问工具栏的最右端是一个下拉按钮，单击此按钮，在弹出的下拉列表中可以添加其他常用命令。

O 功能区

功能区主要包括"开始""插入""设计""布局""引用""邮件""审阅"和"视图"等选项卡，以及工作时需要用到的部分命令。

O 【文件】按钮

【文件】按钮 文件 是一个类似于菜单的按钮，位于Office 2016窗口的左上角。单击【文件】按钮可以打开【文件】面板，包含"信息""新建""打开""保存""打印""共享"和"导出"等常用命令。

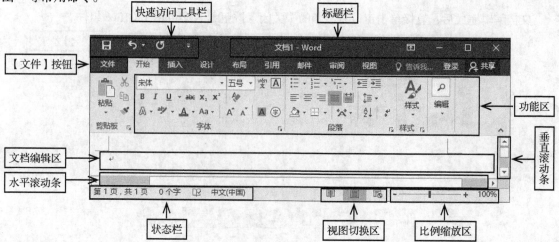

1.2.2 认识 Excel 2016 的工作界面

Excel 2016的工作界面与Word 2016相似，除了包括标题栏、快速访问工具栏、功能区、【文件】按钮、滚动条、状态栏、视图切换区以及比例缩放区以外，还包括名称框、编辑栏、工作表区、工作表列表区等部分。

O 名称框和编辑栏

在左侧的名称框中，用户可以为一个或一组单元格定义一个名称；也可以从名称框中直接选取定义过的名称，以选中相应的单元格。选中单元格后可以在右侧的编辑栏中输入单元格的内容，如公式、文字或数据等。

O 工作表区

工作表区是由多个单元表格行和单元格列组成的网状编辑区域。用户可以在此区域内进行数据处理。

O 工作表列表区

工作表列表区包括一个工作簿常用的工作表标签，如 Sheet1、Sheet2、Sheet3 等。单击左侧的工作表切换按钮 ＿＿＿ 或直接单击右侧的工作表标签，可以实现工作表间的切换。

O 视图切换区

视图切换区可用于更改正在编辑的工作表的显示模式，以便符合用户的要求。

O 比例缩放区

比例缩放区可用于更改正在编辑的工作表的显示比例设置。

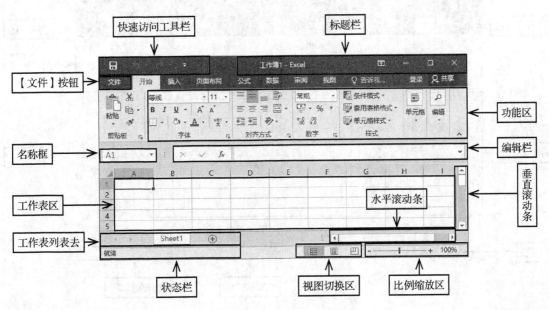

1.2.3 认识 PowerPoint 2016 的工作界面

PowerPoint 2016的工作界面与Word 2016相似。PowerPoint 2016的功能区包括"文件""开始""插入""设计""切换""动画""幻灯片放映""审阅"以及"视图"等选项卡，其中"文件""开始""插入""审阅""视图"等选项卡的功能和Word、Excel的相似，而"切换""动画"和"幻灯片放映"选项卡是PowerPoint的特有菜单项目。

○ 编辑区

工作界面中最大的区域为幻灯片编辑区，在此可以对幻灯片的内容进行编辑。

○ 视图区

编辑区左侧的区域为视图区，默认视图方式为"普通"视图，从"普通"视图可切换到"大纲"视图，需从视图选项卡中选择该视图。"普通"视图模式将以单张幻灯片的缩略图为基本单元排列，当前正在编辑的幻灯片以着重色标出。在此视图中可以轻松实现幻灯片的整张复制和粘贴，插入新的幻灯片，删除幻灯片，以及幻灯片样式更改等操作。"大纲视图"模式将以每张幻灯片所包含的内容为列表的方式进行展示，单击列表中的内容项可以对幻灯片的内容进行快速编辑。

○ 备注栏和批注栏

编辑区下方为备注栏和批注栏，在备注栏中可以为当前幻灯片添加备注和说明，在批注栏中可以为当前幻灯片添加批注。备注和批注在幻灯片放映时不显示。

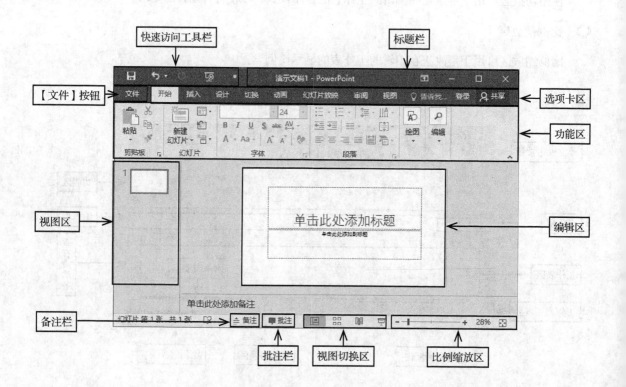

第2章

Word 2016基础入门——
制定档案管理制度

档案管理是企业日常生活管理中的一项重要工作。使用Word 2016，用户可以轻松制定档案管理制度，加强公司档案管理，充分发挥档案作用，全面提高档案管理水平，有效地保护及利用档案。

光盘链接

关于本章知识，本书配套教学光盘中有相关的多媒体教学视频，请读者参见光盘中的【Word 2016的基本操作\Word 2016基础入门】。

2.1 文档的基本操作

文档的基本操作主要包括新建文档、保存文档、打开文档和关闭文档等。

2.1.1 新建文档

用户可以使用Word 2016方便快捷地新建多种类型的文档，如空白文档、基于模板的文档、博客文档以及书法字帖等。

1. 新建空白文档

启动Word 2016应用程序后，再单击【空白文档】选项新建一个名为"文档1"的空白文档。除此之外，用户还可以使用以下方法新建空白文档。

○ 使用【新建】按钮

单击【快速访问工具栏】中的 按钮，单击【新建】选项，将其添加到快速访问工具栏。再单击【快速访问工具栏】中的【新建】按钮 。

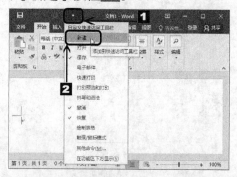

○ 使用 文件 按钮

单击 文件 按钮，在弹出的界面中选择【新建】选项，然后单击【新建】列表框中的【空白文档】选项即可新建一个空白文档。

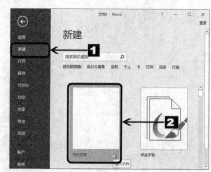

○ 使用组合键

按下【Ctrl】+【N】组合键即可创建一个新的空白文档。

2. 新建基于模板的文档

Word 2016为用户提供了很多类型的模板样式，用户可以根据需要选择模板样式并新建基于所选模板的文档。

新建基于模板的文档具体步骤如下。

1 单击 文件 按钮，在弹出的界面中选择【新建】选项，然后在【新建】列表框中选择已经安装好的模板。

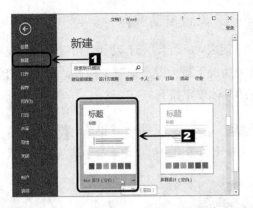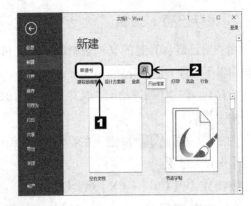

2 如果用户在已安装的模板中没有找到自己需要的模板，可以搜索联机模板，在【新建】文本框中输入的模板名称，例如"申请书"，然后单击【开始搜索】即可。

3 搜索完成后，用户可以从其中选择自己需要的模板。

2.1.2 保存文档

在编辑文档的过程中，可能会出现断电、死机或系统自动关闭等情况。为了避免不必要的损失，用户应该及时保存文档。

1. 保存新建的文档

新建文档以后，用户可以将其保存起来。保存新建文档的具体步骤如下。

1 单击 文件 按钮，在弹出的界面中选择【保存】选项。

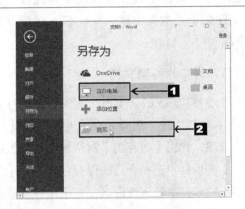

3 弹出【另存为】对话框，在【保存位置】列表框中选择合适的保存位置，在【文件名】文本框中输入文件名，然后单击 保存(S) 按钮即可。

2 弹出【另存为】界面，在界面中选择【这台电脑】▶【浏览】选项。

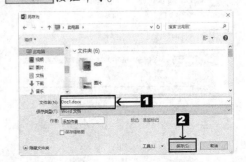

2. 保存已有的文档

用户对已经保存过的文档进行编辑后，可以使用以下几种方法保存。

方法1：单击【快速访问工具栏】中的【保存】按钮 。

方法2：单击 文件 按钮，在弹出的界面中选择【保存】选项。

方法3：按【Ctrl】+【S】组合键。

3. 将文档另存

用户对已有文档进行编辑后，可以另存为同类型文档或其他类型的文档。

◯ 另存为同类型文档

单击 文件 按钮，使用之前的方法，打开【另存为】界面，选择【这台电脑】➤【浏览】选项，弹出【另存为】对话框，在【保存位置】列表框中选择合适的保存位置，在【文件名】文本框中输入文件名，然后单击 保存(S) 按钮即可。

◯ 另存为其他类型文档

单击 文件 按钮，使用之前的方法，打开【另存为】界面，选择【这台电脑】➤【浏览】选项，弹出【另存为】对话框，在【保存位置】列表框中选择合适的保存位置，在【文件名】文本框中输入文件名，在【保存类型】下拉列表中选择文本类型，然后单击 保存(S) 按钮即可。

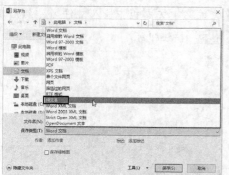

4. 设置自动保存

使用Word自动保存功能，可以在断电或死机的情况下最大限度地减少损失。设置自动保存的具体步骤如下。

1 在Word文档窗口中单击 文件 按钮，在弹出的界面中选择【选项】选项。

2 弹出【Word选项】对话框，切换到【保存】选项卡，在【保存文档】组合框中的【将文件保存为此格式】下拉列表框中选择文件的保存类型，这里选择的是【Word文档（*.docx)】选项。

3 选中【保存自动恢复信息时间间隔】复选框，并在其右侧的微调框中设置文档自动保存的时间间隔，在这里将文档自动保存的时间间隔设置为"10分钟"。设置完毕单击 确定 按钮即可。

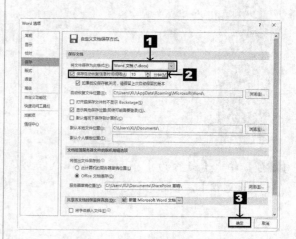

2.1.3 打开和关闭文档

在编辑文档的过程中，经常会打开和关闭一些文档。用户可以通过以下方式打开和关闭Word文档。

1. 打开文档

打开文档的常用方法包括以下几种。

⭕ 双击文档图标

双击文档图标打开Word文档的具体步骤如下。

1 在要打开的文档图标上双击鼠标左键。

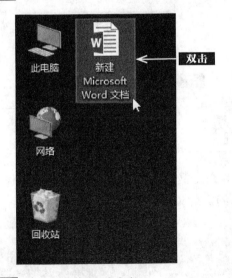

2 此时即可打开该文档。

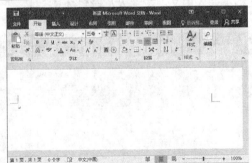

⭕ 使用鼠标右键

在要打开的文档图标上单击鼠标右键，从弹出的快捷菜单中选择【打开】菜单项，也可以打开文档。

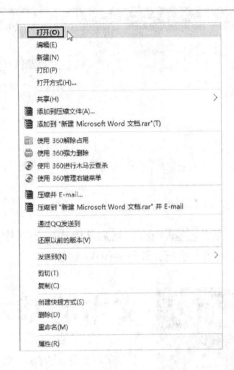

2. 关闭文档

关闭文档的常用方法包括以下几种。

⭕ 使用【关闭】按钮

使用【关闭】按钮关闭Word文档是最常用的一种关闭方法。直接单击Word文档窗口标题栏右侧的【关闭】按钮即可关闭Word文档。

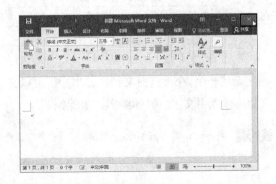

使用快捷菜单

在标题栏空白处单击鼠标右键，然后从弹出的快捷菜单中选择【关闭】菜单栏，即可关闭Word。

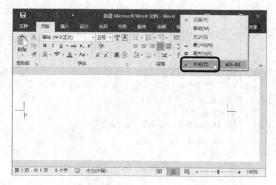

使用【文件】按钮

使用 文件 按钮，然后从弹出的界面中选择【关闭】选项，即可关闭Word文档。

使用程序按钮

在任务栏中要关闭的Word程序按钮上单击鼠标右键，然后在弹出的快捷菜单中选择【关闭窗口】菜单项即可关闭Word文档。

2.2 文本的基本操作

文本处理是Word文字处理软件最主要的功能之一，接下来介绍如何在Word文档中输入文本、选定文体、编辑文本等内容。

2.2.1 输入文本

文本的类型多种多样，接下来介绍如何在Word文档中输入中文、数字以及日期等对象。

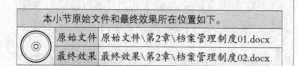

本小节原始文件和最终效果所在位置如下。	
原始文件	原始文件\第2章\档案管理制度01.docx
最终效果	最终效果\第2章\档案管理制度02.docx

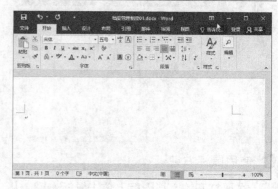

1. 输入中文

新建一个Word空白文档后，用户就可以在文档中输入中文了。具体的操作步骤如下。

1 打开本实例的原始文件"档案管理制度01.docx"，然后切换到任意一个汉字输入法。

2 单击文档编辑区，在光标闪烁处输入文本内容，如"公司档案管理制度"，然后按下【Enter】键将光标移至下一行行首。

3 接下来输入公司档案管理制度的主要内容即可。

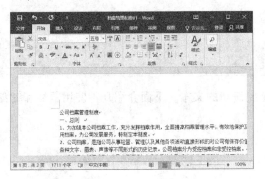

2. 输入数字

在编辑文档的过程中，如果客户需要用到数字内容，只需要利用数字键直接输入即可。具体步骤如下。

1 将光标定位在文本"按"和"元"间，然后按下相应的数字键，输入数字"20"。

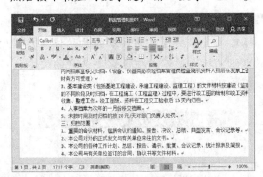

2 接下来输入公司档案管理制度的主要内容即可。

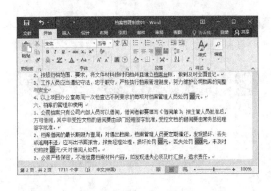

3. 输入日期和时间

用户在编辑文档的过程时往往需要输入日期和时间，如果用户需要用当前的日期和时间，则可使用Word自带的插入日期和时间功能。具体步骤如下。

1 将光标定位在文档的最后一行行首，然后切换到【插入】选项卡，在【文本】组中单击 日期和时间 按钮。

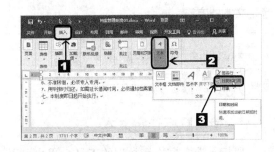

2 单击【日期和时间】对话框，在【可用格式】列表框中选择一种日期格式，例如选择【二〇一五年十一月十一日】选项。

3 单击 确定 按钮，此时，当前日期插入到了Word文档中。

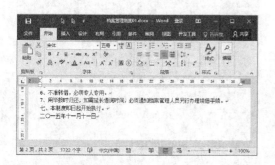

提示 ∷∷∷∷∷

　　用户还可以使用组合键输入当前日期和时间。

　　（1）按下【Alt】+【Shift】+【D】组合键，即可输入当前的系统日期。

　　（2）按下【Alt】+【Shift】+【T】组合键，即可输入当前的系统时间。

　　（3）文档录入完成后，如果不希望其中某些日期和时间随系统的改变而改变，那么选中相应的日期和时间，然后按下【Ctrl】+【Shift】+【F9】组合键切断域的链接即可。

2.2.2　选定文本

　　对Word文档中的文本进行编辑之前首先要选定要编辑的文本。下面介绍几种使用鼠标和键盘选定文本的方法。

	本小节原始文件和最终效果所在位置如下。	
	原始文件	原始文件\第2章\档案管理制度02.docx
	最终效果	最终效果\第2章\档案管理制度03.docx

1. 使用鼠标选定文本

　　鼠标是选定文本最常用的工具，用户可以用它选定某个单词、连续文本、分散文本、矩形文本、段落文本以及整个文档等。

○ 选定单个字词

　　选定单个字词的方法很简单，用户只需要将光标定位在要选定的字词开始位置，按住鼠标左键拖至需要选定的字词结束的位置，释放左键即可。

提示 ∷∷∷∷∷

　　在词语中的任何位置双击都可以选定该词语，例如选定词语"发展"，此时被选定的文本会呈反色显示。

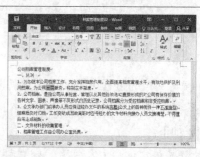

○ 选定连续文本

1 使用鼠标选定连续文本，用户只需将光标定位在需要选定的文本的开始位置，然后按住鼠标左键不放拖至需要选定的文本的结束位置释放即可。

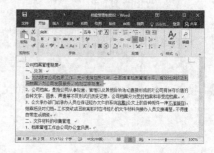

2 如果要选超长文本，用户只需将光标定位在文本的开始位置，然后用滚动条代替光标向下移动文档，直到所选定部分的结束处。按下【Shift】键，单击要选定文本的结束处，这样从开始到结束处的这段文本内容就被全部选中了。

⭕ **选定分散文本**

在Word文档中，首先使用拖动鼠标的方法选定一个文本，然后按下【Ctrl】键，依次选定其他文本，就可以选定任意数量的分散文本。

⭕ **选定矩形文本**

按下【Alt】键，同时在文本上拖动鼠标即可选定矩形文本。

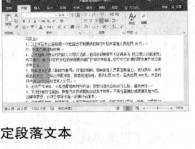

⭕ **选定段落文本**

在需要选定的段落中的任意位置单击鼠标左键3次即可选择整个段落文本。

2. 使用组合键选定文本

除了使用鼠标选定文本外，用户还可以用键盘上的组合键选取文本。在使用组合键选择文本前，用户应该根据需要将光标定位在适当的位置，然后再按下相应的组合键选定文本。

Word 2016 提供了一整套利用键盘选定文本的方法，主要是通过【Shift】、【Ctrl】和方向键来实现，操作方法如下表。

选取文本常用组合键如下表所示。

组合键	功能
【Ctrl】+【A】	选择整篇文档
【Ctrl】+【Shift】+【Home】	选择光标所在位置至文档开始处的文本
【Ctrl】+【Shift】+【And】	选择光标所在位置至文档结束处的文本
【Alt】+【Ctrl】+【Shift】+【Page Up】	选择光标所在位置至本页开始处的文本
【Alt】+【Ctrl】+【Shift】+【Page Down】	选择光标所在位置至本页结束处的文本
【Shift】+【↑】	向上选中一行
【Shift】+【↓】	向下选中一行
【Shift】+【←】	向左选中一个字符
【Shift】+【→】	向右选中一个字符
【Ctrl】+【Shift】+【←】	选择光标所在位置左侧的词语
【Ctrl】+【Shift】+【→】	选择光标所在位置右侧的词语

3. 使用选中栏选定文本

所谓选中栏就是Word文档左侧的空白区域。当鼠标指针移至该空白区域时，指针便会呈 形状显示。

○ 选择行

将鼠标指针移至要选中行左侧的选中栏中，然后单击鼠标左键即可选定该行文本。

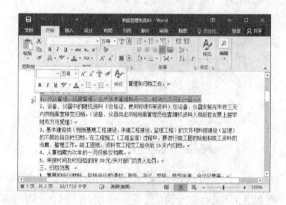

○ 选定段落

将鼠标指针移至要选中行左侧的选中栏中，然后双击鼠标左键即可选定整段文本。

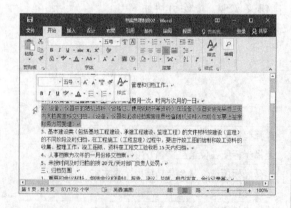

○ 选定整篇文档

将鼠标指针移至选中栏中，然后连续单击鼠标左键3次即可选择整篇文档。

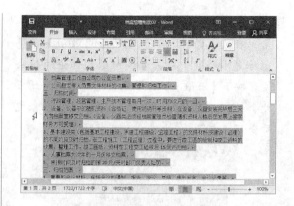

4. 使用菜单选定文本

使用【开始】选项卡【编辑】组中【选择】按钮，选定全部文本或格式相似的文本。

1 切换到【开始】选项卡，在右侧的【编辑】组中单击【选择】按钮，在弹出的下拉列表中选择【全选】选项，此时即可选定整篇文档。

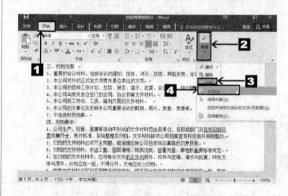

2 如果选择【选定所有格式类似的文本】选项，即可选定格式相似的文本。

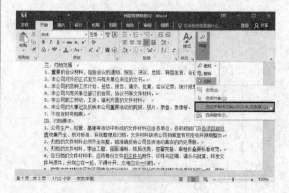

2.2.3 编辑文本

文档的编辑操作一般包括复制、粘贴、剪切、查找和替换、改写以及删除文本等内容。下面分别进行介绍。

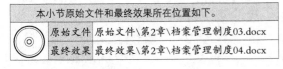

本小节原始文件和最终效果所在位置如下。

原始文件	原始文件\第2章\档案管理制度03.docx
最终效果	最终效果\第2章\档案管理制度04.docx

1. 复制文本

"复制"是指把文档中的一部分"拷贝"一份，然后放到其他位置，而被"复制"的内容仍按原样保留在原位置。

○ 利用Windows剪贴板

剪贴板是Windows的一块临时存储区，可以保存一些内容，用户可以在剪贴板上对文本进行复制、粘贴或剪切等操作。

选择要复制的文本，然后就可以进行复制了，具体的操作方法如下。

方法1：打开本实例的原始文件，选择文本"公司档案管理制度"，然后在选定文本区域上单击鼠标右键，在弹出的快捷菜单中选择【复制】菜单项。

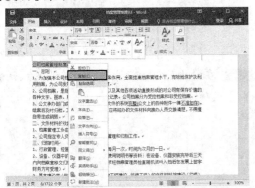

方法2：选择文本"公司档案管理制度"，然后切换到【开始】选项卡，在【剪贴板】组中单击【复制】按钮 。

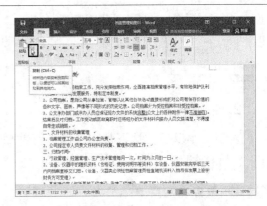

方法3：选择文本"公司档案管理制度"，然后按下【Ctrl】+【C】组合键即可。

○ 左键拖动

将鼠标指针放在选定的文本上，按下【Ctrl】键，同时按住鼠标左键将其拖动到目标位置，在此过程中鼠标指针右下方出现一个"+"号。

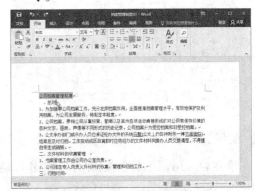

○ 使用【Shift】+【F2】组合键

选中文本，按下【Shift】+【F2】组合键，状态栏中将出现"复制到何处？"字样，单击放置复制对象的目标位置，然后按下【Enter】键即可。

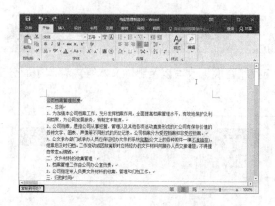

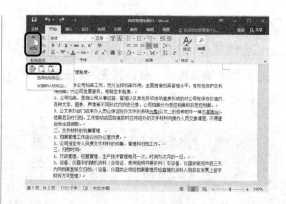

2. 粘贴文本

复制文本以后，接下来就可以进行粘贴了。常用的粘贴文本方法有以下几种。

○ **使用鼠标右键菜单**

复制文本以后，用户只需在目标位置单击鼠标右键，在弹出的快捷菜单中选择【粘贴选项】菜单项中的任意一个选项即可。

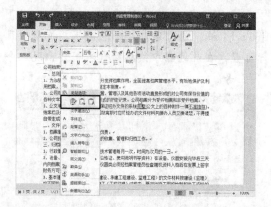

○ **使用剪贴板**

利用Windows的剪贴板，用户可以选择粘贴选项，进行选择性粘贴或设置默认粘贴。

1 复制文本以后，切换到【开始】选项卡，在【剪贴板】组中单击【粘贴】按钮下方的下拉按钮 粘贴，在弹出的下拉列表中单击【粘贴选项】选项中的任意一个粘贴按钮即可。

2 在弹出的下拉框中进选择【选择性粘贴】选项。

3 随机弹出【选择性粘贴】对话框，用户可以根据需要选择粘贴形式，然后单击按钮 确定 即可。

4 在弹出的下拉框中进选择【设置默认粘贴】选项。

5 随即弹出【Word选项】对话框，切换到【高级】选项卡，在【剪切、复制和粘贴】组合框中设置默认的粘贴方式即可。

○ 使用组合键

使用【Ctrl】+【C】和【Ctrl】+【V】组合键，则可以快速地复制和粘贴文本。

3. 剪切文本

"剪切"是指把用户选中的信息放入到剪切板中，单击"粘贴"按钮后又会出现一份相同的信息，原来的信息会被系统自动删除。

○ 使用鼠标右键菜单

选中要剪切的文本，然后单击鼠标右键，在弹出的快捷菜单中选择【剪切】选项。

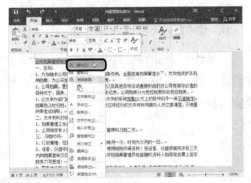

○ 使用【剪切】按钮

选中文本以后，切换到【开始】选项卡，在【剪切板】组中单击【剪切】按钮即可。

○ 使用快捷键

使用【Ctrl】+【X】组合键，也可以快速地剪切文本。

4. 查找和替换文本

在编辑文档的过程中，用户有时要查找并替换某些字词。使用Word 2016强大的查找和替换功能可以节约大量的时间。

查找和替换文本的步骤具体如下。

1 打开本实例的原始文件，切换到【开始】选项卡，在【编辑】组中选择【查找】选项。

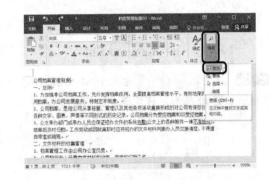

2 弹出【导航】窗格，在【查找】文本框中输入要查找的文本"档案"，按下【Enter】键，随即在【导航】窗格中查找到了该文本所在的页面和位置，同时文本"档案"在Word文档中呈反色显示。

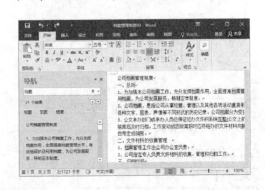

3 如果用户要替换相关文本，可以在【编辑】组中选择【替换】选项。

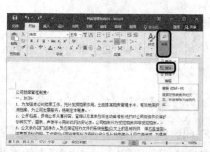

4 弹出【查找和替换】对话框，系统自动切换到【替换】选项卡，然后在【查找内容】文本框中输入要查找的文本"公司"，在【替换为】文本框中输入"企业"。

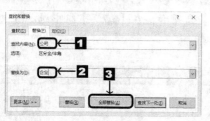

5 单击 全部替换(A) 按钮，弹出提示对话框，提示用户已完成替换并显示替换结果。

6 单击 确定 按钮，单击 关闭 按钮，返回Word文档，替换效果图如下图所示。

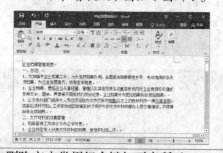

删除文本常用组合键如下表所示。

5. 改写文本

在Word文档中改写文本的方法主要有两种：一是改写法，二是选中法。

⭕ **改写法**

打开本实例的原始文件，单击【Insert】按钮进入改写状态，此时输入的文本将会按照相等的字符个数依次覆盖右侧的文本。

⭕ **选中法**

首先用鼠标选中要替换的文本，然后输入需要的文本，按空格键，此时新输入的文本会自动替换选中的文本。

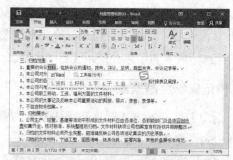

6. 删除文本

"删除"是指将已经不需要的文本从文档中清除。除了使用剪切功能，用户还可以使用快捷键删除文本。

组合键	功能
【Backspace】	向左删除一个字符
【Delete】	向右删除一个字符
【Ctrl】+【Backspace】	向左删除一个字词
【Ctrl】+【Delete】	向右删除一个字词
【Ctrl】+【Z】	撤消上一个操作
【Ctrl】+【Y】	恢复上一个操作

2.3 文档的视图操作

文档的视图操作主要包括切换视图模式、显示与隐藏操作、调整视图比例以及文档窗口操作等内容。

2.3.1 文档的视图方式

Word 2016提供了多种视图模式供用户选择，包括"页面视图""阅读视图""Web版式视图""大纲视图"和"草稿视图"5种视图模式。

	本小节原始文件和最终效果所在位置如下。
原始文件	原始文件\第2章\档案管理制度04.docx
最终效果	最终效果\第2章\档案管理制度05.docx

1. 页面视图

"页面视图"是Word 2016的默认视图方式，可以显示文档的打印外观，主要包括页眉、页脚、图形对象、分栏设置、页面边距等元素，是最接近打印结果的视图方式。

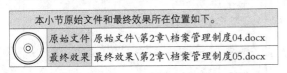

2. 阅读视图

"阅读视图"是以图书的分栏样式显示Word 2016文档，【文件】按钮、功能区等窗口元素被隐藏起来。在"阅读视图"中，用户还可以通过"阅读视图"窗口上方的各种视图工具和按钮进行相关的视图操作。

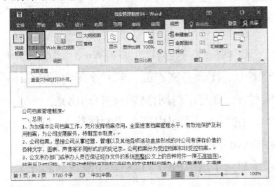

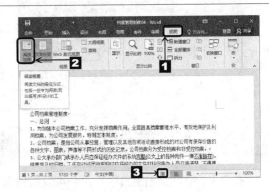

3. Web版式视图

"Web版式视图"是以网页的形式显示Word 2016 文档，适用于发送电子邮件和创建网页。

切换到【视图】选项卡，在【文档视图】组中单击【Web版式视图】按钮，或者单击视图功能区中的【Web版式视图】按钮，将文档的视图方式切换到【Web版式视图】下。

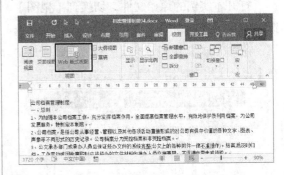

4. 大纲视图

"大纲视图"主要用于Word 2016文档结构的设置与浏览，使用"大纲视图"可以迅速了解文档的结构和内容梗概。

5. 草稿视图

"草稿视图"取消了页面边距、分栏、页眉、页脚和图片等元素，仅显示标题和正文，是最节省计算机系统硬件资源的视图方式。

切换到【视图】选项卡，在【文档视图】组中单击 按钮，将文档的视图方式切换到【草稿视图】下，效果如右图所示。

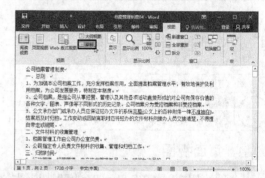

2.3.2 文档显示和隐藏操作

在Word 2016文档窗口中，用户可以根据需要显示或隐藏标尺、网格线和【导航】窗格。

本小节原始文件和最终效果所在位置如下。	
原始文件	原始文件\第2章\档案管理制度05.docx
最终效果	最终效果\第2章\档案管理制度06.docx

1. 显示和隐藏标尺

"标尺"是Word 2016编辑软件中的一个重要工具，包括水平标尺和垂直标尺，用于显示Word文档的页边距、段落缩进、制表符等。

打开本实例的原始文件，切换到【视图】选项卡，在【显示】组中选中【标尺】复选框，在Word文档中显示标尺。若要隐藏标尺，在【显示】组中撤销【标尺】复选框即可。

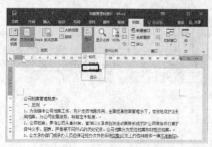

2. 显示和隐藏网格线

"网格线"能帮助用户将Word 2016文档中的图形、图像、文本框、艺术字等对象沿网格线对齐，在打印时网格线不被打印出来。

在【显示】组中选中【网格线】复选框，在Word文档中显示网格线。若要隐藏网格线，在【显示】组中撤销【网格线】复选框即可。

3. 显示和隐藏【导航】窗格

【导航】窗格主要用于显示Word 2016文档的标题大纲，用户可以单击"文档结构图"中的标题以展开或收缩下一级标题，并且可以快速定位到标题对应的正文内容，还可以显示Word 2016文档的缩略图。

在【显示】组中选中【导航窗格】复选框，即可在Word文档中显示【导航】窗格。如果要隐藏【导航窗格】，在【显示】组中撤销【导航窗格】复选框即可。

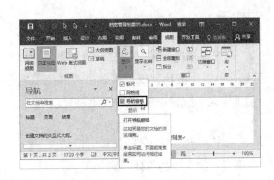

2.3.3 调整文档的显示比例

浏览文档时，用户可以根据需要调整文档视图的显示比例。

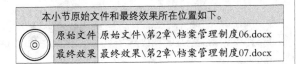

本小节原始文件和最终效果所在位置如下。	
原始文件	原始文件\第2章\档案管理制度06.docx
最终效果	最终效果\第2章\档案管理制度07.docx

1. 调整显示比例

使用【显示比例】按钮，可以精确地调整Word文档的显示比例。

1 打开本实例的原始文件，切换到【视图】选项卡，在【显示比例】组中单击【显示比例】按钮。

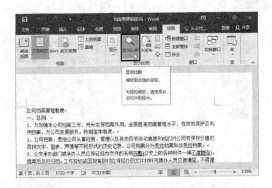

2 弹出【显示比例】对话框，在【显示比例】组合框中选中【75%】单选钮。

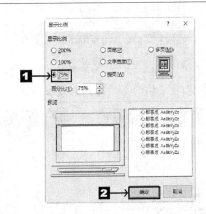

3 单击 确定 按钮，返回Word文档中，效果如右侧图所示。

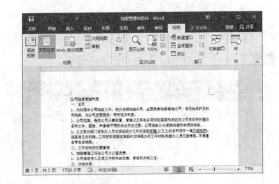

提示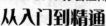

用户可单击文档窗口右下角"显示比例"区域中的 100% 按钮，或直接单击【缩小】按钮 - 和【放大】按钮 + 调整文档的缩放比例。

2. 设置正常大小

设置正常大小的具体步骤如下。

1 切换到【视图】选项卡，在【显示比例】组中单击【100%】按钮。

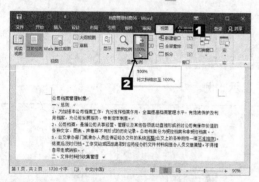

2 此时文档的显示比例恢复正常大小。

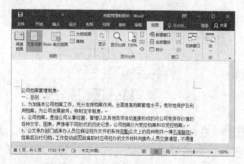

3. 设置单页显示

设置单页显示的具体步骤如下。

1 在【显示比例】组中单击 单页 按钮。

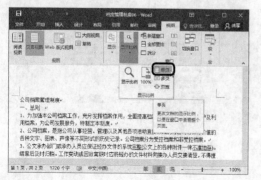

2 单页显示的效果如下图所示。

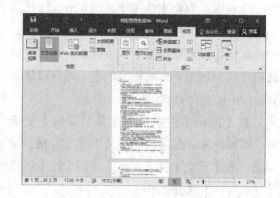

4. 设置多页显示

设置多页显示的具体步骤如下。

1 在【显示比例】组中单击 多页 按钮。

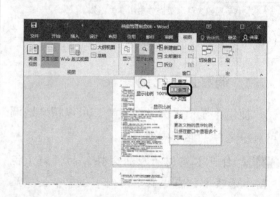

2 多页显示的效果如下图所示。

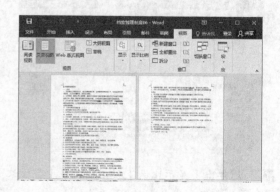

2.3.4 文档窗口的操作

文档窗口的操作主要包括缩放文档窗口、移动文档窗口、切换文档窗口、新建文档窗口、排列文档窗口、拆分文档窗口以及并排查看文档窗口等。下面我们以拆分文档窗口及并排查看文档窗口为例。

本小节原始文件和最终效果所在位置如下。

原始文件	原始文件\第2章\档案管理制度07.docx
最终效果	最终效果\第2章\档案管理制度08.docx

1. 拆分文档窗口

拆分窗口就是把一个文档窗口分成上、下两个独立的窗口，从而可以通过两个文档窗口显示同一文档的不同部分。在拆分出的窗口中，对任何一个子窗口都可以进行独立的操作，并且在其中任何一个窗口中所做的修改将立即反映到其他的拆分窗口中。

拆分窗口的具体步骤如下。

1 切换到【视图】选项卡，在【窗口】组中单击【拆分】按钮。

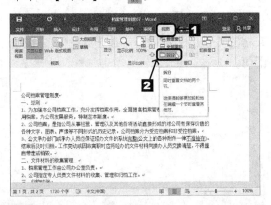

2 此时文档的窗口中出现一条分割线。

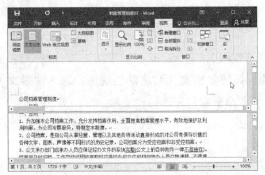

3 上、下拖动鼠标指针可以调整拆分线的位置，即可显示同一文档的不同部分。

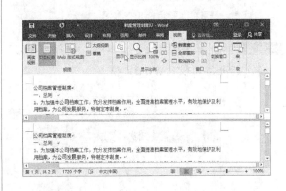

4 如果要取消拆分，在【窗口】组中单击【取消拆分】按钮即可。

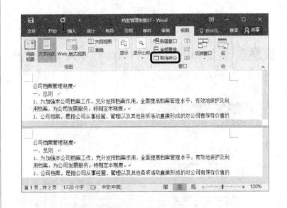

2. 并排查看文档窗口

Word 2016具有多个文档窗口并排查看的功能，通过多窗口并排查看，可以对不同窗口中的内容进行比较。

1 打开两个或两个以上的Word 2016文档窗口，在当前窗口中切换到【视图】选项卡，然后在【窗口】组中单击并排查看按钮。

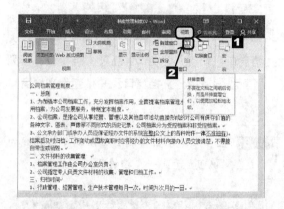

2 弹出【并排对比】对话框，选择一个准备进行并排比较的Word文档。

3 单击 确定 按钮，此时即可同时查看打开的两个或多个文档。

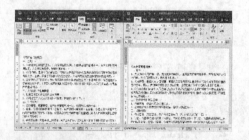

4 【窗口】组中自动选中 同步滚动 按钮。

5 拖动滚动条或滑动鼠标滚轮即可实现在滚动当前文档时，另一个文档同时滚动。

提示 ⚬⚬⚬⚬⚬⚬

如果用户要取消并排查看，在任意一个文档的【视图】选项卡中单击 并排查看 按钮即可。

2.4 保护文档

用户可以通过设置只读文档、设置加密文档和启动强制保护等方法对文档进行保护，以防止无操作权限的人员随意打开或修改文档。

2.4.1 设置只读文档

"只读文档"是指开启的文档处在"只读"状态，无法被修改。设置只读文档的方法主要有以下两种。

原始文件	原始文件\第2章\档案管理制度08.docx
最终效果	最终效果\第2章\档案管理制度09.docx

本小节原始文件和最终效果所在位置如下。

1. 标记为最终状态

将文档标记为最终状态，可以让读者知晓文档的最终版本，并将其设置为只读。

标记为最终状态的具体步骤如下。

1 打开本实例的原始文件，单击 文件 按钮，在弹出的界面中选择【信息】选项，然后单击【保护文档】按钮 。在弹出的下拉列表中选择【标记为最终状态】选项。

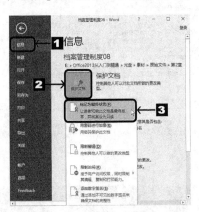

2 弹出提示对话框，提示用户"此文档将先被标记为终稿，然后保存"。

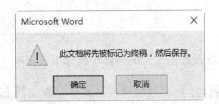

3 单击 确定 按钮，弹出提示对话框，提示用户"此文档已被标记为终稿"，单击 确定 按钮即可。

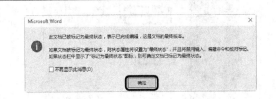

4 再次启动文档，弹出提示对话框，提示用户"作者已将此文档标记为最终版本以防止编辑"，文档的标题栏显示"只读"，如果要编辑文档，单击 仍然编辑 按钮即可。

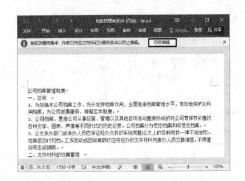

2. 使用常规选项

使用常规选项设置只读文档的具体操作步骤如下。

1 单击 文件 按钮，在弹出的界面中选择【另存为】选项。

2 弹出【另存为】界面，单击【这台电脑】▶【浏览】按钮。

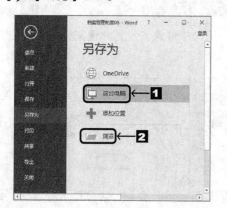

3 弹出【另存为】对话框，单击 工具(L) ▾ 按钮，在弹出的下拉列表中选择【常规选项】选项。

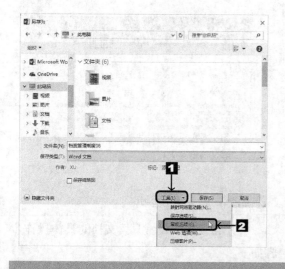

4 弹出【常规选项】对话框，选中【建议以只读方式打开文档】复选框。

5 单击 确定 按钮，返回【另存为】对话框，然后单击 保存(S) 按钮即可。启动Word文档，此时该文档处于"只读"状态。

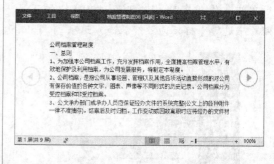

2.4.2 设置加密文档

在日常办公中，为了保证文档的安全，用户经常会为文档加密。设置加密文档包括设置文档的打开密码和修改密码。

本小节原始文件和最终效果所在位置如下。	
原始文件	原始文件\第2章\档案管理制度08.docx
最终效果	最终效果\第2章\档案管理制度10.docx

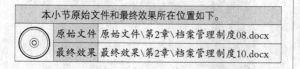

设置加密文档的具体步骤如下。

1 打开本实例的原始文件，单击 文件 按钮，在弹出的界面中选择【信息】选项，然后单击【保护文档】按钮。在弹出的下拉列表中选择【用密码进行加密】选项。

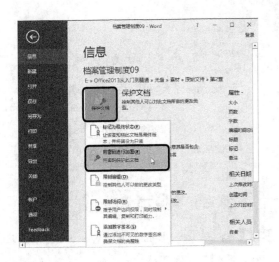

2 弹出【加密文档】对话框，在【密码】文本框中输入"123"，然后单击 确定 按钮即可。

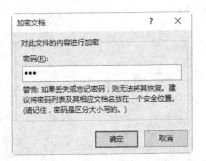

3 弹出【确认密码】对话框，在【重新输入密码】文本框中输入"123"，然后单击 确定 按钮。

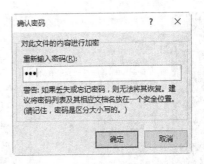

4 再次启动该文档时弹出【密码】对话框，在【请输入打开文件所需的密码】文本框中输入"123"，然后单击 确定 按钮即可打开Word文档。

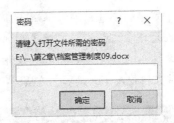

5 如果密码输入错误，弹出对话框，提示用户"密码不正确，Word无法打开文档"。

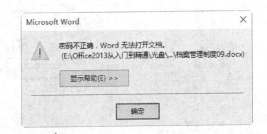

2.4.3 启动强制保护

用户还可以通过设置文档的编辑权限，启动文档的强制保护功能等方法保护文档的内容不被修改，具体操作步骤如下。

本小节原始文件和最终效果所在位置如下。

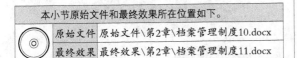

原始文件	原始文件\第2章\档案管理制度10.docx
最终效果	最终效果\第2章\档案管理制度11.docx

启动强制保护的具体步骤如下。

1 单击 文件 按钮，弹出界面中选择【信息】选项，然后单击【保护文档】按钮。在弹出的下拉列表中选择【限制编辑】选项。

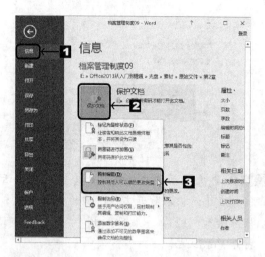

2 在Word文档编辑区的右侧出现一个【限制编辑】窗格，在【2.编辑限制】组合框中选中【仅允许在文档中进行此类型的编辑】复选框，然后在其下方的下拉列表框中选择【不允许任何更改（只读）】选项。

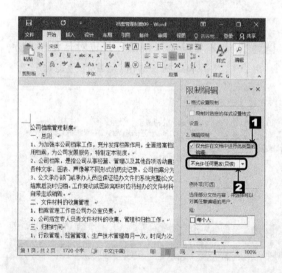

3 在【3.启动强制保护】组合框中单击 启动强制保护 按钮，弹出【启动强制保护】对话框，在【新密码】和【确认新密码】文本框中分别输入"123"。

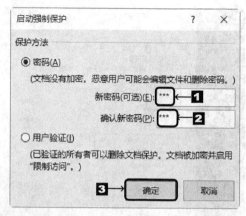

4 单击 确定 按钮，返回Word文档中，此时，文档处于保护状态。

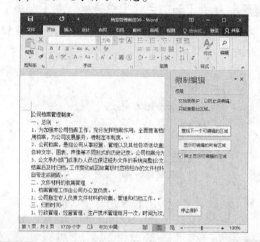

5 如果用户要取消强制保护，单击 停止保护 按钮，弹出【取消保护文档】对话框，在【密码】文本框输入"123"，然后单击 确定 按钮即可。

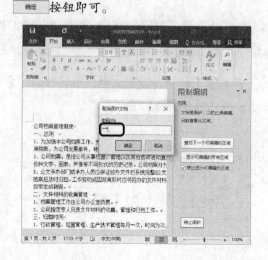

第3章

初级排版——制定部门工作计划

工作计划是企业各部门日常工作的指南针，对日常办公既有指导作用，又有推动作用。做好工作计划，是建立正常工作秩序，提高工作效率的重要手段。本章以制定人力资源部工作计划为例，介绍如何在Word 2016文档中进行初级排版。

光盘链接

关于本章知识，本书配套教学光盘中有相关的多媒体教学视频，请读者参见光盘中的【Word 2016的基本操作\初级排版】。

3.1 设置版心

版心设置实际上就是Word文档中的页面设置，主要包括设置纸张大小、设置页边距、设置版式、设置文档窗格等内容。

3.1.1 设置纸张大小

纸张是设置版心的基础，Word 2016为用户提供了多种常用的纸张类型，用户既可以根据需要选择合适的纸型，也可以自定义纸张大小。

本小节原始文件和最终效果所在位置如下。	
原始文件	原始文件\第3章\部门工作计划01.docx
最终效果	最终效果\第3章\部门工作计划02.docx

设置纸张大小的具体步骤如下。

1 打开本实例的原始文件，切换到【布局】选项卡，单击【页面设置】组右下角的【对话框启动器】按钮。

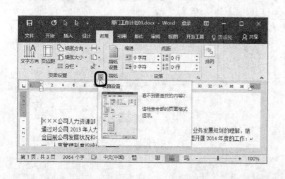

2 弹出【页面设置】对话框，切换到【纸张】选项卡，在【纸张大小】下拉列表框中选择【A4】选项，此时，在【宽度】文本框中自动显示"21厘米"，在【高度】文本框中自动显示"29.7厘米"。在【应用于】下拉列表框中选择【整篇文档】选项。设置完毕单击 确定 按钮即可。

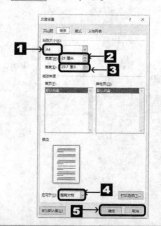

3.1.2 设置页边距

"页边距"通常是指页面四周的空白区域。通过设置页面边距，可以使Word 2016文档的正文部分跟页面边缘保持比较合适的距离。

本小节原始文件和最终效果所在位置如下。	
原始文件	原始文件\第3章\部门工作计划02.docx
最终效果	最终效果\第3章\部门工作计划03.doc

设置页边距的具体步骤如下。

1 打开本实例的原始文件切换到【布局】选项卡，单击【页面设置】组中的【页边距】按钮，然后在弹出的下拉列表中选择【自定义边距】选项。

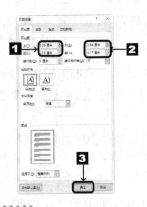

2 弹出【页面设置】对话框，切换到【页边距】选项卡，在【页边距】组合框中的【上】和【下】微调框中输入"2.35厘米"，在【左】和【右】微调中输入"2.75厘米"，其他选项保持默认，设置完毕单击 确定 按钮。

提示

纸张大小和页边距设置完成以后，版心的内心尺寸就设置完成了。本实例中的版心内心尺寸为 155mm×230mm，其中，宽度=210－2×27.5=155(mm)，高度=297－2×23.5=230(mm)。

3.1.3 设置版式

在"版式"设计中，用户可以调整页眉和页脚距边界的距离。通常是页眉的数值要小点，这意味着它靠近纸张的上边缘。如果是正、反打印，则可以设置奇、偶页不同的页眉和页脚。

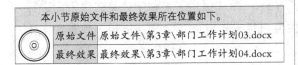

本小节原始文件和最终效果所在位置如下。	
原始文件	原始文件\第3章\部门工作计划03.docx
最终效果	最终效果\第3章\部门工作计划04.docx

设置版式的具体步骤如下。

1 打开本实例的原始文件切换到【布局】选项卡，单击【页面设置】组右下角的【对话框启动器】按钮 。

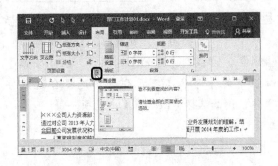

2 弹出【页面设置】对话框，切换到【版式】选项卡，在【页眉】微调框中输入"1.5厘米"，在【页脚】微调框中输入"1.75厘米"。设置完毕单击 确定 按钮即可。

3.1.4 设置文档网格

在设定了页边距和纸张大小后，页面的基本版式就被确定了，但如果要精确指定文档的每页所占行数以及每行所占字数，则需要设置文档网格。

	本小节原始文件和最终效果所在位置如下。
原始文件	原始文件\第3章\部门工作计划04.docx
最终效果	最终效果\第3章\部门工作计划05.docx

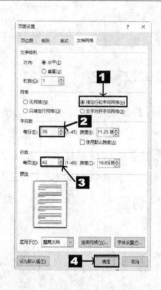

打开本实例的原始文件，使用之前介绍的方法打开【页面设置】对话框，切换到【文档网格】选项卡，在【网格】组合框中选中【指定行和字符网格】单选钮，然后在【字符数】组合框中的【每行】微调框中将字符数设置为"38"，在【行数】组合框中的【每页】微调框中将行数设置为"42"，其他选项保持默认。设置完毕单击 确定 按钮即可。

按上述方法设置后，Word文档的每页最多可输入42行内容，每行最多容纳38个字符。

3.2 设置字体格式

为了使文档更丰富多彩，Word 2016提供了多种字体格式供用户进行设置。对字体格式进行设置主要包括设置字体、字号、加粗、倾斜和字体效果等。

3.2.1 设置字体和字号

要使文档中的文字更利于阅读，就需要对文档中文本的字体和字号进行设置，以区分各种不同的文本。

	本小节原始文件和最终效果所在位置如下。
原始文件	原始文件\第3章\部门工作计划05.docx
最终效果	最终效果\第3章\部门工作计划06.docx

1. 使用【字体】组

使用【字体】组进行字体和字号设置的具体步骤如下。

1 打开本实例的原始文件，选中文档标题"×××公司人力资源部2016年度工作计划"，切换到【开始】选项卡，在【字体】组中的【字体】下拉列表中选择合适的字体，例如选择【微软雅黑】选项。

2 选中标题，在【字体】组中的【字号】下拉列表中选择合适的字号，例如选择【小二】选项。

2. 使用【字体】对话框

使用【字体】对话框对选中文本进行设置的具体步骤如下。

1 选中所有的正文文本，切换到【开始】选项卡，单击【字体】组右下角的【对话框启动器】按钮。

2 弹出【字体】对话框，自动切换到【字体】选项卡，在【中文字体】下拉列表中选择【宋体】选项，在【字形】列表框中选择【常规】选项，在【字号】列表框中选择【小四】选项。

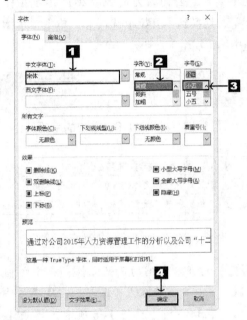

3 单击 确定 按钮返回Word文档，设置效果如下图所示。

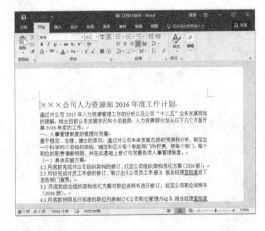

3.2.2 设置加粗效果

加粗操作是针对于文本的字形进行设置。为字体设置加粗效果，可以让文本变得更加突出。

本小节原始文件和最终效果所在位置如下。	
原始文件	原始文件\第3章\部门计划06.docx
最终效果	最终效果\第3章\部门计划07.docx

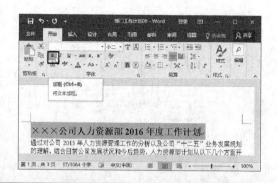

打开本实例的原始文件，选中文档标题"×××公司人力资源部2016年度工作计划"，切换到【开始】选项卡，单击【字体】组中的【加粗】按钮 B 即可。

3.2.3 设置字符间距

通过设置Word 2016文档中的字符间距，可以使文档的页面布局更符合实际需要。

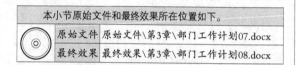

本小节原始文件和最终效果所在位置如下。	
原始文件	原始文件\第3章\部门工作计划07.docx
最终效果	最终效果\第3章\部门工作计划08.docx

设置字符间距的具体步骤如下。

1 打开本实例的原始文件，选中文档标题"×××公司人力资源部2016年度工作计划"，切换到【开始】选项卡，单击【字体】组右下角的【对话框启动器】按钮。

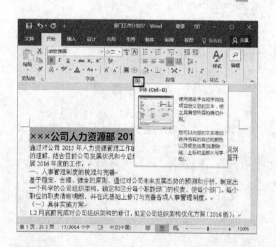

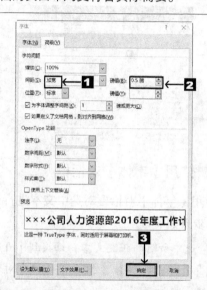

3 单击 确定 按钮，返回Word文档中，设置效果如下图所示。

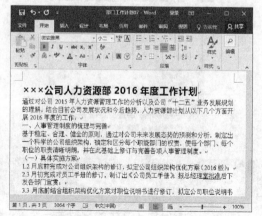

2 弹出【字体】对话框，切换到【高级】选项卡，在【字符间距】组合框中的【间距】下拉列表中选择【加宽】选项，在【磅值】微调框中将磅值调整为"0.5磅"。

3.3 设置段落格式

设置字体格式之后，用户可以为文本设置段落格式，Word 2016提供了多种设置段落格式的方法，主要包括对齐方式、段落缩进和间距等。

3.3.1 设置对齐方式

段落和文字的对齐方式可以通过段落组进行设置，也可以通过对话框进行设置。对齐方式是段落内容在文档的左右边界之间的横向排列方式。Word 2016共提供了5种对齐方式：左对齐、右对齐、居中对齐、两端对齐和分散对齐，其中默认的对齐方式是两端对齐。

5种对齐方式及其功能如下表所示。

对齐方式	功能
左对齐	使段落与页面左边距对齐（如下图中的第1段）
右对齐	使段落与页面右边距对齐（如下图中的第2段）
居中	使段落或文字沿水平方向向中间集中对齐（如下图中的第3段）
两端对齐	使文字左右两端同时对齐，还可以增加字符间距（如下图中的第4段）
分散对齐	使段落左右两端同时对齐，还可以增加字符间距（如下图中的第5段）

> 1、段落和文字的 UIQIFA 哪个可以通过段落组进行设置，也可以通过对话框进行设置。对齐方式是段落内容在文档的左右边界之间的横向排列方式。
> 2、段落和文字的 UIQIFA 哪个可以通过段落组进行设置，也可以通过对话框进行设置。对齐方式是段落内容在文档的左右边界之间的横向排列方式。
> 3、段落和文字的 UIQIFA 哪个可以通过段落组进行设置，也可以通过对话框进行设置。对齐方式是段落内容在文档的左右边界之间的横向排列方式。
> 4、段落和文字的 UIQIFA 哪个可以通过段落组进行设置，也可以通过对话框进行设置。对齐方式是段落内容在文档的左右边界之间的横向排列方式。
> 5、段落和文字的 UIQIFA 哪个可以通过段落组进行设置，也可以通过对话框进行设置。对齐方式是段落内容在文档的左右边界之间的横向排列方式。

本小节原始文件和最终效果所在位置如下。	
原始文件	原始文件\第3章\部门工作计划08.docx
最终效果	最终效果\第3章\部门工作计划09.docx

我们用【段落】组中的各种对齐方式的按钮，设置段落和文字的对齐方式，具体步骤如下。

1 打开本实例的原始文件，选中文档标题"×××公司人力资源部2016年度工作计划"，切换到【开始】选项卡，在【段落】组中单击【居中】按钮。

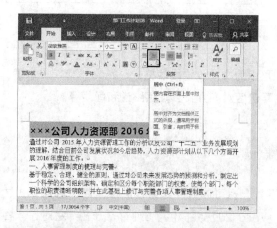

2 设置效果如图所示。

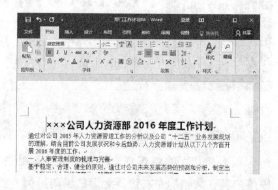

3.3.2 设置段落缩进

通过设置段落缩进，可以调整Word 2016文档正文内容与页边距之间的距离。用户可以使用【段落】组、【段落】对话框或标尺设置段落缩进。

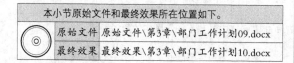

本小节原始文件和最终效果所在位置如下。

原始文件	原始文件\第3章\部门工作计划09.docx
最终效果	最终效果\第3章\部门工作计划10.docx

段落缩进我们以标尺设置为例，借助Word 2016文档窗口中的标尺，用户可以很方便地设置Word文档段落缩进，具体步骤如下。

1 切换到【视图】选项卡，在【显示】组中选中【标尺】复选框。

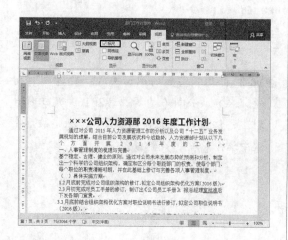

2 在标尺上出现4个缩进滑块，拖动首行缩进滑块可以调整首行缩进；拖动悬挂缩进滑块可以设置悬挂缩进的字符；拖动左缩进和右缩进滑块可以设置左、右缩进。例如，按下【Ctrl】键，选中文档中的各条目，将左缩进滑块向左拖动2个字符。

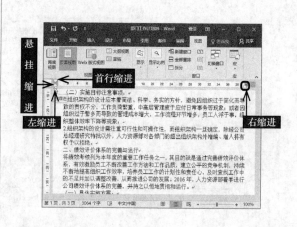

3 释放鼠标左键，文档中的各条目都向左
移动了2个字符。

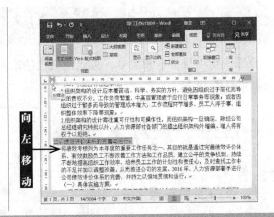

向左移动

3.3.3 设置间距

"间距"是指行与行之间、段落与行之间、段落与段落之间的距离。在Word 2016中，用户
可以通过以下方法设置行与段落之间的间距。

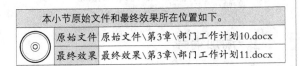

本小节原始文件和最终效果所在位置如下。	
原始文件	原始文件\第3章\部门工作计划10.docx
最终效果	最终效果\第3章\部门工作计划11.docx

使用【段落】对话框设置段落间距的具体
步骤如下。

1 选中文档中的标题行，切换到【开始】
选项卡，单击【段落】组右下角的【对话框
启动器】按钮，弹出【段落】对话框，系统
自动切换到【缩进和间距】选项卡，在【间
距】组合框中的【段前】微调框中将间距值
调整为"6磅"，在【段后】微调框中将间距
值调整为"12磅"。在【行距】下拉列表框
中选择【最小值】选项，在【设置值】微调
框中输入"12磅"即可。

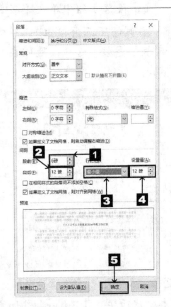

2 单击 确定 按钮，设置效果如下图所
示。

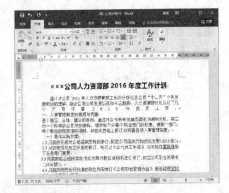

3.3.4 添加项目符号和编号

合理使用项目符号和编号，可以使文档的层次结构更清晰，更有条理。接下来介绍添加项目符号和编号的方法。

本小节原始文件和最终效果所在位置如下。

原始文件	原始文件\第3章\部门工作计划11.docx
最终效果	最终效果\第3章\部门工作计划12.docx

1．添加项目符号

使用【段落】组中的按钮，可以快速添加项目符号，具体的操作步骤如下。

1 打开本实例的原始文件将光标定位到要添加项目符号的文档中，切换到【开始】选项卡，在【段落】组中单击【项目符号】按钮。右侧的下三角按钮，在弹出的列表框中选择【菱形】选项，随即在文档插入了一个菱形。

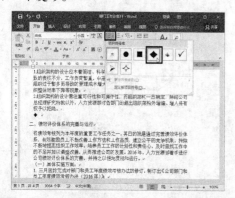

2 返回Word文档，在项目符号后输入相应的文本，然后按下【Enter】键切换到下一行，同时，Word会自动插入一个相同的项目符号。

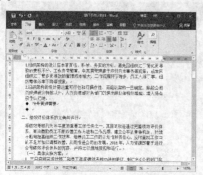

3 项目符号和文本内容添加完毕，效果如下图所示。

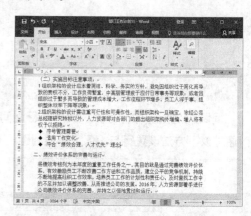

2．添加编号

添加编号的具体步骤如下。

1 打开本实例的原始文件，将光标定位到要添加项目符号的文档中，切换到【开始】选项卡，在【段落】组中单击【编号】按钮右侧的下三角按钮，然后在弹出的下拉列表框中选择一种编号方式，例如选择"1）、2）、3）"。

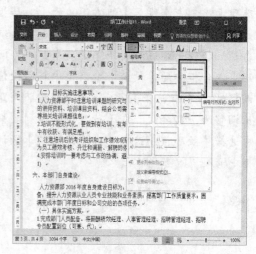

2 返回Word文档，在编号后输入相应的文档，然后按下【Enter】键切换到下一行，同时Word自动插入下一个编号。编号和文本内容添加完毕，效果如右图所示。

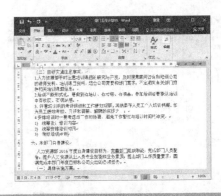

3.3.5 添加边框和底纹

通过在Word 2016文档中插入段落边框和底纹，可以使相关段落的内容更加醒目，从而增强Word文档的可读性。

本小节原始文件和最终效果所在位置如下。

原始文件	原始文件\第3章\部门工作计划12.docx
最终效果	最终效果\第3章\部门工作计划13.docx

1. 添加边框

在默认情况下，段落边框的格式为黑色单直线。用户可以通过设置段落边框的格式，使其更加美观。为文段添加边框的具体操作步骤如下。

1 打开本实例的原始文件，选中要添加边框的文本，切换到【开始】选项卡，在【段落】组中单击【边框】按钮⊞右侧的下三角按钮，在弹出的下拉列表中选择【外侧框线】选项。

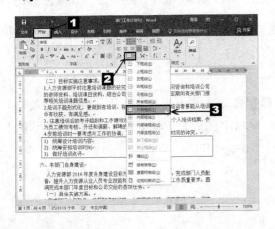

2 返回Word文档，效果如下图所示。

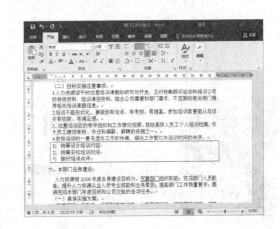

2. 添加底纹

为文档添加底纹的具体步骤如下。

1 选中要添加底纹的文档，切换到【开始】选项卡，在【段落】组中单击【边框】按钮⊞右侧的下三角按钮，在弹出的下拉列表中选择【边框和底纹】选项。

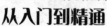

2 弹出【边框和底纹】对话框，切换到【底纹】选项卡，然后在【填充】下拉列表框中选择【白色，背景1，深色15%】选项。

3 在【图案】组中的【样式】下拉列表中选择【5%】选项。

4 单击 确定 按钮返回Word，设置效果如下图所示。

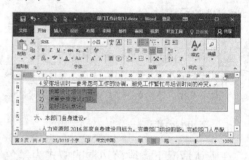

3.4 设置页面背景

为了使Word文档看起来更加美观，用户可以添加各种漂亮的页面背景，包括水印、页面颜色以及其他填充效果。

3.4.1 添加水印

Word文档中的水印是指作为文档背景图案的文字或图像。Word 2016提供了多种水印模板和自定义水印功能。

本小节原始文件和最终效果所在位置如下。

原始文件	原始文件\第3章\部门工作计划13.docx
最终效果	最终效果\第3章\部门工作计划14.docx

为Word文档添加水印的具体操作步骤如下。

1 打开本实例原始文件，切换到【设计】选项卡，在【页面设置】组中单击【水印】按钮即可。

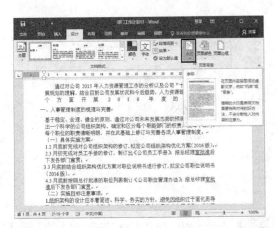

2 在弹出的下拉列表中选择【自定义水印】选项。

3 弹出【水印】对话框，选中【文字水印】单选钮，在【文字】下拉列表框中选择【部门绝密】选项，在【文体】下拉列表框中选择【黑体】选项，在【字号】下拉列表框中选择【80】选项，在【颜色】下拉列表框中选择【红色】，然后选中【斜式】单选钮，其他选项保持默认。

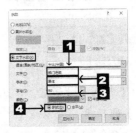

4 单击 确定 按钮，返回Word文档，设置效果如下图所示。

3.4.2 设置页面颜色

　　"页面颜色"是指显示与Word文档最底层的颜色或图案，用于丰富Word文档的页面显示效果，页面颜色在打印时不会显示。

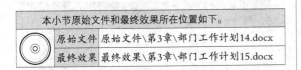

本小节原始文件和最终效果所在位置如下。	
原始文件	原始文件\第3章\部门工作计划14.docx
最终效果	最终效果\第3章\部门工作计划15.docx

设置页面颜色的具体步骤如下。

1 切换到【开始】选项卡，在【页面背景】组中单击【页面颜色】按钮，在弹出的下拉列表中选择【白色，背景1，深色5%】选项即可。

2 如果"主题颜色"和"标准色"中显示的颜色依然无法满足用户的需要，可以在弹出的下拉列表框中选择【其他颜色】选项。

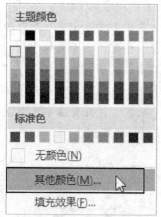

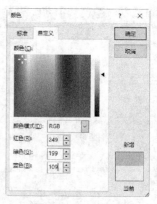

3 弹出【颜色】对话框，系统自动切换到【自定义】选项卡，可以在【颜色】面板上选择合适的颜色，也可以在下方的微调框中调整颜色的RGB值。

4 单击 确定 按钮，返回Word文档，设置效果如下图所示。

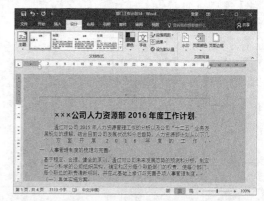

3.4.3 设置其他填充效果

在Word 2016文档窗口中，如果使用填充颜色功能设置Word文档的页面背景，可以使Word文档更富有层次感。

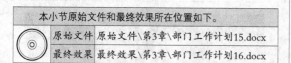

本小节原始文件和最终效果所在位置如下。	
原始文件	原始文件\第3章\部门工作计划15.docx
最终效果	最终效果\第3章\部门工作计划16.docx

1. 添加渐变效果

为Word文档添加渐变效果的具体步骤如下。

1 切换到【设计】选项卡，在【页面背景】组中单击【页面颜色】按钮，在弹出的下拉列表中选择【填充效果】选项。

2 弹出【填充效果】对话框，系统自动切换到【渐变】选项卡，在【颜色】组合框中选择【双色】单选钮，然在右侧的【颜色】下拉列表中选择两种颜色，然后选中【斜上】单选框。

3 单击 确定 按钮，返回Word文档，设置效果如下图所示。

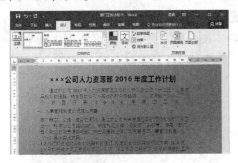

2. 添加纹理效果

为Word文档添加纹理的具体步骤如下。

1 在【填充效果】对话框中，切换到【纹理】选项卡，在【纹理】列表框中选择【水滴】选项。

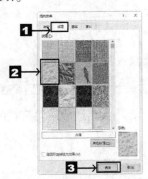

2 单击 确定 按钮，返回Word文档，设置效果如下图所示。

3. 添加图案效果

添加图案效果的具体步骤如下。

1 在【填充效果】对话框中，切换到【图案】选项卡，在【背景】下拉列表框中选择合适的颜色，然后在【图案】列表框中选择【80%】选项。

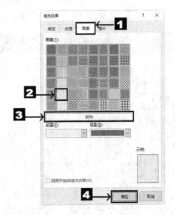

2 单击 确定 按钮，返回Word文档，设置效果如下图所示。

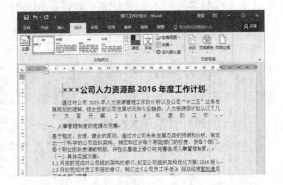

3.5 审阅文档

在日常工作中，某些文件需要领导审阅或者经过大家讨论后才能够执行，所以就需要在这些文件上进行一些批示、修改。Word 2016提供了批注、修订、更改等审阅工具，大大提高了办公效率。

3.5.1 添加批注

为了帮助阅读者能够更好地理解文档内容以及跟踪文档的修改状况，可以为Word文档添加上批注。

本小节原始文件和最终效果所在位置如下。	
原始文件	原始文件\第3章\部门工作计划16.docx
最终效果	最终效果\第3章\部门工作计划17.docx

添加批注的具体步骤如下。

 打开本实例的原始文件，选中要插入批注的文本，切换到【审阅】选项卡，在【批注】组中单击【新建批注】按钮。

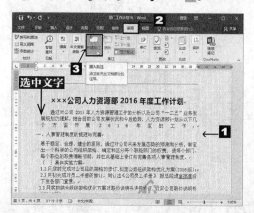

2 随即在文档的右侧出现一个批注框，用户可以根据需要输入批注信息。Word 2016的批注信息前面会自动加上"批注"二字以及批注者和批注的编号。

3 如果要删除批注，可先选中批注框，然后单击鼠标右键，在弹出的快捷菜单中选择【删除批注】菜单项即可。

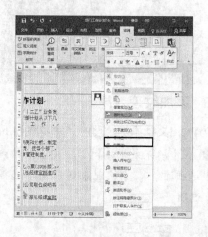

3.5.2 修订文档

Word 2016提供了文档修订功能，在打开修订功能的情况下，将会自动跟踪对文档的所有更改，包括插入、删除和格式更改，并对更改的内容做出标记。

本小节原始文件和最终效果所在位置如下。

原始文件	原始文件\第3章\部门工作计划17.docx
最终效果	最终效果\第3章\部门工作计划18.docx

1. 更改用户名

在文档的审阅和修改过程中，可以更改用户名，具体的操作步骤如下。

1 在Word文档中，切换到【审阅】选项卡，单击【修订】组中的【对话框启动器】按钮即可。

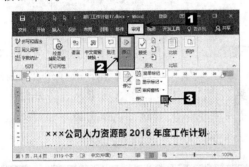

2 弹出【修订选项】对话框，单击 更改用户名(N)... 按钮即可。

3 弹出【Word选项】对话框，切换到【常规】选项卡，在【对Microsoft Office 进行个性化设置】组合框中的【用户名】文本框中将用户名更改为"shenlong"，在【缩写】文本框中输入"sl"，然后单击 确定 按钮即可。

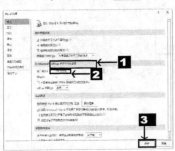

2. 修订文档

修订文档的具体步骤如下。

1 在Word文档中，切换到【审阅】选项卡，在【修订】组中单击【修订】按钮，随即进入修订状态。

2 在【修订】组中的【显示以供审阅】下拉列表框中选择【所有标记】选项。

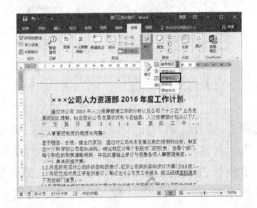

3 将文档中的文字"具体"改为"实际"，然后将鼠标指针移至修改处，此时自动显示修改的作者、时间以及删除的内容。

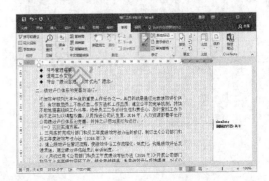

4 直接删除文档中的文本"全面考虑整体影响，"，效果如下图所示。

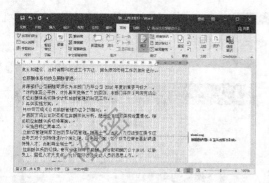

5 将文档标题中的文本"2016"的字体调整为"Times New Roman"，随即在右侧弹出一个批注框，并显示格式修改的详细信息即可。

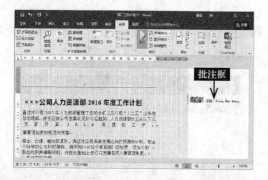

6 另外，用户还可以更改修订的显示方式。切换到【审阅】选项卡，在【修订】组中单击 显示标记 按钮，在弹出的下拉列表中选择【批注框】➤【以嵌入方式显示所有修订】选项。

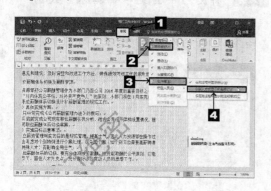

7 返回Word文档中，修订前后的信息以及删除线都会在文档中显示。

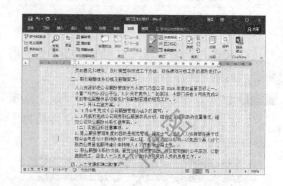

8 当所有的修订完成以后，用户可以通过"导航窗格"功能，通篇浏览所有的审阅摘要。切换到【审阅】选项卡，在【修订】组中单击 审阅窗格 按钮，在弹出的下拉列表框中选择【垂直审阅窗格】选项。

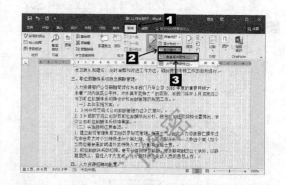

9 此时在文档的左侧出现一个【修订】窗格，并显示审阅记录。

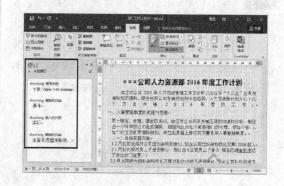

3.5.3 更改文档

文档的修订工作完成以后，用户可以跟踪修订内容，并执行接受或拒绝修订命令。

本小节原始文件和最终效果所在位置如下。
原始文件　原始文件\第3章\部门工作计划18.docx
最终效果　最终效果\第3章\部门工作计划19.docx

更改文档的具体步骤如下。

1 在Word文档中，切换到【审阅】选项卡，在【更改】组中单击【上一条修订】按钮或【下一条修订】按钮，可以定位到当前修订的上一条或下一条。

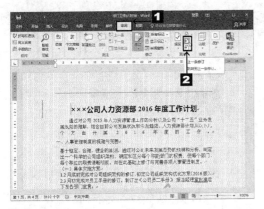

2 在【更改】组中单击【接受】按钮下方的下三角按钮，在弹出的下拉列表中选择【接受所有更改并停止修订】选项。

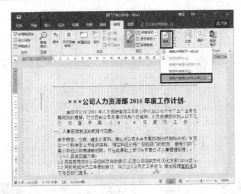

3 审阅完毕，单击【修订】组中的【修订】按钮，随即退出修订状态。然后删除相关的批注即可，文档最终效果如下图所示。

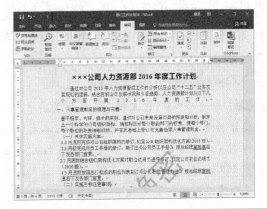

高手过招

让Word教你读拼音

1 新建一个Word文档，输入文字"拼音指南"，然后选中该文本，再切换到【开始】选项卡，在【字体】组中单击【拼音指南】按钮。

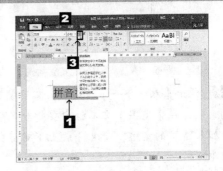

2 弹出【拼音指南】对话框，此时，用户可以根据需要调整拼音的对齐方式、字体、字号等。

3 单击 确定 按钮，返回Word文档，此时，选中的文字即已添加了拼音。

巧用双行合一

所谓双行合一，就是把选中的文字合并，变作两行排列的样式。政府机关中常见的联合行文、红头文件，婚庆典礼的请帖、带有中英文名称的公司公告等经常使用该功能。

设置双行合一的具体步骤如下。

1 新建一个Word文档，输入如下图所示的文档标题，然后选中公司的中英文名称，切换到【开始】选项卡，在【段落】组中单击【中文版式】按钮，在弹出的下拉列表中选择【双行合一】选项。

3 单击 确定 按钮，返回Word文档，效果如下图所示。

2 弹出【双行合一】对话框，然后参照预览效果，在【文字】文本框中要拆分的字符间加入适当的空格，使其分成上下对齐的两行即可。

第4章

图文混排——制作促销海报

图文混排是Word 2016文字处理软件的一项重要功能。通过插入和编辑图片、图形、艺术字以及文本框等要素，文档可以图文并茂、生动有趣。图文混排在报刊编辑、产品宣传等工作中应用非常广泛。本章以制作促销海报为例，介绍如何在Word 2016文档中进行图文混排。

关于本章知识，本书配套教学光盘中有相关的多媒体教学视频，请读者参见光盘中的【Word 2016的基本操作\图文混排】。

4.1 设计海报报头

海报是目前宣传店面形象的推广方式之一。它能非常有效地把店铺形象提升到一个新的层次，更好地把店铺的产品和服务展示给大众，所以海报报头的设计是非常重要的一部分。

名称是促销海报的必要元素。一般通过插入并编辑文本框进行设计，字体设置一般采用大号字体，放在海报中的醒目位置。

本小节原始文件和最终效果所在位置如下。	
原始文件	原始文件\第4章\西点海报1.docx
最终效果	最终效果\第4章\西点海报1.docx

1. 插入形状

黑白搭配是页面千篇一律的不变色彩，页面中颜色由黑色直接变成白色，颜色由深变浅，柔和晕染开来，可以使报头的设计感得到迅速提升。

1 新建一个空白Word文档，并将其重命名为"西点海报1.docx"。

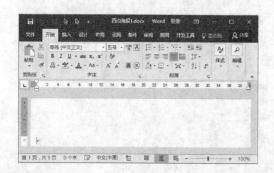

2 本案例中食品店的名称我们采用椭圆叠加店名的方式。首先绘制一个椭圆。切换到【插入】选项卡，在【插图】组中，单击【形状】按钮，在弹出的下拉列表中选择【基本形状】➤【椭圆】选项。

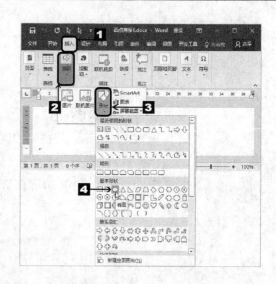

3 此时鼠标指针变成十形状，按住鼠标左键不放，拖动鼠标即可绘制一个椭圆，然后通过椭圆上的控制点，适当调整椭圆的大小和形状。

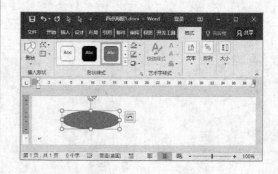

4 接下来设置椭圆的填充颜色。因为我们做的是食品的宣传单，为了吸引顾客注意，所以，我们将宣传单整体颜色设置为比较显眼的红色系列，当然椭圆的颜色也是红色系列。

5 切换到【绘图工具】栏的【格式】选项卡，在【形状样式】组中单击【形状填充】按钮 🎨 右侧的下三角按钮 ，在弹出的下拉列表中选择【其他填充颜色】选项。

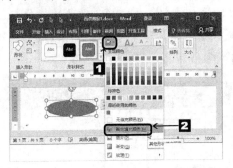

6 弹出【颜色】对话框，切换到【自定义】选项卡，分别在【红色】、【绿色】、【蓝色】微调框中输入合适的数值，此处分别输入"210""35""42"，然后单击【确定】按钮。

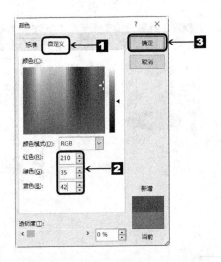

7 返回文档，即可看到绘制的椭圆已经被填充为设置的颜色，在【形状样式】组中单击【形状轮廓】按钮 🖊 右侧的下三角按钮 ，在弹出的下拉列表中选择【无轮廓】选项，即可将圆形的轮廓删除。

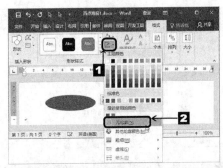

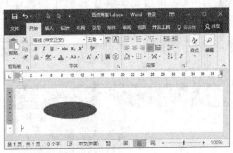

2. 绘制文本框

通过文本框输入店名，具体步骤如下。

1 切换到【插入】选项卡，在【文本】组中单击【文本框】按钮 ，在弹出的下拉列表中选择【绘制文本框】选项。

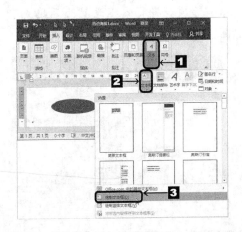

2 随即鼠标指针变成十形状，在椭圆上方，按住鼠标左键不放，拖动鼠标即可绘制一个横排文本框，绘制完毕，释放鼠标左键即可。

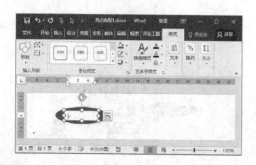

3 切换到【绘图工具】栏的【格式】选项卡，在【形状样式】组中单击【形状填充】按钮右侧的下三角按钮，在弹出的下拉列表中选择【无填充颜色】选项。

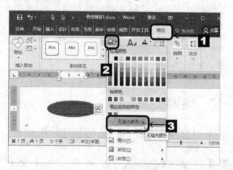

4 单击【形状轮廓】按钮右侧的下三角按钮，在弹出的下拉列表中选择【无轮廓】选项。将文本框设置为无填充、无轮廓。

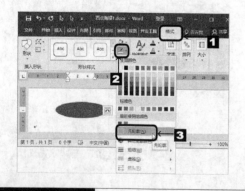

5 在文本框中输入店名"LOG"，然后选中输入的店名，切换到【开始】选项卡，在【字体】组中，在【字体】下拉列表中选择【方正豪体简体】选项，在【字号】下拉列表中选择【一号】选项，单击【字体颜色】按钮右侧的下三角按钮，在弹出的下拉列表中选择【白色，背景1】选项。

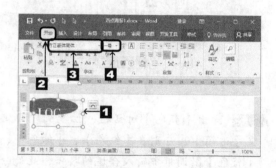

6 设置完毕，适当调整文本框的大小和位置。

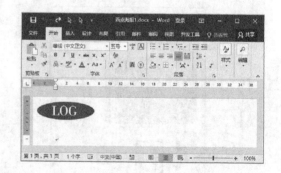

4.2 编辑海报版面

版面设计的风格最能体现海报的特色。一份好的促销海报应该在版面的设计上有独特的表现方式，使观看者深受吸引，给人以美好的感受。

4.2.1 编辑广告语

食品宣传设计要从食品的特点出发，来体现视觉、味觉等特点，刺激消费者的食欲，激发购买欲望。

本小节原始文件和最终效果所在位置如下。	
素材文件	素材文件\第4章\5.jpg
原始文件	原始文件\第4章\西点海报2.docx
最终效果	最终效果\第4章\西点海报2.docx

1. 插入图片

食品的特点主要是通过简要的文字进行介绍，为了突出这部分内容，我们可以为其添加一个背景图片，插入图片的具体步骤如下。

1 切换到【插入】选项卡，在【插图】组中单击【图片】按钮，弹出【插入图片】对话框，从素材中选择"5.jpg"图片，然后单击 插入(S) 按钮。

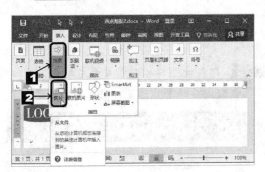

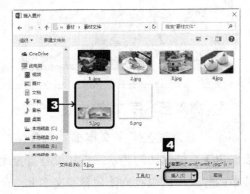

2 返回Word文档，即可看到选中的背景图片已经插入到Word文档中了。

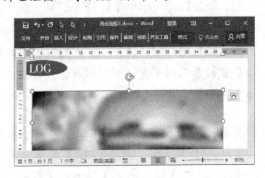

2. 更改图片大小

由于我们插入的图片是要作为背景的，在宽度上我们需要将图片的宽度更改为与页面宽度一致。更改图片大小的具体操作步骤如下。

1 选中图片，切换到【图片工具】栏的【格式】选项卡，在【大小】组中的【宽度】微调框中输入"21厘米"。

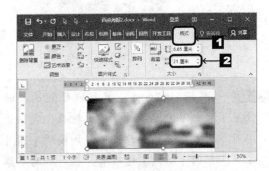

2 即可看到图片的宽度调整为21厘米，高度也会等比例增大，这是因为系统默认图片是锁定纵横比的。

3. 调整图片位置

前面我们已经设定好了图片的宽度为21厘米，所以我们只需要将图片相对于页面左对齐即可。但是，由于在Word中默认插入的图片是嵌入式的，嵌入式图片的特点为：将对象置于文档内文字中的插入点处，对象与文字处于同一层，图片好比一个单个的特大字符，被放置在两个字符之间。为了美观和方便排版，我们需要先调整图片的环绕方式，此处我们将其环绕方式设置为衬于文字下方即可。设置图片环绕方式和调整图片位置的具体操作步骤如下。

1 选中图片，切换到【图片工具】栏的【格式】选项卡，在【排列】组中，单击【环绕文字】按钮，在弹出的下拉列表中选择【衬于文字下方】选项。

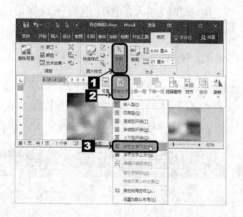

2 设置好环绕方式后就可以设置图片的位置了，为了使图片的位置更精确，我们使用对齐方式来调整图片位置。切换到【图片工具】栏的【格式】选项卡，在【排列】组中，单击【对齐】按钮，在弹出的下拉列表中选择【对齐页面】选项，使【对齐页面】选项前面出现一个对勾。

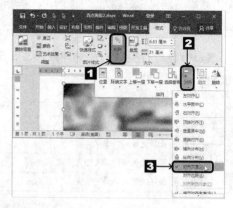

3 再次单击【对齐】按钮，在弹出的下拉列表中选择【左对齐】选项。

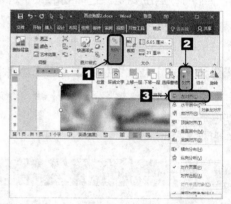

4 即可使图片相对于页面左对齐，然后适当调整图片的垂直位置，效果如图所示。

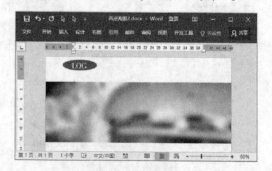

4. 插入艺术字文本框

接下来通过艺术字文本框输入食品的特点。由于系统默认的艺术字样式没有适合此宣传单的样式，所以我们使用普通文本框，自定义设置艺术字样式。具体步骤如下。

1 切换到【插入】选项卡，在【文本】组中单击【文本框】按钮，在弹出的下拉列表中选择【绘制文本框】选项。

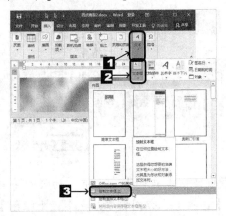

2 随即鼠标指针变成十形状，按住鼠标左键不放，拖动鼠标即可绘制一个横排文本框，绘制完毕，释放鼠标左键即可。

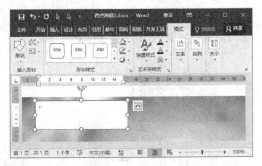

3 切换到【绘图工具】栏的【格式】选项卡，在【形状样式】组中单击【形状填充】按钮右侧的下三角按钮，在弹出的下拉列表中选择【无填充颜色】选项。

4 单击【形状轮廓】按钮右侧的下三角按钮，在弹出的下拉列表中选择【无轮廓】选项。将文本框设置为无填充、无轮廓。

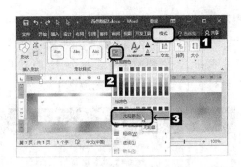

5 在文本框中输入文本"现场烘焙"，由于不同字体设置同样的艺术字效果，显示的效果也会不同，所以我们需要先设置好文本的字体。

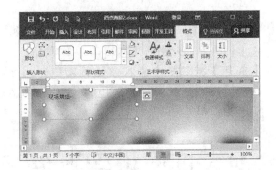

6 同时，为了方便查看艺术字的效果，我们可以先将文本的字号设置的大一些。

7 选中文本"现场烘焙"，切换到【开始】选项卡，在【字体】组中的【字体】下拉列表中选择一种比较好看的字体，此处选择【玉米-荡漾体】选项，然后在【字号】文本框中输入"76"，即可将文本设置为玉米-荡漾体，76号字。

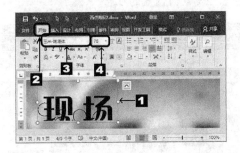

8 切换到【绘图工具】栏的【格式】选项卡，在【艺术字样式】组中，单击【文本填充】按钮 A ·右侧的下三角按钮 ·，在弹出的下拉列表中选择【其他填充颜色】选项。

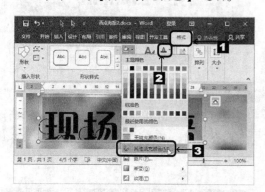

9 弹出【颜色】对话框，切换到【自定义】选项卡，分别在【红色】、【绿色】、【蓝色】微调框中输入合适的数值，此处分别输入"188""18""26"，然后单击 确定 按钮。

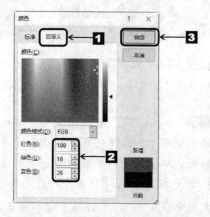

10 返回Word文档，即可看到文本的填充颜色已经更改为设置的红色。

11 单击【文本轮廓】按钮 A ·右侧的下三角按钮 ·，在弹出的下拉列表中选择【其他轮廓颜色】选项。

12 弹出【颜色】对话框，切换到【自定义】选项卡，分别在【红色】、【绿色】、【蓝色】微调框中输入合适的数值，此处分别输入"246""214""100"，然后单击 确定 按钮。

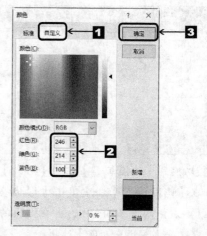

13 返回Word文档，即可看到文本的轮廓颜色已更改为设置的颜色。由于默认的轮廓比较细，不是太明显，我们可以根据需要适当调整轮廓的粗细。

14 再次单击【文本轮廓】按钮▲▼右侧的下三角按钮▼，在弹出的下拉列表中选择【粗细】▶【其他线条】选项。

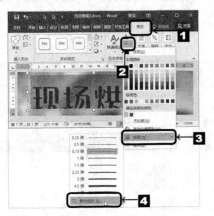

15 弹出【设置形状格式】任务窗格，系统自动切换到【文本选项】选项卡，在【文本边框】组合框中的【宽度】微调框中输入"2.5磅"，即可将文本轮廓设置为2.5磅。

16 设置完毕，单击✕按钮，关闭【设置形状格式】任务窗格，并适当调整文本框大小。至此艺术字就设置完成了，为了使文本体现出层次感，我们可以适当缩小文本"现场"的大小。

17 选中文本"现场"，切换到【开始】选项卡，在【字体】组中的【字号】文本框中输入"60"。

18 设置完毕，复制一个相同的艺术字文本框，将"现场"更改为"甜蜜"，将"烘焙"更改为"好滋味"，然后适当调整文本框的位置和大小。

19 按照相同的方法，通过文本框和艺术字的方法输入食品的其他特点。

4.2.2 插入图片与价格

食品海报的重点是宣传当前热卖商品，宣传单中既要展现这些食品的图片，使顾客可以更直观地看到食品的样子，还要注明产品的特点、成分及价格，使顾客吃得更放心。

本小节原始文件和最终效果所在位置如下。	
素材文件	素材文件\第4章\1.jpg~4.jpg
原始文件	原始文件\第4章\西点海报3.docx
最终效果	最终效果\第4章\西点海报3.docx

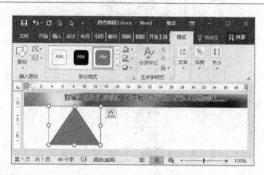

1. 插入并编辑形状

本次宣传单的主要目的是宣传新上市的4种新品，首先我们来绘制一个三角形，标明宣传单的目的"新品推荐"。具体步骤如下。

1 切换到【插入】选项卡，在【插图】组中单击【形状】按钮，在弹出的下拉列表中选择【基本形状】▶【等腰三角形】选项。

3 默认绘制的三角形是底端在下面的，而我们需要的三角形是底端在上面、顶点在下面的，使三角形起到一个指引作用。

4 选中绘制的三角形，切换到【绘图工具】栏的【格式】选项卡，在【排列】组中单击【旋转】按钮，在弹出的下拉列表中选择【垂直翻转】选项。

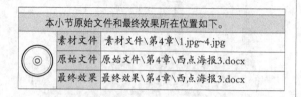

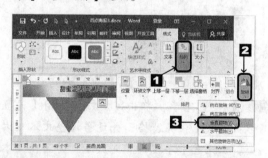

5 即可使三角形垂直翻转，然后将三角形移动到合适的位置即可。

2 随即鼠标指针变成十形状，在图片下方，按住鼠标左键不放，拖动鼠标即可绘制一个等腰三角形，绘制完毕，释放鼠标左键即可。

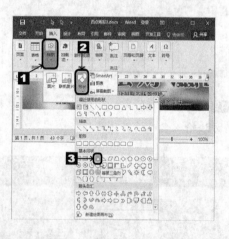

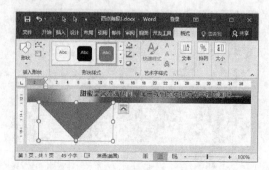

6 系统默认三角形的颜色为蓝色，而此处为了突出三角形的指引作用，同时与整个版面协调一致，我们可以将三角形的填充颜色设置为红色。

7 切换到【绘图工具】栏的【格式】选项卡，在【形状样式】组中单击【形状填充】按钮 🎨 右侧的下三角按钮 ，在弹出的下拉列表中选择【其他填充颜色】选项。

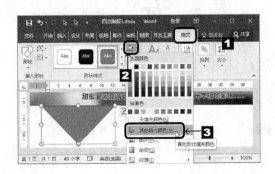

8 弹出【颜色】对话框，切换到【自定义】选项卡，分别在【红色】、【绿色】、【蓝色】微调框中输入合适的数值，此处分别输入"214""0""15"，然后单击 确定 按钮。

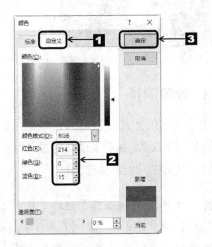

9 返回Word文档，在【形状样式】组中单击【形状轮廓】按钮 🖊 右侧的下三角按钮 ，在弹出的下拉列表中选择【无轮廓】选项，将三角形设置为无轮廓。

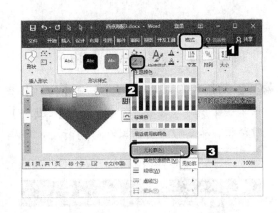

10 使用文本框在三角形中输入关键字"新品推荐"和"HOT"，为了加强三角形的指引作用，同时也是为了避免文字的单一，我们还可以在三角形的顶点处绘制一个与顶角大致相同的角。

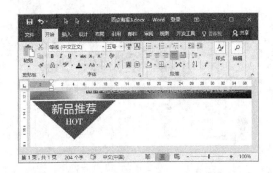

11 使用形状按钮，分别绘制两条白色直线，使两条直线相交，并与三角形的两腰平行即可。

2. 插入图片

插入各个新品图片的具体步骤如下。

1 切换到【插入】选项卡，在【插图】组中单击【图片】按钮，弹出【插入图片】对话框，从素材中选择图片"1.jpg"，然后单击 插入(S) 按钮。

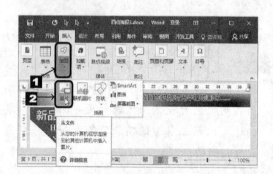

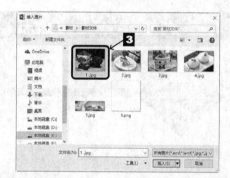

2 返回Word文档，即可看到选中的新品图片已经插入到Word文档中了。

3 为了方便移动图片，我们需要先调整图片的环绕方式，此处我们将其环绕方式设置为"衬于文字下方"即可。

4 切换到【图片工具】栏的【格式】选项卡，在【排列】组中单击【环绕文字】按钮，在弹出的下拉列表中选择【衬于文字下方】选项。

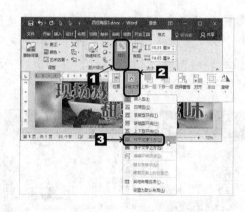

5 设置好环绕方式后就可以设置图片的位置了，通过拖动鼠标，将图片移动到合适的位置。

3. 裁剪图片

由于当前的图片是方形的，略显呆板，我们可以通过Word的裁剪功能，将图片裁剪为椭圆形状。裁剪图片的具体步骤如下。

1 切换到【图片工具】栏的【格式】选项卡，在【大小】组中，单击【裁剪】按钮的下半部分，在弹出的下拉列表中选择【裁剪为形状】➤【基本形状】➤【椭圆】选项。

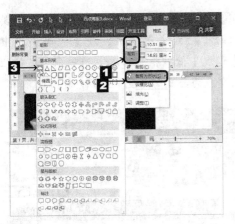

2 返回Word文档，即可看到图片已经被裁剪为相同比例的椭圆。如果用户对默认比例的椭圆不满意，还可以调整椭圆的比例。

3 在【大小】组中单击【裁剪】按钮的上半部分，即可使图片进入裁剪状态，图片周边出现8个控制点，适当调整控制点的位置，调整结束后按下【Enter】键，即可完成裁剪。

4 按照相同的方法，插入其他图片，并对其进行裁剪，然后适当调整图片的大小和位置。

5 通过文本框和形状，逐一输入各新品的名称、简介、成分、价格等信息。

6 最后为了将各个新品联系起来，用户可以通过直线将各新品联系在一起，效果如图所示。

4.2.3 编辑联系方式

制作海报的目的，就是为了宣传产品，吸引人们前来消费，所以说海报上的联系方式和地址也是非常重要的内容。

本小节原始文件和最终效果所在位置如下。	
原始文件	原始文件\第4章\西点海报4.docx
最终效果	最终效果\第4章\西点海报4.docx

1. 插入并填充形状

为了突出宣传单中的这部分内容，我们可以为这部分内容添加一个底纹。由于宣传单中整体色系为红色，所以此处的底纹设置上我们采用常见的红黑搭配，将底纹设置为淡黑色。具体操作步骤如下。

1 切换到【插入】选项卡，在【插图】组中单击【形状】按钮，在弹出的下拉列表中选择【矩形】▶【矩形】选项。

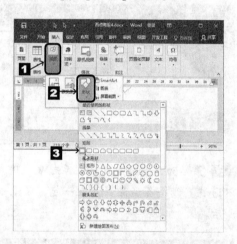

2 随即鼠标指针变成✚形状，将鼠标指针移动到文档的下方，按住鼠标左键不放，拖动鼠标，即可绘制一个矩形，绘制完毕，释放鼠标左键即可。

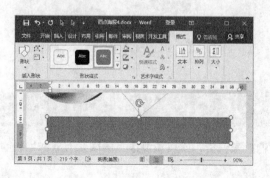

3 选中绘制的矩形，切换到【绘图工具】栏的【格式】选项卡，在【大小】组中的【宽度】微调框中输入"21厘米"，使矩形的宽度为与页面宽度一致。

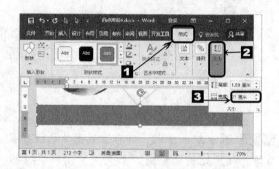

4 在【形状样式】组中单击【形状填充】按钮右侧的下三角按钮，在弹出的下拉列表中选择【黑色，文字1，淡色15%】选项。

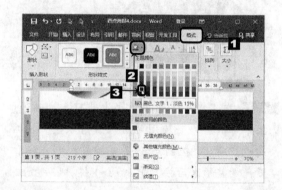

5 单击【形状轮廓】按钮右侧的下三角按钮，在弹出的下拉列表中选择【无轮廓】选项。

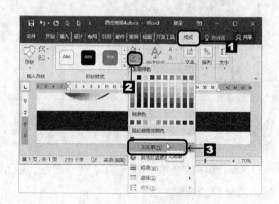

6 由于绘制的矩形是作为底纹的，所以，我们需要将其与页面左对齐。切换到【绘图工具】栏的【格式】选项卡，在【排列】组中单击【对齐】按钮，在弹出的下拉列表中选择【对齐页面】选项，使【对齐页面】选项前面出现一个对勾。

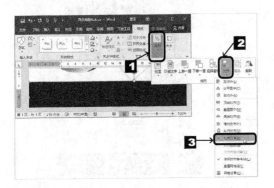

7 再次单击【对齐】按钮，在弹出的下拉列表中选择【左对齐】选项，即可使矩形与页面左对齐。

8 通过键盘上的上下方向键，适当调整矩形在页面中的上下位置。

2. 插入文本框

通过文本框在绘制的底纹之上输入店铺的联系方式和地址，为了突出电话，这里可以将电话号码字号调大。

1 绘制一个文本框，并在文本框上输入联系方式与地址，效果如图所示。

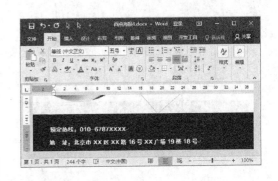

2 选中联系方式与地址，切换到【开始】选项卡，在【字体】组中单击【字体】下拉列表，从列表中选择【方正兰亭黑简体】，在【字号】下拉列表中选择【小四】号，然后单击【加粗】按钮 B。

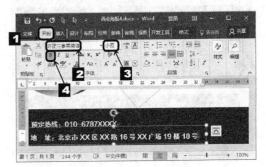

3 为了突出电话号码，我们可以将号码字号调大一些，选中号码，在【字号】下拉列表中选择【小二】字号。

4 为了避免输入的电话和地址给人一种散乱的感觉，我们可以在电话和地址前面添加一条竖直直线，这样就可以在视觉上将两者联系在一起了。

5 最后由于该店有一突出特色就是微信支付，所以，我们可以在矩形框的右侧插入一个微信图标，提示用户可以微信支付，借此吸引更多年轻顾客。

6 至此，宣传单就基本制作完成了，整体查看该宣传单，你是否会觉得，宣传单留白比较多，显的整体比较空，没有重心。

7 针对这种情况，我们可以通过绘制两个黑色的矩形，来填充上下留白空间，利用黑色留白来稳住场面。

8 对于矩形的绘制我们这里不再赘述，绘制完毕后，将两个矩形都相对页面左对齐，然后上面留白矩形顶端对齐，下面矩形底端对齐，并设置两个矩形的环绕方式为衬于文字下方，避免遮挡住宣传单的其他内容，设置完毕，最终效果如图所示。

第5章

表格和图表应用—制作销售报告

销售报告是对一定时期内的销售工作的总结、分析和研究，肯定成绩，分析问题，并提出解决方案。使用Word 2016提供的表格和图表功能，既可以清晰地显示各时间段的销售数据，又可以对销售数据进行分析，从而预测产品的销售走势，为企业管理和决策提供有效的数据参考。

光盘链接

关于本章知识，本书配套教学光盘中有相关的多媒体教学视频，请读者参见光盘中的【Word 2016的基本操作\表格和图表应用】。

5.1 创建表格

在Word 2016文档中，用户不仅可以通过指定行和列的方式直接插入表格，还可以通过绘制表格功能自定义各种表格。

5.1.1 插入表格

在Word 2016文档中，用户可以使用【插入表格】对话框插入指定行和列的表格。

在文档中插入表格的具体操作步骤如下。

1 新建一个空白文档，切换到【插入】选项卡，然后单击【表格】组中的【表格】按钮，在弹出的下拉列表框中选择【插入表格】选项。

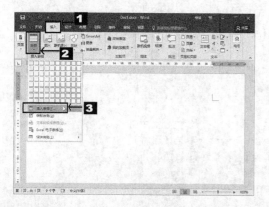

2 弹出【插入表格】对话框，在【列数】和【行数】微调框中输入表格的行数和列数，然后选中【固定列宽】单选钮。

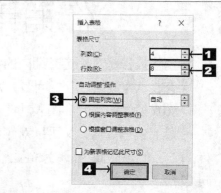

3 单击 确定 按钮，即可在Word文档中插入一个4列8行的表格。

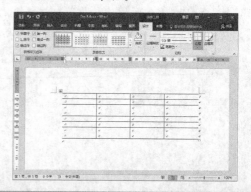

5.1.2 手动绘制表格

在Word 2016文档中，用户可以使用绘图笔手动绘制需要的表格。

手动绘制表格的具体步骤如下。

1 切换到【插入】选项卡，单击【表格】组中的【表格】按钮，然后在弹出的下拉列表中选择【绘制表格】选项。

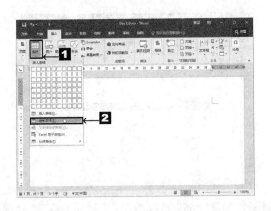

2 鼠标指针变成 形状，按住鼠标左键不放向右下角拖动即可绘制一个虚线框。

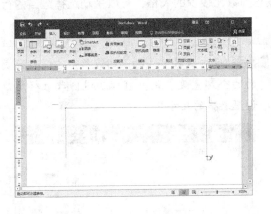

3 释放鼠标左键，此时就绘制出了表格的外边框。

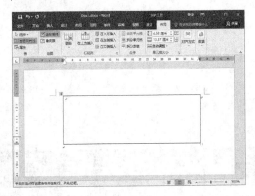

4 将鼠标指针移动到表格的外边框内，然后按住鼠标左键并拖动鼠标指针依次绘制表格的行与列即可。

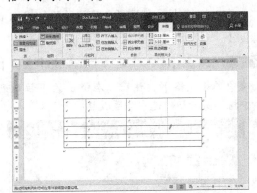

5.1.3 使用内置样式

为了便于用户进行表格编辑，Word 2016提供了一些简单的内置样式，如表格式列表、带副标题式列表、矩阵、日历等内置样式。

1 切换到【插入】选项卡，单击【表格】组中的【表格】按钮 ，在弹出的下拉列表中选择【快速表格】▶【带副标题2】选项。

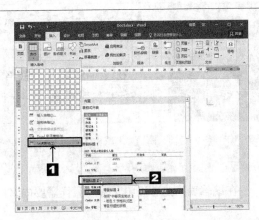

2 此时插入了一个带副标题的表格样式，用户根据需要进行简单的修改即可。

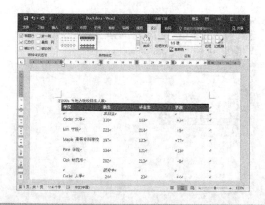

5.1.4 快速插入表格

在编辑文档的过程中，如果用户需要插入行数与列数比较少的表格，可以手动选择适当的行与列，快速插入表格。

在Word文档中快速插入表格的具体操作步骤如下。

1 切换到【插入】选项卡，单击【表格】组中的【表格】按钮，在弹出的下拉列表中拖动鼠标指针选中合适数量的行和列。

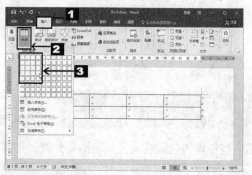

2 通过这种方式插入的表格会占满当前页面的全部宽度，用户可以通过修改表格属性设置表格的尺寸。

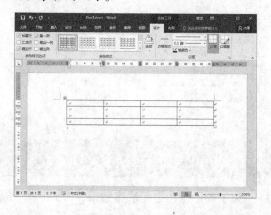

5.2 表格的基本操作

在Word文档中，表格的基本操作包括插入行和列，合并与拆分单元格，调整行高和列宽等。

5.2.1 插入行和列

在编辑表格的过程中，有的时候需要向其中插入行与列。

在表格中插入行和列的具体步骤如下。

1 插入行。选中与需要插入行相邻的行，然后单击鼠标右键，在弹出的下拉列表中选择【插入】▶【在下方插入行】选项。

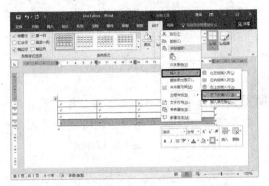

2 在选中行的下方插入了一个空白行。

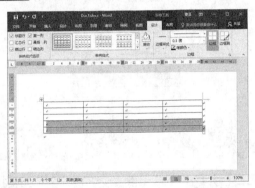

3 插入列。选中与需要插入的列相邻的列，然后在【表格工具】栏中，切换到【布局】选项卡，然后再单击【行和列】组中的 在右侧插入 按钮。

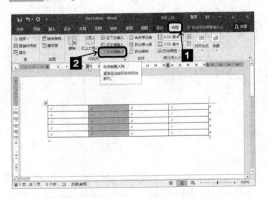

4 在选中列的右侧插入了一个空白列。

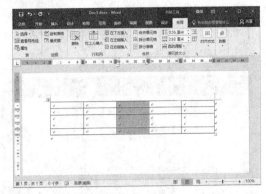

5 删除行。选中需要删除的整行，然后单击鼠标右键，在弹出的快捷菜单中选择【删除单元格】菜单项。

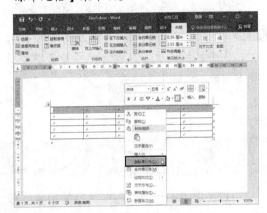

6 弹出【删除单元格】对话框，在对话框中选中【删除整行】单选钮，然后单击 确定 按钮即可。

7 删除列。选中需要删除的整列，切换到【布局】选项卡，在【行和列】组中单击【删除】按钮，然后在弹出的下拉列表中选择【删除列】选项。

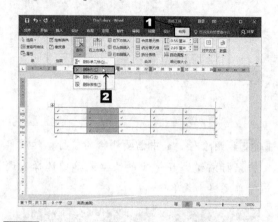

8 如果用户选中的不是整行和整列，此时，单击鼠标右键，在弹出的快捷菜单中选择【删除单元格】菜单项。

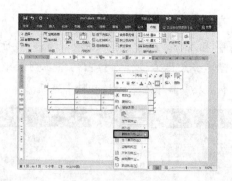

9 弹出【删除单元格】对话框，然后根据需要选中合适的单选钮，例如选中【删除整列】单选钮，单击 确定 按钮即可。

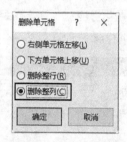

5.2.2 合并和拆分单元格

用户在编辑表格的过程中，经常需要将多个单元格合并成一个单元格，或者将一个单元格拆分成多个单元格，此时就用到了单元格的合并和拆分。

拆分和合并单元格的具体步骤如下。

1 选中要合并的单元格区域，然后单击鼠标右键，在弹出的快捷菜单中选择【合并单元格】菜单项。

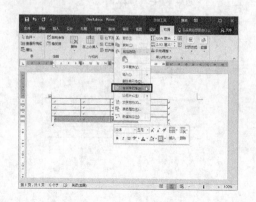

2 此时，选中的所有单元格合并成了一个单元格。

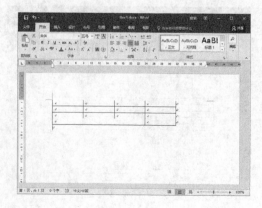

3 拆分单元格。将光标定位到要拆分的单元格中，然后在【表格工具】栏中切换到【布局】选项卡，单击【合并】组中的【拆分单元格】按钮 拆分单元格。

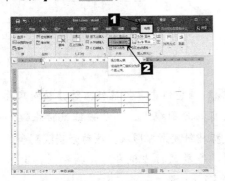

4 弹出【拆分单元格】对话框，在【列数】微调框中输入"3"，在【行数】微调框中输入"1"。

5 单击 确定 按钮，选中的单元格被拆分成一行三列。

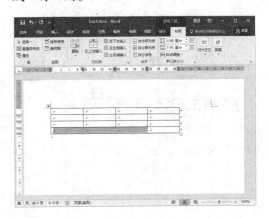

6 另外，用户还可以在选中的单元格上单击鼠标右键，在弹出的快捷菜单中选择【拆分单元格】菜单项，然后对单元格进行拆分。

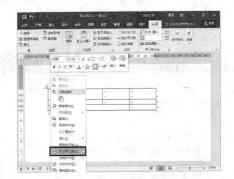

5.2.3 调整行高和列宽

创建Word表格时，为了适应不同的表格内容，用户可以随时调整行高和列宽。用户既可以通过【表格属性】对话框调整行高和列宽，也可以利用"分割线"手动调整。

调整行高和列宽的具体步骤如下。

1 调整行高。选中整个表格，然后单击鼠标右键，在弹出的快捷菜单中选择【表格属性】菜单项。

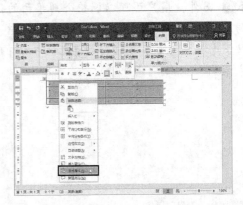

2 弹出【表格属性】对话框，切换到【行】选项卡，选中【指定高度】复选框，然后在其侧的微调框中输入"1厘米"。

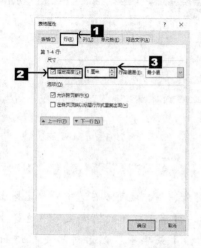

3 单击 确定 按钮，设置完毕，效果如下图所示。

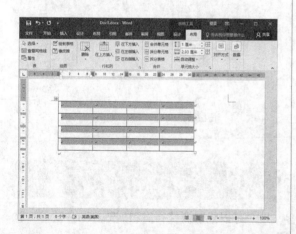

4 另外，用户还可以调整个别单元的行高。将光标定位在要调整行高的单元格中，按下【Enter】键，通过增加单元格中的行数来调整单元格的行高即可。

5 调整列宽。将鼠标指针移动到需要调整列宽的分割线上，然后按住鼠标左键，此时鼠标指针变成 ‖ 形状，拖动分割线到合适的位置，释放鼠标左键即可。拖动的同时如果按住【Alt】键，则可以微调表格宽度。

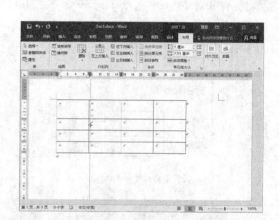

6 调整完毕，效果如图所示。

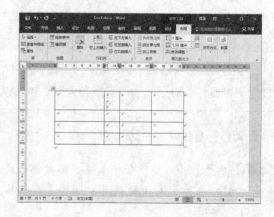

5.3 应用图表

Word 2016自带多种样式的图表，如柱形图、折线图、饼图、条形图、面积图和散点图等。

5.3.1 创建图表

在Word 2016文档中创建图表的方法非常简单，因为系统自带了很多图表类型，用户只需选择一种图表类型，然后编辑数据即可。

本小节原始文件和最终效果所在位置如下。	
原始文件	原始文件\第5章\销售报告03.docx
最终效果	最终效果\第5章\销售报告04.docx

创建图表的具体操作步骤如下。

1 打开本实例的原始文件，将光标定位在要插入图标的位置，切换到【插入】选项卡，单击【插图】组中的【图表】按钮。

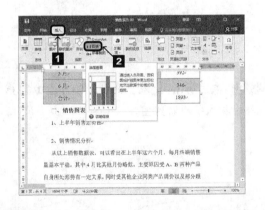

2 弹出【插入图表】对话框，从右侧窗格中选择【折线图】选项。

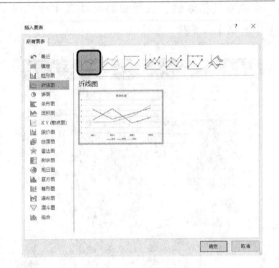

3 单击 确定 按钮，此时即可插入一个折线图，并弹出一个电子表格。

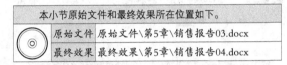

4 将鼠标指针移动到表格右下角，按住鼠标左键，将其调整为合适的行与列，然后删除多余的内容。

5 在Word文档中选中表格的基础数据，然后单击鼠标右键，在弹出的快捷菜单中选择【复制】菜单项。

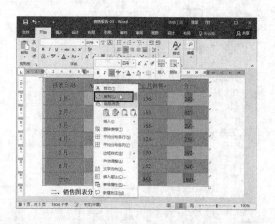

6 在电子表格中，选中设置好的行与列，然后单击鼠标右键，在弹出的下拉列表中选择【粘贴选项】➤【保留源格式】菜单项。

7 粘贴完毕，效果如下图所示。

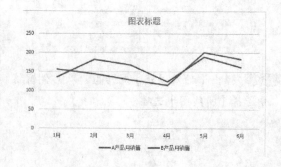

8 数据编辑完毕，在电子表格窗口中单击【关闭】按钮 ⊠ 即可。

9 返回Word文档，此时，即可在Word文档中插入一个折线图。

5.3.2 美化图表

创建了图表后，为了使创建的图表看起来更加美观，用户可以对图表的大小和位置、图表布局、坐标轴、图表区域、绘图区等项目进行格式设置。

本小节原始文件和最终效果所在位置如下。	
原始文件	原始文件\第5章\销售报告04.docx
最终效果	最终效果\第5章\销售报告05.docx

1. 调整图表大小

调整图表大小的具体操作步骤如下。

1 打开本实例的原始文件，选中图表，将鼠标移动到表格右下角，按住鼠标左键，此时，鼠标指针变成十形状，拖动鼠标指针将其调整到合适的大小。

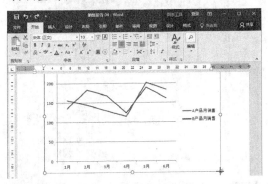

2 调整完毕，效果如下图所示。

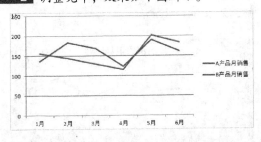

2. 设置图表布局

设置图表布局的具体操作步骤如下。

1 选中图表，在【图表工具】工具栏中，切换到【设计】选项卡，在【图表布局】组中单击 按钮，然后在弹出的下拉列表中选择【布局5】选项。

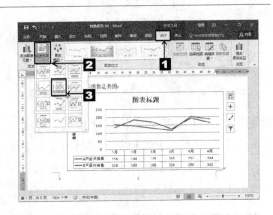

2 应用布局样式后的效果如下图所示。

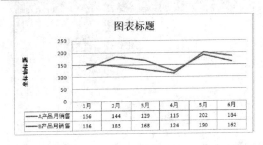

3 在图表中输入合适的图表标题和坐标轴标题。

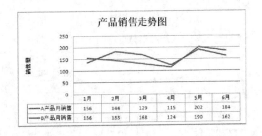

3. 设置坐标轴标题

设置坐标轴标题的具体操作步骤如下。

1 选中纵向坐标轴标题，然后单击鼠标右键，在弹出的快捷菜单中选择【设置坐标轴标题格式】选项。

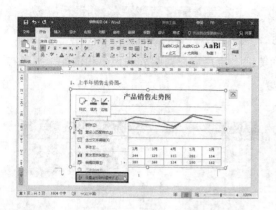

2 弹出【设置坐标轴标题格式】窗格，单击【对齐方式】按钮，切换到【对齐方式】选项卡，在【文字方向】下拉列表框中选择【竖排】选项。

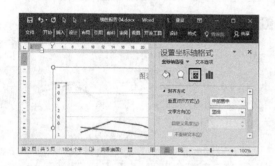

3 设置完毕，单击×按钮，返回Word文档，然后设置坐标轴标题的字体格式，效果如下图所示。

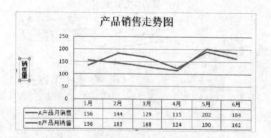

4. 美化图表区域

美化图表区域的具体操作步骤如下。

1 选中图表区域，然后单击鼠标右键，在弹出的快捷菜单中选择【设置图表区域格式】选项。

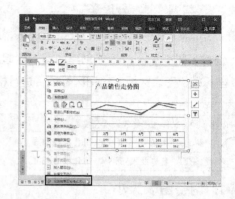

2 弹出【设置图表区格式】窗格，切换到【填充】选项卡，选中【渐变填充】单选钮，然后在【预设颜色】下拉列表框中选择【顶部聚光灯-着色3】选项。

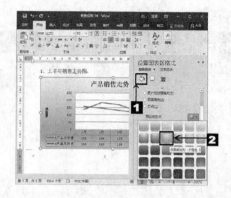

3 设置完毕，单击▼按钮，返回Word文档，效果如下图所示。

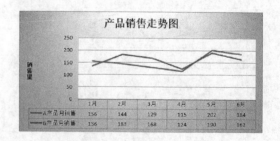

5. 美化绘图区

美化绘图区的具体操作步骤如下。

1 选中绘图区，然后单击鼠标右键，在弹出的快捷菜单中选择【设置绘图区格式】选项即可。

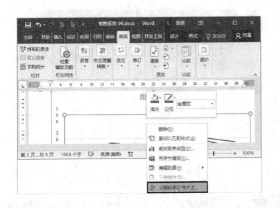

2 弹出【设置绘图区格式】窗格，切换到【填充】选项卡，选中【渐变填充】单选钮，然后在【预设颜色】下拉列表框中选择【顶部聚光灯-着色3】选项。

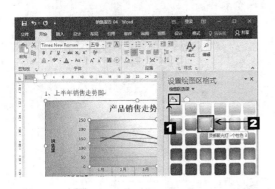

3 设置完毕，单击 ✕ 按钮，图表的最终效果如下图所示。

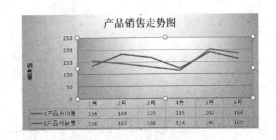

4 此时，用户即可根据产品"销售数据表"和"产品销售走势图"分析产品的销售情况和解决方案。

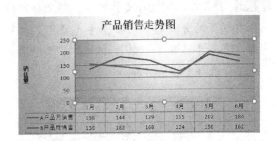

高手过招

巧用【Enter】键——增加表格行

在编辑表格的过程中，经常会根据需要增加表格行。除了使用鼠标右侧增加表格行以外，用户还可以使用【Enter】键快速增加表格行。

1 在Word文档中将光标定位在要增加一行的表格的右侧，例如将光标定位在表格的最后一行的右侧。

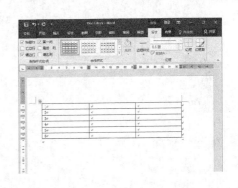

2 按下【Enter】键，随即在该行的下方增加了新的一行。

一个变俩——表格拆分

在Word 2016文档中，用户可以根据需要将一个表格拆分成多个表格。不过表格只能从行拆分，不能从列拆分。

1 打开Word 2016文档窗口，将光标定位在要拆分的分界行中的任意单元格中，切换到【布局】选项卡，单击【合并】组中单击【拆分表格】按钮 拆分表格。

2 返回Word文档，此时，之前的表格就以光标所在的单元格的上边线为界，拆分成了两个表格。

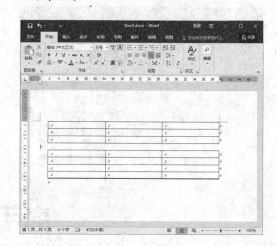

第6章

高级排版——制作创业计划书

创业计划书是企业叩响投资者大门的"敲门砖",是创业计划形成的书面摘要。本章介绍如何使用Word 2016自带的样式与格式功能制作企业创业计划书,并在文档中插入目录、页眉和页脚、题注、脚注和尾注等。

关于本章知识,本书配套教学光盘中有相关的多媒体教学视频,请读者参见光盘中的【Word 2016的高级应用\高级排版】。

6.1 使用样式

"样式"是指一组已经命名的字符和段落格式。在编辑文档的过程中，正确设置和使用样式可以极大地提高工作效率。

6.1.1 套用系统内置样式

Word 2016自带了一个样式库。用户既可以套用内置样式设置文档格式，也可以根据需要更改样式。

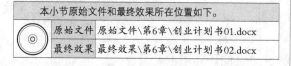

本小节原始文件和最终效果所在位置如下。

原始文件	原始文件\第6章\创业计划书01.docx
最终效果	最终效果\第6章\创业计划书02.docx

用户可以使用【样式】库里面的样式设置文档格式，具体的操作步骤如下。

1 打开本实例的原始文件，选中要使用样式的"一级标题文本"，切换到【开始】选项卡，单击【样式】组中的【样式】按钮。

2 弹出【样式】下拉框，从中选择合适的样式，例如选择【标题1】选项。

3 返回Word文档中，一级标题的设置效果如下图所示。

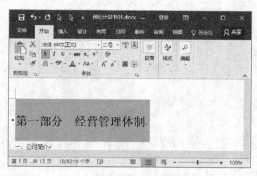

4 使用同样的方法，选中要使用样式的"二级标题文本"，在弹出的【样式】下拉库中选择【标题2】选项。

5 返回Word文档中，二级标题的设置效果如下图所示。

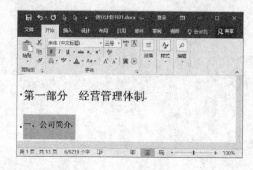

6.1.2 自定义样式

Word 2016自带了一个样式库。用户既可以套用内置样式设置文档格式，也可以根据需要更改样式。

本小节原始文件和最终效果所在位置如下。

原始文件	原始文件\第6章\创业计划书02.docx
最终效果	最终效果\第6章\创业计划书03.docx

1. 新建样式

在Word 2016的空白文档窗口中，用户可以新建一种全新的样式。例如新的文本样式、新的表格样式或者新的列表样式等。新建样式的具体的操作步骤如下。

1 打开本实例的原始文件，选中要应用新建样式的图片，然后在【样式】窗格中单击【新建样式】按钮 。

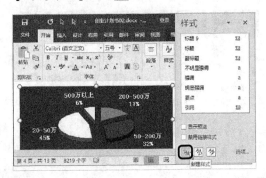

2 弹出【根据格式设置创建新样式】对话框。

3 在【名称】文本框中输入新样式的名称"图"，在【后续段落样式】下拉列表框中选择【图】选项，然后在【格式】组合框中单击【居中】按钮 。

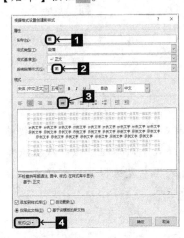

4 单击 按钮，从弹出的列表中选择【段落】列表

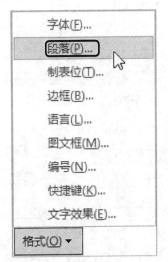

5 弹出【段落】对话框，在【行距】下拉列表中选择【最小值】选项，在【设置值】微调框中输入"12磅"，然后分别在【段前】和【段后】微调框中输入"0.5行"。

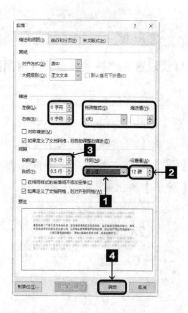

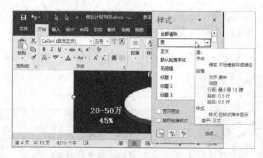

6 单击 确定 按钮，返回【根据格式设置创建新样式】对话框。系统默认选中了【添加到样式库】复选框，所有样式都显示在了样式面板中。

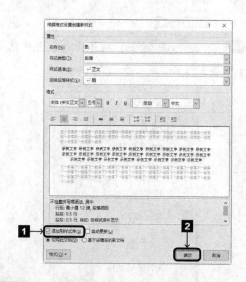

7 单击 确定 按钮，返回Word文档中，此时新建样式"图"显示在了【样式】任务窗格中，选中的图片自动应用了该样式。

2. 修改样式

无论是Word 2016的内置样式，还是Word 2016自定义样式，用户随时都可以对其进行修改。在Word 2016中修改样式的具体操作步骤如下。

1 将光标定位到正文文本中，在【样式】任务窗格中的【样式】列表中选择【正文】选项，然后单击鼠标右键，在弹出的快捷菜单中选择【修改】菜单项。

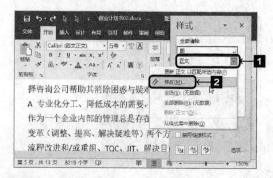

2 弹出【修改样式】对话框，正文文本的具体样式如下图所示。

3 单击 格式(O)▼ 按钮，在弹出的列表中选择【字体】选项。

4 弹出【字体】对话框，切换到【字体】选项卡，在【中文字体】下拉列表框中选择【方正宋-简体】选项，在【字号】列表框中选择【小四】选项。

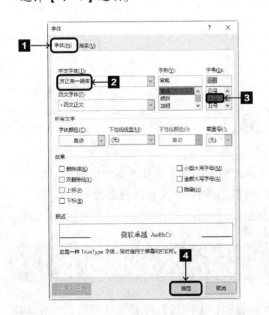

5 单击 确定 按钮，返回【修改样式】对话框。单击 格式(O)▼ 按钮，在弹出的下拉列表中选择【段落】选项。

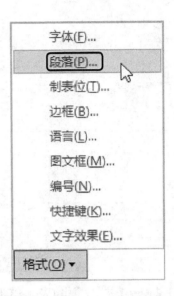

6 弹出【段落】对话框，切换到【缩进和间距】选项卡，然后在【特殊格式】下拉列表框中选择【首行缩进】选项，在【磅值】微调框中输入"2字符"。

7 单击 确定 按钮，返回【修改样式】对话框，修改完成后的所有样式都显示在了样式面板中。

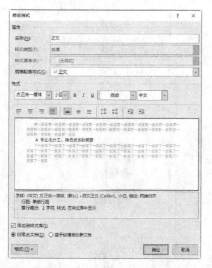

8 单击 确定 按钮，返回Word文档中，此时文档中正文格式的文本以及基于正文格式的文本都自动应用了新的正文样式。

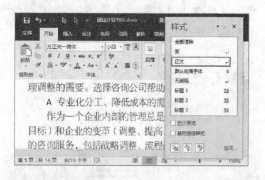

9 将鼠标指针移动到【样式】窗格中的【正文】选项上，此时即可查看正文的样式。使用同样的方法修改其他样式即可。

提示 ::::::::

"基于正文格式"的文本，是指以"正文格式"为基础，而进一步设定样式的文本或段落。

6.2 插入并编辑目录

文档创建完成后，为了便于阅读，用户可以为文档添加一个目录。使用目录可以使文档的结构更加清晰，便于阅读者对整个文档进行定位。

6.2.1 插入目录

生成目录之前，先要根据文本的标题样式设置大纲级别，大纲级别设置完毕即可在文档中插入自动目录。

本小节原始文件和最终效果所在位置如下。

原始文件	原始文件\第6章\创业计划书04.docx
最终效果	最终效果\第6章\创业计划书05.docx

1．设置大纲级别

Word 2016是使用层次结构来组织文档的，大纲级别就是段落所处层次的级别编号。Word 2016提供的内置标题样式中的大纲级别都是默认设置的，用户可以直接生产目录。当然用户也可以自定义大纲级别，例如分别将标题1、标题2和标题3设置成1级、2级和3级。设置大纲级别的具体的操作步骤如下。

1 打开本实例的原始文件，将光标定位在一级标题的文本上，切换到【开始】选项卡，单击【样式】组右下角的【对话框启动器】按钮，弹出【样式】窗格，在【样式】列表框中选择【标题1】选项，然后单击鼠标右键，在弹出的快捷菜单中选择【修改】菜单项。

2 弹出【修改样式】对话框，单击【格式(O)】按钮，在弹出的下拉列表中选择【段落】选项。

3 弹出【段落】对话框，切换到【缩进和间距】选项卡，然后在【大纲级别】下拉列表框中选择【1级】选项。

4 单击 确定 按钮，返回【修改样式】对话框，再次单击 确定 按钮，返回Word文档，设置效果如下图所示。

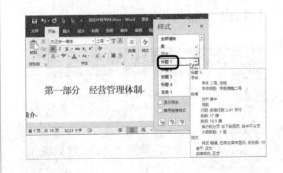

5 使用同样的方法，将"标题2"的大纲级别设置为"2级"。

6 使用同样的方法，将"标题3"的大纲级别设置为"3级"。

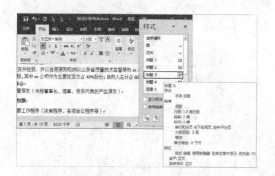

2. 生成目录

大纲级别设置完毕，接下来就可以生成目录了。生成自动目录的具体步骤如下。

1 将光标定位到文档中第一行的行首，切换到【引用】选项卡，单击【目录】组中的【目录】按钮。

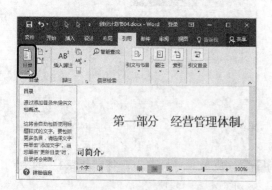

2 弹出【内置】下拉列表，从中选择合适的目录选项，例如选择【自动目录1】选项。

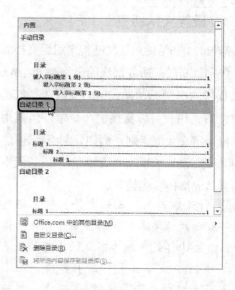

3 返回Word文档中，在光标所在位置自动生成了一个目录，效果如下图所示。

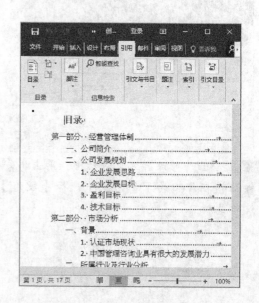

6.2.2 修改目录

如果用户对插入的目录不是很满意，可以修改目录或自定义个性化的目录。

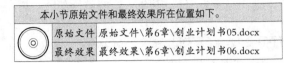

修改目录的具体的操作步骤如下。

1 打开本实例的原始文件，切换到【引用】选项卡，单击【目录】组中的【目录】按钮，在弹出的下拉列表中选择【自定义目录】选项。

2 弹出【目录】对话框，在【格式】下拉列表框中选择【来自模板】选项，在【显示级别】微调框中输入"3"。

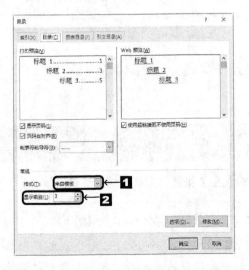

3 单击 修改(M) 按钮，弹出【样式】对话框，在【样式】列表框中选择【目录1】选项。

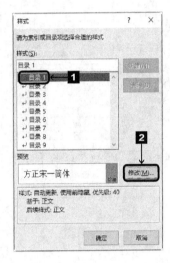

4 单击 修改(M) 按钮，弹出【修改样式】对话框，在【格式】组合框中的【字体颜色】下拉列表框中选择【紫色】选项，然后单击【加粗】按钮 B。

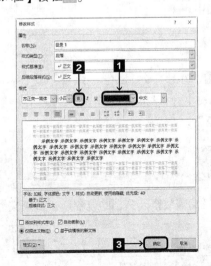

5 单击 确定 按钮，返回【样式】对话框，"目录1"的预览效果如下图所示。

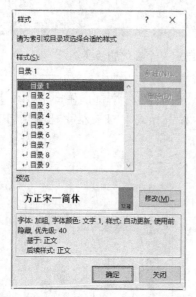

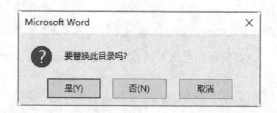

8 单击 是(Y) 按钮，返回Word文档中，效果如下图所示。

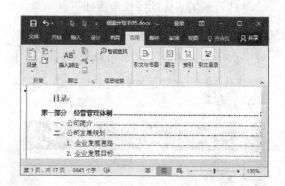

9 另外，用户可以直接在生成的目录中对目录的文字格式和段落格式进行设置，设置完毕，效果如下图所示。

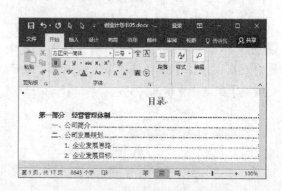

6 单击 确定 按钮，返回【目录】对话框即可。

7 单击 确定 按钮，弹出【Microsoft Word】对话框，会提示用户"是否替换所选目录"。

6.2.3 更新目录

在编辑或修改文档的过程中，如果文档内容或格式发生了变化，则需要更新目录。

更新目录的具体操作步骤如下。

1 打开本实例的原始文件，文档中第一个一级标题的文本为"第一部分 经营管理体制"。

本小节原始文件和最终效果所在位置如下。	
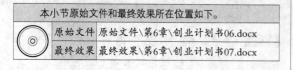 原始文件	原始文件\第6章\创业计划书06.docx
最终效果	最终效果\第6章\创业计划书07.docx

2 将文档中第一个一级标题文本改为"第一部分 公司管理体制"。

3 切换到【引用】选项卡，单击【目录】组中的【更新目录】按钮 。

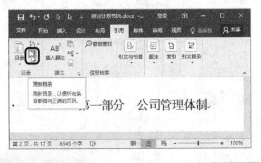

4 弹出【更新目录】对话框，然后选中【更新整个目录】但旋钮。

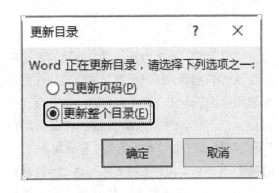

5 单击 确定 按钮，返回Word文档中，效果如下图所示。

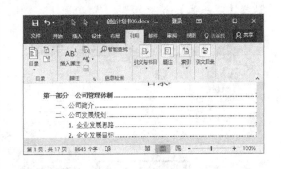

6.3 插入页眉和页脚

Word 2016文档的页眉或页脚不仅支持文本内容，还可以在其中插入图片，例如在页眉或页脚中插入公司的LOGO、单位的徽标、个人的标识等图片。

6.3.1 插入分隔符

当文本或图形等内容填满一页时，Word文档会自动插入一个分页符并开始新的一页。另外，用户可以根据需要进行强制分页或分节。

本小节原始文件和最终效果所在位置如下。

◎	原始文件	原始文件\第6章\创业计划书07.docx
	最终效果	最终效果\第6章\创业计划书08.docx

1. 插入分节符

"分节符"是指为表示节的结尾插入的标记。分节符起着分隔其前面文本格式的作用，如果删除了某个分节符，它前面的文字会合并到后面的节中，并采用后者的格式设置。在Word文档中插入分节符的的具体步骤如下。

1 打开本实例的原始文件，将文档拖动到第2页，将光标定位在一级标题"第一部分　公司管理体制"的行首，切换到【布局】选项卡，单击【页面设置】组中的【插入分页符和分节符】按钮，在弹出的下拉列表中选择【下一页】选项。

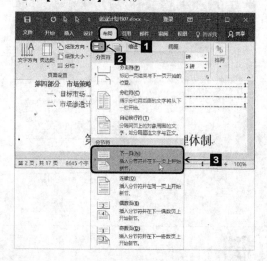

2 此时在文档中插入了一个分节符，光标之后的文本自动切换到了下一页。如果看不到分页符，切换到【开始】选项卡，在【段落】组中单击【显示/隐藏编辑标记】按钮。

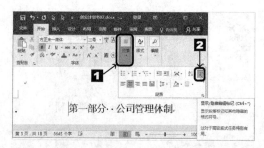

2. 插入分页符

"分页符"是一种符号，显示在上一页结束以及下一页开始的位置。在Word文档中插入分页符的的具体步骤如下。

1 将文档拖动到第13页，将光标定位在一级标题"第三部分　公司运作"的行首，切换到【布局】选项卡，单击【页面设置】组中的【插入分页符和分节符】按钮，在弹出的下拉列表中选择【分页符】选项。

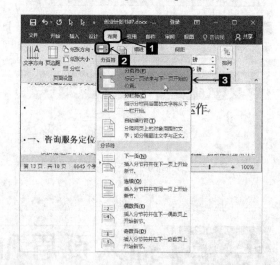

2 此时在文档中插入了一个分页符，光标之后的文本自动切换到了下一页。使用同样的方法，在所有的二级标题前分页即可。

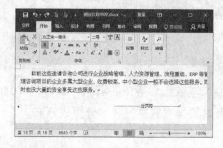

3 将文档拖动到首页，选中文档目录，然后单击鼠标右键，在弹出的快捷菜单中选择【更新域】菜单项。

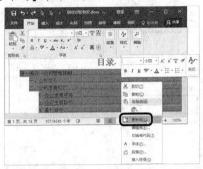

4 弹出【更新目录】对话框，然后选中【只更新页码】单选钮，单击 确定 按钮即可更新目录页码。

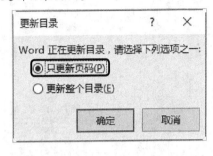

6.3.2 插入页眉和页脚

页眉和页脚常用于显示文档的附加信息，既可以插入文本，也可以插入示意图。

本小节原始文件和最终效果所在位置如下。	
素材文件	素材文件\第6章\左页眉.tif、右页眉.tif
原始文件	原始文件\第6章\创业计划书08.docx
最终效果	最终效果\第6章\创业计划书09.docx

在Word 2016文档中可以快速插入设置好的页眉和页脚图片，具体的操作步骤如下。

1 打开本实例的原始文件，在第2节中的奇数页的页眉和页脚处双击鼠标左键，此时页眉和页脚处于编辑状态。

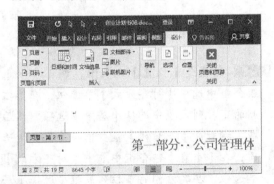

2 在【页眉和页脚工具】工具栏中，切换到【设计】选项卡，在【选项】组中选中【奇偶页不同】复选框，然后在【导航】组中单击【链接到前一条页眉】按钮。

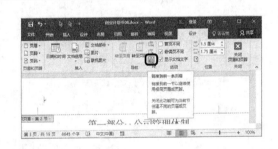

3 切换到【插入】选项卡，在【插图】组中单击【图片】按钮。

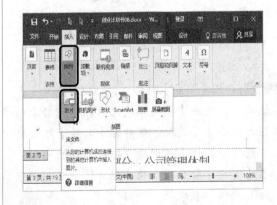

4 弹出【插入图片】对话框，从中选择合适的图片，例如选择素材图片"左页眉.tif"。

5 单击 插入(S) 按钮，此时图片插入到了文档中。选中该图片，然后单击鼠标右键，从弹出的快捷菜单中选择【大小和位置】菜单项。

6 弹出【布局】对话框，切换到【大小】选项卡，选中【锁定纵横比】和【相对原始图片大小】复选框，然后在【高度】组合框中的【绝对值】微调框中输入"26厘米"，在【宽度】组合框中的【绝对值】微调框中输入"19.98厘米"。

7 切换到【文字环绕】选项卡，在【环绕方式】组合框中选择【衬于文字下方】选项。

8 切换到【位置】选项卡，在【水平】组合框中选中【对齐方式】单选钮，在其右侧的下拉列表框中选择【居中】选项，然后在【相对于】下拉列表框中选择【页面】选项；在【垂直】组合框中选中【对齐方式】单选钮，在其右侧的下拉列表框中选择【居中】选项，然后在【相对于】下拉列表框中选择【页面】选项即可。

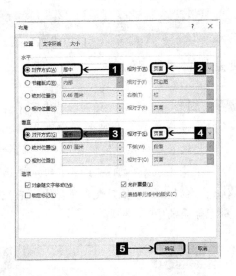

9 单击 确定 按钮，返回Word文档中，然后将其移动到合适的位置即可。

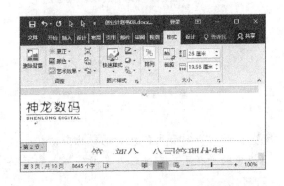

10 使用同样的方法为第2节中的偶数页插入页面和页脚，同样在【选项】组中单击【链接到前一条页眉】按钮。

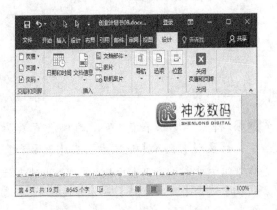

11 设置完毕，在【页眉和页脚工具】工具栏中切换到【设计】选项卡，在【关闭】组中单击【关闭页眉和页脚】按钮。

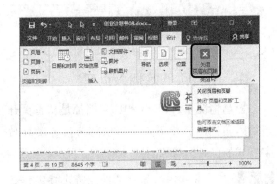

12 第2节奇数页页眉和页脚的最终效果如下图所示。

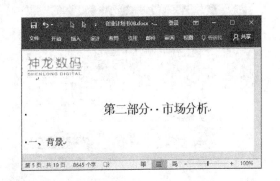

13 第2节偶数页页眉和页脚的最终效果如下图所示。

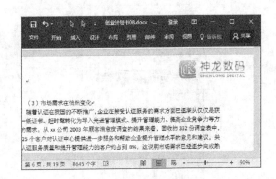

6.3.3 插入页码

为了使Word文档便于浏览和打印，用户可以在页脚处插入并编辑页码。

本小节原始文件和最终效果所在位置如下。		
原始文件	原始文件\第6章\创业计划书09.docx	
最终效果	最终效果\第6章\创业计划书10.docx	

1. 从首页开始插入页码

默认情况下，Word 2016文档都是从首页开始插入页码的，接下来为目录部分设置罗马数字样式的页码，具体的操作步骤如下。

1 打开本实例的原始文件，将光标定位在首页，切换到【插入】选项卡，单击【页眉和页脚】组中的【页码】按钮，在弹出的下拉列表中选择【设置页码格式】选项。

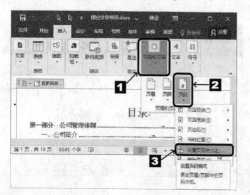

2 弹出【页码格式】对话框，在【编号合适】下拉列表框中选择【Ⅰ，Ⅱ，Ⅲ，…】选项，然后单击 确定 按钮即可。

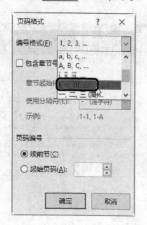

3 因为设置页眉、页脚时选中了【奇偶页不同】选项，所以此处的奇偶页页码也要分别进行设置。将光标定位在第1节中的奇数页中，单击【页眉和页脚】组中的【页码】按钮，在弹出的下拉列表中选择【页面低端】➤【普通数字2】选项。

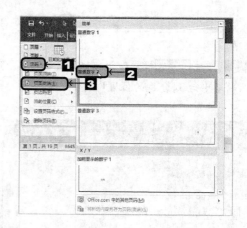

4 此时页眉和页脚处于编辑状态，并在第1节中的奇数页底部插入罗马数字样式的页码即可。

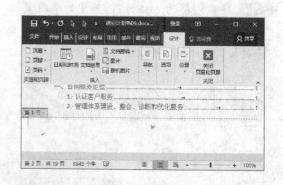

5 将光标定位在第1节中的偶数页页脚中，切换到【插入】选项卡，在【页眉和页脚】组中单击【页码】按钮，在弹出的下拉列表中选择【页面底端】➤【普通数字2】选项。

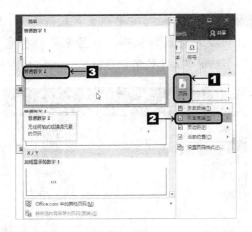

6 此时在第1节中的偶数页底部插入了罗马数字样式的页码。设置完毕，在【关闭】组中单击【关闭页眉和页脚】按钮 。

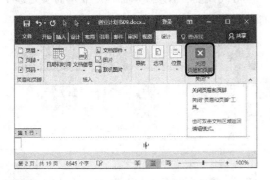

7 另外，用户还可以对插入的页码进行字体格式设置，设置完毕，第1节中页码的最终效果如下图所示。

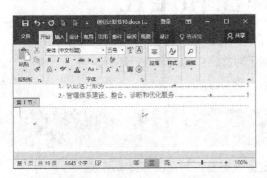

2. 从第N页开始插入页码

在Word 2016文档中除了可以从首页开始插入页码以外，还可以使用"分节符"功能从指定的第N页开始插入页码。

接下来从正文（第3页）开始插入普遍阿拉伯数字样式的页码，具体的操作步骤如下。

1 将光标定位在第2节，切换到【插入】选项卡，单击【页眉和页脚】组中的【页码】按钮，在弹出的下拉列表中选择【设置页码格式】选项。弹出【页面格式】对话框，在【编号格式】下拉列表框中选择【1,2,3…】选项，在【页码编号】组合框中选中【起始页码】单选钮，并在右侧的微调框中输入"3"，然后再单击 确定 按钮即可。

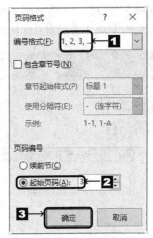

2 将光标定位在第2节中的奇数页页脚中，单击【页眉和页脚】组中的【页码】按钮，在弹出的下拉列表中选择【页面低端】➤【普通数字2】选项。

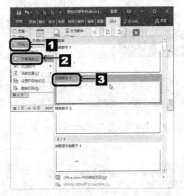

3 此时页眉和页脚处于编辑状态，在第2页中的奇数页底部插入阿拉伯数字样式的页码即可。

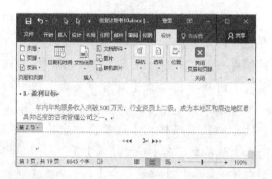

4 将光标定位在第2节中的偶数页页脚中，在【页眉和页脚工具】工具栏中，切换到【插入】选项卡，在【页眉和页脚】组中单击【页码】按钮 ，在弹出的下拉列表中选择【页面底端】▶【普通数字2】选项。

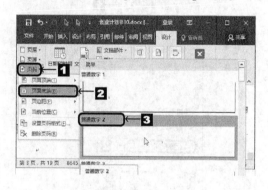

5 此时在第2节中的偶数页底部插入了阿拉伯数字样式的页码。设置完毕，在【关闭】组中单击【关闭页眉和页脚】按钮 。

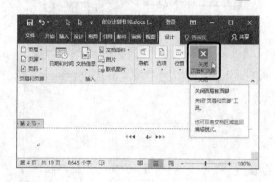

6 另外，用户还可以对插入的页码进行字体格式设置，设置完毕，第2节中的页眉和页脚以及页码的最终效果如下图所示。

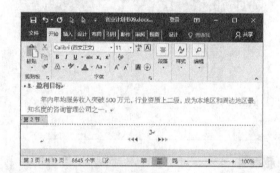

6.4 插入题注、脚注和尾注

在编辑文档的过程中，为了使读者便于阅读和理解文档内容，经常在文档中插入题注、脚注或尾注，用于对文档中的对象进行解释说明。

6.4.1 插入题注

在插入的图形或表格中添加题注，不仅可以满足排版需要，而且便于读者阅读。

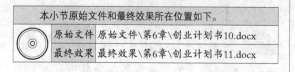
本小节原始文件和最终效果所在位置如下。

原始文件	原始文件\第6章\创业计划书10.docx
最终效果	最终效果\第6章\创业计划书11.docx

插入题注的具体步骤如下。

1 打开本实例的原始文件，选中准备插入题注的图片，切换到【引用】选项卡，单击【题注】组中的【插入题注】按钮 。

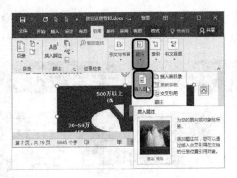

2 弹出【题注】对话框，在【题注】文本框中自动显示"Figure 1"，在【标签下拉列表框中选择【Figure】选项，在【位置】下拉列表框中自动选择【所选项目下方】选项。

3 单击 新建标签(N) 按钮，弹出【新建标签】对话框，在【标签】文本框中输入"图"。

4 单击 确定 按钮，返回【题注】对话框，此时在【题注】文本框中自动显示"图1"，在【标签】下拉列表框中选择【图】选项，在【位置】下拉列表框中自动选择【所选项目下方】选项。

5 单击 确定 按钮返回Word文档，此时在选中图片的下方自动显示题注"图1"。

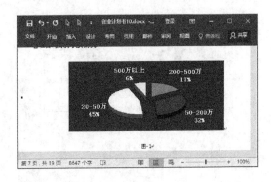

6 选中下一张图片，然后单击鼠标右键，在弹出的快捷菜单中选择【插入题注】菜单项即可。

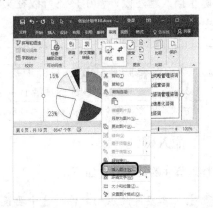

7 弹出【题注】对话框，此时在【题注】文本框中自动显示"图2"，在【标签】下拉列表框中自动选择【图】选项，在【位置】下拉列表框中自动选择【所选项目下方】选项。

8 单击 确定 按钮，返回Word文档，此时在选中图片的下方自动显示题注"图2"。

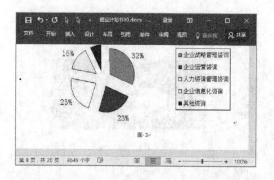

9 使用同样的方法为其他图片添加题注即可。

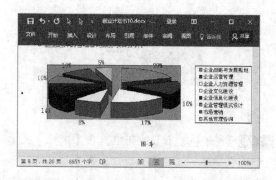

6.4.2 插入脚注和尾注

除了插入题注以外，用户还可以在文档中插入脚注和尾注，对文档中某个内容进行解释、说明或提供参考资料等对象。

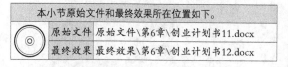

本小节原始文件和最终效果所在位置如下。

原始文件	原始文件\第6章\创业计划书11.docx
最终效果	最终效果\第6章\创业计划书12.docx

1. 插入脚注

插入脚注的具体步骤如下。

1 打开本实例的原始文件，选中要设置段落格式的段落，将光标定位在准备插入脚注的位置，切换到【引用】选项卡，单击【脚注】组中的【插入脚注】按钮 。

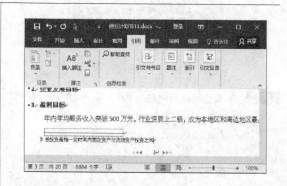

2 此时，在文档的底部出现一个脚注分隔符，在分隔符下方输入脚注内容即可。

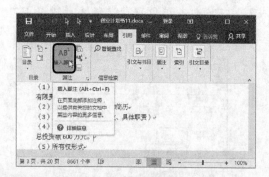

3 将光标移动到插入脚注的标识上，可以查看脚注内容。

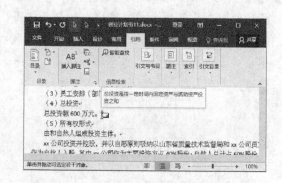

2. 插入尾注

插入尾注的具体步骤如下。

1 打开本实例的原始文件，将光标定位在准备插入尾注的位置，切换到【引用】选项卡，单击【脚注】组中的【插入尾注】按钮即可。

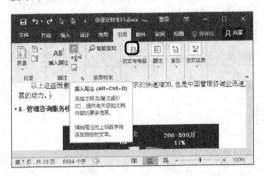

2 此时，在文档的结尾出现一个尾注分隔符，在分隔符下方输入尾注内容即可。

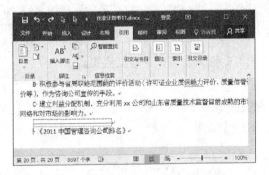

3 将光标移动到插入尾注的标识上，可以查看尾注内容。

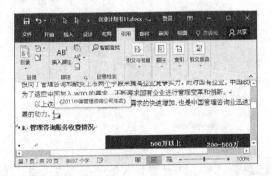

4 如果要删除尾注分隔符，则切换到【视图】选项卡，单击【文档视图】组中的【草稿】按钮草稿。

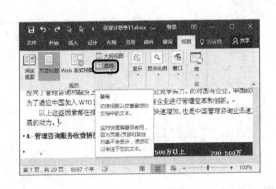

5 切换到草稿视图模式下，效果如下图所示。

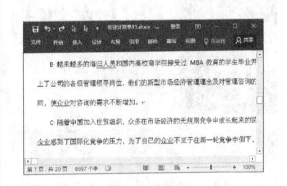

6 按下【Ctrl】+【Alt】+【D】组合键，在文档的下方弹出【尾注】编辑栏，然后在【尾注】下拉列表框中选择【尾注分隔符】选项。

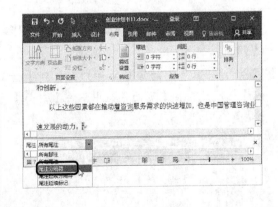

7 此时会在【尾注】编辑栏中出现了一条直线。

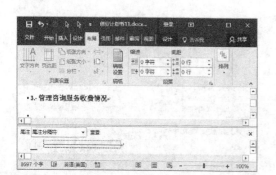

8 选中直线，按下【Backspace】键即可将其删除。切换到【视图】选项卡，单击【视

图】组中的【页面视图】按钮，切换到【页面视图】模式下，效果如下图所示。

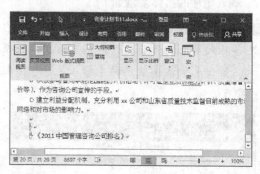

6.5 设计文档封面

在Word 2016文档中，通过插入图片和文本框，用户可以快速地设计文档封面。

6.5.1 自定义封面底图

设计文档封面底图时，用户既可以直接使用系统内置封面，也可以自定义底图。

本小节原始文件和最终效果所在位置如下。	
素材文件	素材文件\第6章\封面.tif
原始文件	原始文件\第6章\创业计划书12.docx
最终效果	最终效果\第6章\创业计划书13.docx

在Word文档中自定义封面底图的具体操作步骤如下。

1 打开本实例的原始文件，切换到【插入】选项卡，在【页面】组中单击【封面】按钮。

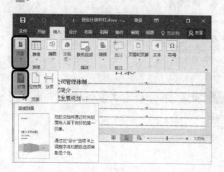

2 在弹出【内置】下拉列表框中选择【边线型】选项。

3 此时，文档中插入了一个"边线型"的文档封面。

4 使用【Backspace】键删除原有的文本框和形状，得到一个封面的空白页。切换到【插入】选项卡，在【插图】组中单击【图片】按钮 。

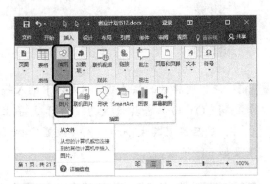

5 弹出【插入图片】对话框，从中选择要插入的图片素材文件"封面.tif"。

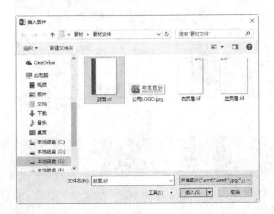

6 单击 插入(S) 按钮，返回Word文档中，此时，文档中插入了一个封面底图。选中该图片，然后单击鼠标右键，从弹出的快捷菜单中选择【大小和位置】菜单项。

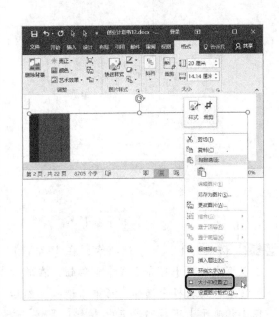

7 弹出【布局】对话框，切换到【大小】选项卡，撤选【锁定纵横比】复选框，然后在【高度】组合框中的【绝对值】微调框中输入"26厘米"，在【宽度】组合框中的【绝对值】微调框中输入"20厘米"。

8 切换到【文字环绕】选项卡，在【环绕方式】组合框中选择【衬于文字下方】选项。

9 切换到【位置】选项卡，在【水平】组合框中选中【对齐方式】单选钮，在其右侧的下拉列表框中选择【居中】选项，然后在【相对于】下拉列表框中选择【页面】选项；在【垂直】组合框中选中【对齐方式】单选钮，在其右侧的下拉列表框中选择【居中】选项，然后在【相对于】下拉列表框中选择【页面】选项即可。

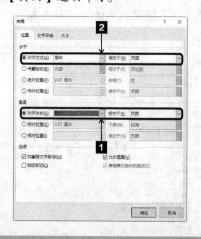

10 单击 确定 按钮，返回Word文档中，设置效果如下图所示。

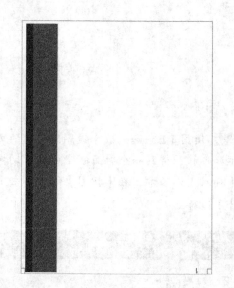

11 使用同样的方法在Word文档中插入一个公司LOGO，将其设置为"浮于文字上方"，然后设置其大小和位置，设置完毕，效果如下图所示。

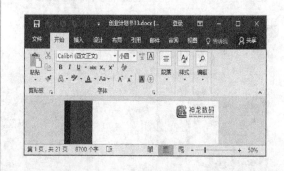

6.5.2 设计封面文字

在编辑Word文档时经常会使用文本框设计封面文字。

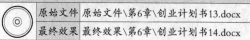

本小节原始文件和最终效果所在位置如下。	
原始文件	原始文件\第6章\创业计划书13.docx
最终效果	最终效果\第6章\创业计划书14.docx

在Word文档中使用文本框设计封面文字的具体步骤如下。

1 打开本实例的原始文件，切换到【插入】选项卡，单击【文本】组中的【文本框】按钮，在弹出的【内置】列表框中选择【简单文本框】选项。

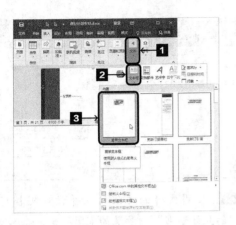

2 此时，文档中插入了一个简单文本框，在文本框中输入公司名称"神龙数码科技有限公司"。

3 选中该文本，切换到【开始】选项卡，在【字体】组中的【字体】下拉列表框中选择【华文中宋】选项，在【字号】下拉列表框中选择【初号】选项，然后单击【加粗】按钮 B 。

4 单击【字体颜色】按钮 A 右下侧的下三角 按钮，在弹出的下拉列表中【其他颜色】选项。

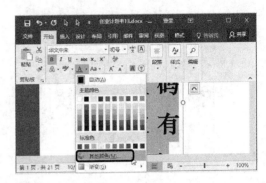

5 弹出【颜色】对话框，切换到【自定义】选项卡，在【颜色模式】下拉列表框中选择【RGB】选项，然后在【红色】微调框中输入"30"，在【绿色】微调框中输入"60"，在【蓝色】微调框中输入"138"。

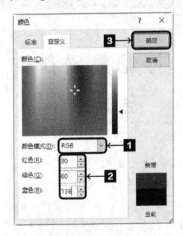

6 单击 确定 按钮，返回Word文档中，设置效果如下图所示。

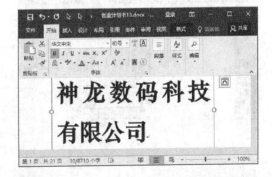

7 选中该文本框，然后将鼠标指针移动到文本框的右下角，此时鼠标指针变成 形状，按住鼠标左键不放，拖动鼠标指针将其调整到合适的大小，释放左键即可。

8 将光标定位在文本"有"之前，然后按下空格键，调整文本"有限公司"的位置，调整后的效果如下图所示。

9 选中该文本框，在【绘图工具】工具栏中，切换到【格式】选项卡，在【形状样式】组中单击形状轮廓按钮，在弹出的下拉列表中选择【无轮廓】选项。

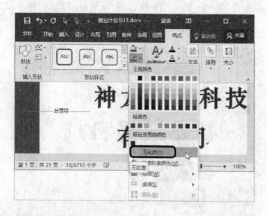

10 使用同样的方法插入并设计一个机密印鉴，效果如下图所示。

11 使用同样的方法插入并设计文档标题"创业计划书"，效果如下图所示。

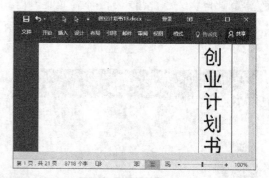

12 使用同样的方法插入并设计编制日期，效果如下图所示。

13 封面设置完毕，最终效果如下图所示。

第2篇

Excel 办公应用

Excel 2016是微软公司推出的一款集电子表格制作、数据处理与分析等功能于一体的软件，目前已广泛地应用于各行各业。本篇主要介绍Excel 2016基础入门、编辑和美化工作表、管理数据、Excel的高级制图、公式与函数的应用等内容。

第7章

Excel 2016基础入门——制作员工信息明细

员工信息明细是人力资源管理中的基础表格之一。好的员工信息明细,有利于实现员工基本信息的管理和更新,有利于实现员工工资的调整和发放,以及各类报表的绘制和输出。接下来以制作员工信息明细表为例,介绍如何在Excel 2016中进行工作簿和工作表的基本操作。

关于本章的知识,本书配套教学光盘中有相关的多媒体教学视频,请读者参见光盘中的【Excel 2016的基本操作\基础入门】。

7.1 工作簿的基础操作

工作簿是Excel工作区中一个或多个工作表的集合。Excel 2016对工作簿的基础操作包括新建、保存、打开、关闭、保护以及共享等。

7.1.1 新建工作簿

用户既可以新建一个空白工作簿，也可以创建一个基于模板的工作簿。

1. 新建空白工作簿

1 通常情况下，每次启动Excel 2016后，系统会默认新建一个名称为"工作簿1"的空白工作簿，其默认扩展名为".xlsx"。

2 单击 文件 按钮，在弹出的下拉菜单中选择【新建】菜单项，在【可用模板】列表框中单击【空白工作簿】选项，也可以新建一个空白工作簿。

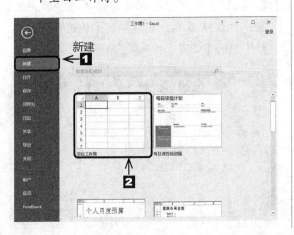

2. 创建基于模板的工作簿

创建基于模板的工作簿的具体步骤如下。

1 单击 文件 按钮，在弹出的下拉菜单中选择【新建】菜单项，用户可以根据需要在【新建】列表框中选择模板，例如选择【贷款分期付款】选项。

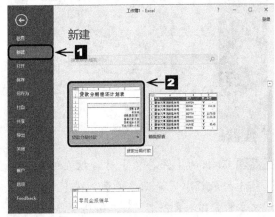

2 单击【贷款分期付款】选项，即可创建一个名为"LoanAmortization1"的工作簿。

3 如果用户想要使用未安装的模板，可以在【搜索联机模板】文本框中输入"office.com模板"，然后单击【搜索】按钮 🔍，根据需要在已搜索到的模板中选择所需模板即可。

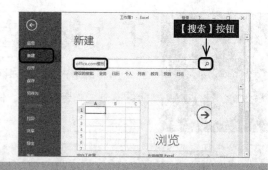

7.1.2 保存工作簿

创建或编辑工作簿后，用户可以将其保存起来，以供日后查阅，保存工作簿可以分为保存新建的工作簿、保存已有的工作簿和自动保存工作簿3种情况。

1. 保存新建的工作簿

保存新建的工作簿的具体步骤如下。

1 新建一个空白工作簿，单击 文件 按钮，在弹出的下拉菜单中选择【保存】菜单项，弹出【另存为】界面上单击 浏览 按钮。

2 弹出的【另存为】对话框左侧【此电脑】列表框中选择保存位置，在【文件名】文本框中输入文件名"员工信息表.xlsx"。

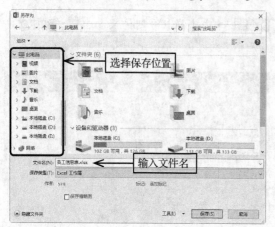

3 设置完毕，单击 保存(S) 按钮即可。

2. 保存已有的工作簿

如果用户对已有的工作簿进行了编辑操作，也需要进行保存。对于已存在的工作簿，用户既可以将其保存在原来的位置，也可以将其保存在其他位置。

1 如果用户想将工作簿保存在原来的位置，方法很简单，直接单击【快速访问工具栏】中的【保存】按钮 💾 即可。

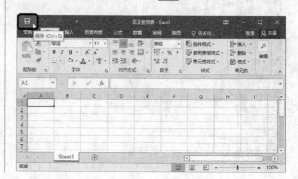

2 如果用户想将工作簿保存到其他的位置，可以单击 文件 按钮，在弹出的下拉菜单中选择【另存为】菜单项，然后在右侧的界面中选择【浏览】选项。

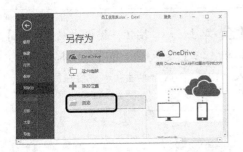

3 弹出【另存为】对话框，从中设置工作簿的保存位置和保存名称。例如，将工作簿的名称更改为"员工信息明细.xlsx"。

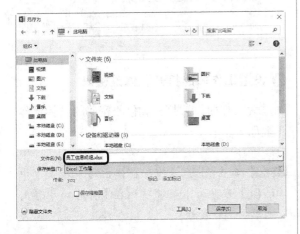

4 设置完毕，单击 保存(S) 按钮即可。

3. 自动保存

使用Excel 2016提供的自动保存功能，可以在断电或死机的情况下最大限度地减小损失。设置自动保存的具体步骤如下。

1 单击 文件 按钮，在弹出的下拉菜单中选择【选项】菜单项。

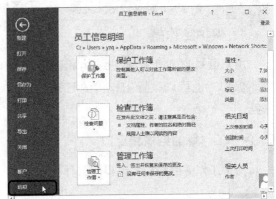

2 弹出【Excel选项】对话框，切换到【保存】选项卡，在【保存工作簿】组合框中的【将文件保存为此格式】下拉列表中选择【Excel工作簿（*.xlsx）】选项，然后选中【保存自动恢复信息时间间隔】复选框，并在其右侧的微调框中设置文档自动保存的时间间隔，这里将时间间隔值设置为"10分钟"。设置完毕，单击 确定 按钮即可。以后系统就会每隔10分钟自动将该工作簿保存一次。

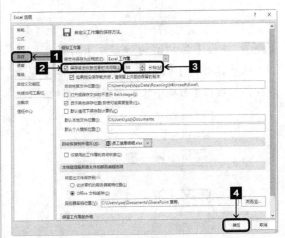

7.1.3 保护和共享工作簿

在日常办公中，为了保护公司机密，用户可以对相关的工作簿设置保护。为了实现数据共享，还可以设置共享工作簿。本小节设置的密码均为"123"。

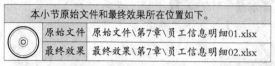

本小节原始文件和最终效果所在位置如下。
原始文件 | 原始文件\第7章\员工信息明细01.xlsx
最终效果 | 最终效果\第7章\员工信息明细02.xlsx

1. 保护工作簿

用户既可以对工作簿的结构和窗口进行密码保护，也可以设置工作簿的打开和修改密码。

⭕ **保护工作簿的结构和窗口**

保护工作簿的结构和窗口的具体操作步骤如下。

1 打开本实例的原始文件，切换到【审阅】选项卡，单击【更改】组中的 保护工作簿 按钮。

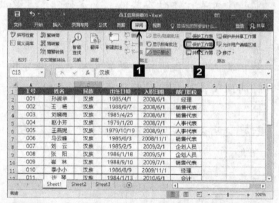

2 弹出【保护结构和窗口】对话框，在【保护工作簿】组合框中选中【结构】复选框，然后在【密码】文本框中输入"123"。

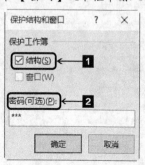

3 单击 确定 按钮，弹出【确认密码】对话框，在【重新输入密码】文本框中再次输入"123"，然后单击 确定 按钮即可。

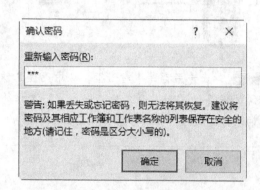

⭕ **设置工作簿的打开和修改密码**

为工作簿设置打开和修改密码的具体操作步骤如下。

1 单击 文件 按钮，在弹出的下拉菜单中选择【另存为】菜单项，在【另存为】界面上单击 浏览 按钮。

2 弹出【另存为】对话框，从中选择合适的保存位置，单击 工具(L) ▾ 按钮，在弹出的下拉列表中选择【常规选项】选项。

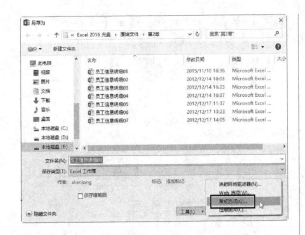

3 弹出【常规选项】对话框，在【打开权限密码】和【修改权限密码】文本框中均输入"123"，然后选中【建议只读】复选框。

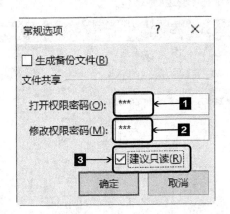

4 单击 确定 按钮，弹出【确认密码】对话框，在【重新输入密码】文本框中输入"123"。

确认密码

重新输入密码(R):

***

警告：如果丢失或忘记密码，则无法将其恢复。建议将密码及其相应工作簿和工作表名称的列表保存在安全的地方(请记住，密码是区分大小写的)。

确定　取消

5 单击 确定 按钮，会弹出一个【确认密码】对话框，在【重新输入修改权限密码】文本框中输入"123"。

确认密码

重新输入修改权限密码(R):

***

警告：设置修改权限密码不是安全功能。使用此功能，能防止对此文档进行误编辑，但不能为其加密，因而恶意用户能够编辑文件并删除密码。

确定　取消

6 当用户再次打开该工作簿时，系统便会自动弹出【密码】对话框，要求用户输入打开文件所需的密码，以获得打开工作簿的权限，这时在【密码】文本框中输入"123"。

密码

"员工信息明细01.xlsx"有密码保护。

密码(P): ***

确定　取消

7 单击 确定 按钮，弹出【密码】对话框，要求用户输入修改密码，以获得修改工作簿的权限，这时在【密码】文本框中输入"123"。

密码

"员工信息明细01.xlsx"的密码设置人：
shenlong

请输入密码以获取写权限，或以只读方式打开。

密码(P): ***

只读(R)　确定　取消

8 单击 确定 按钮，弹出【Microsoft Excel】对话框，并提示用户"是否以只读方式打开"，此时单击 是(Y) 按钮即可打开并编辑该工作簿。

Microsoft Excel

作者希望您以只读方式打开员工信息明细01.xlsx，除非您需要进行更改。是否以只读方式打开？

是(Y)　否(N)　取消

2. 撤销保护工作簿

如果用户不需要对工作簿进行保护，可以予以撤销。

⊙ 撤销对结构和窗口的保护

切换到【审阅】选项卡，单击【更改】组中的 保护工作簿 按钮。弹出【撤销工作簿保护】对话框，在【密码】文本框中输入"123"，然后单击 确定 按钮即可。

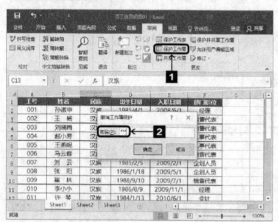

⊙ 撤销对整个工作簿的保护

撤销对整个工作簿的保护的具体步骤如下。

1 单击 文件 按钮，在弹出的下拉菜单中选择【另存为】菜单项，在【另存为】界面上单击 浏览 按钮，弹出【另存为】对话框，从中选择合适的保存位置，单击 工具(L) ▼ 按钮，在弹出的下拉列表中选择【常规选项】选项。

2 弹出【常规选项】对话框，将【打开权限密码】和【修改权限密码】文本框中的密码删除，然后撤选【建议只读】复选框。

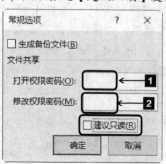

3 单击 确定 按钮，返回【另存为】对话框，然后单击 保存(S) 按钮，弹出【确认另存为】对话框，单击 是(Y) 按钮即可。

3. 设置共享工作簿

工作簿的信息量较大时，可以通过共享工作簿实现多个用户对信息的同步录入或编辑。

1 切换到【审阅】选项卡，单击【更改】组中的 共享工作簿 按钮。

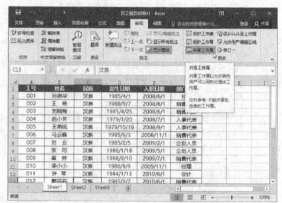

2 弹出【共享工作簿】对话框，切换到【编辑】选项卡，选中【允许多用户同时编辑，同时允许工作簿合并】复选框。

3 单击 确定 按钮，弹出【Microsoft Excel】对话框。

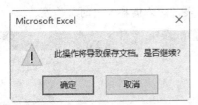

4 单击 确定 按钮，可共享当前工作簿。

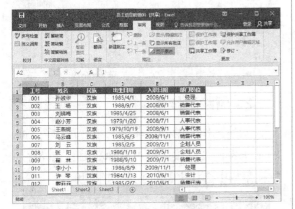

5 取消共享的方法也很简单，按照前面介绍的方法，打开【共享工作簿】对话框，切换到【编辑】选项卡，撤选【允许多用户同时编辑，同时允许工作簿合并】复选框。

6 设置完毕，单击 确定 按钮，弹出【Microsoft Excel】对话框。

7 此时，单击 是(Y) 按钮，即可取消工作簿的共享。

7.2 工作表的基本操作

工作表是Excel的基本单位，用户可以对其进行插入或删除、隐藏或显示、移动或复制、重命名、设置工作表标签颜色、保护工作表等基本操作。

7.2.1 插入和删除工作表

工作表是工作簿的组成部分，默认每个新工作簿中包含1个工作表，为"Sheet1"。用户可以根据需要插入或删除工作簿。

本小节原始文件和最终效果所在位置如下。	
原始文件	原始文件\第7章\员工信息明细02.xlsx
最终效果	最终效果\第7章\员工信息明细03.xlsx

1. 插入工作表

在工作簿中插入工作表的具体步骤如下。

1 打开本实例的原始文件，在工作表标签"Sheet1"上单击鼠标右键，然后从弹出的快捷菜单中选择【插入】菜单项。

2 弹出【插入】对话框，切换到【常用】选项卡，然后选择【工作表】选项。

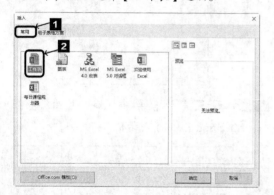

3 单击 确定 按钮，即可在工作表"Sheet1"的左侧插入一个新建立的工作表"Sheet4"。

4 除此之外，用户还可以在工作表列表区的右侧单击【插入工作表】按钮 ⊕，在工作表列表区的右侧插入新的工作表。

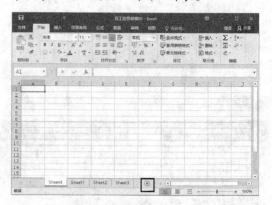

2. 删除工作表

删除工作表的操作非常简单，选中要删除的工作表标签，然后单击鼠标右键，在弹出的快捷菜单中选择【删除】菜单项即可。

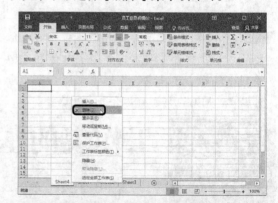

7.2.2 隐藏和显示工作表

为了防止别人查看工作表中的数据，用户可将工作表隐藏起来，当需要时再将其显示出来。

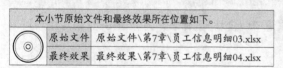

本小节原始文件和最终效果所在位置如下。

原始文件	原始文件\第7章\员工信息明细03.xlsx
最终效果	最终效果\第7章\员工信息明细04.xlsx

1. 隐藏工作表

隐藏工作表的具体步骤如下。

1 打开本实例的原始文件，选中要隐藏的工作表标签"Sheet1"，单击鼠标右键，在弹出的快捷菜单中选择【隐藏】菜单项。

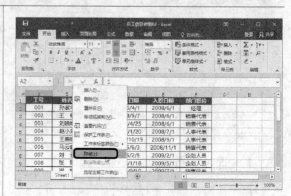

2 此时工作表"Sheet1"就被隐藏起来。

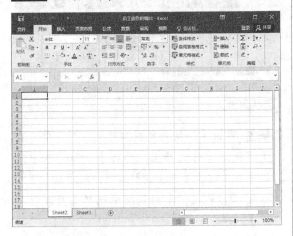

2 弹出【取消隐藏】对话框，在【取消隐藏工作表】列表框中选择要显示的隐藏工作表"Sheet1"。

2. 显示工作表

当用户想查看某个隐藏的工作表时，首先需要将它显示出来，具体的操作步骤如下。

1 在任意一个工作表标签上单击鼠标右键，在弹出的快捷菜单中选择【取消隐藏】菜单项即可。

3 选择完毕，单击 ▢ 按钮，即可将隐藏的工作表"Sheet1"显示出来。

7.2.3 移动或复制工作表

移动或复制工作表是日常办公中常用的操作。用户既可以在同一工作簿中移动或复制工作表，也可以在不同工作簿中移动或复制工作表。

本小节原始文件和最终效果所在位置如下。	
原始文件	原始文件\第7章\员工信息明细04.xlsx
最终效果	最终效果\第7章\员工信息明细05.xlsx

1. 同一工作簿

在同一工作簿中移动或复制工作表的具体步骤如下。

1 打开本实例的原始文件，在工作表标签"Sheet1"上单击鼠标右键，在弹出的快捷菜单中选择【移动或复制】菜单项。

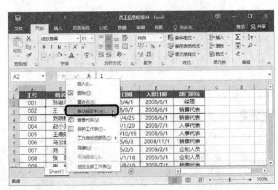

2 弹出【移动或复制工作表】对话框，在【将选定工作表移至工作簿】下拉列表中默认选择当前工作簿【员工信息明细04.xlsx】选项，在【下列选定工作表之前】列表框中选择【移至最后】选项，然后选中【建立副本】复选框。

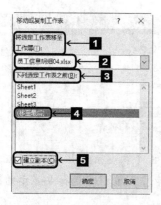

3 单击 确定 按钮，此时工作表 "sheet1" 就被复制到了最后的位置，并建立了副本 "Sheet1（2）"。

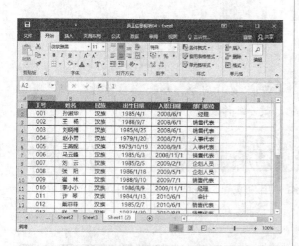

2. 不同工作簿

在不同工作簿中移动或复制工作表的具体步骤如下。

1 打开本实例的原始文件，在"员工信息明细04"工作簿的"Sheet1（2）"工作表上单击鼠标右键，在弹出的快捷菜单中选择【移动或复制】菜单项。

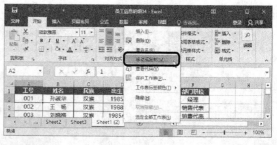

2 弹出【移动或复制工作表】对话框，在【将选定工作表移至工作簿】下拉列表中选择【员工信息管理.xlsx】选项，然后在【下列选定工作表之前】列表框中选择【员工资料表】选项。

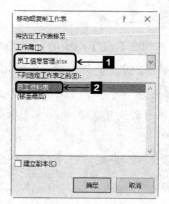

3 单击 确定 按钮，此时，工作簿"员工信息明细04"中的工作表"Sheet1（2）"就被移动到了工作簿"员工信息管理"中的工作表"员工资料表"之前。

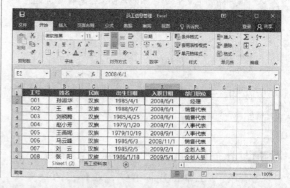

7.2.4 重命名工作表

默认情况下，工作簿中的工作表名称为"Sheet1""Sheet2"等。在日常办公中，用户可以根据实际需要为工作表重命名。

本小节原始文件和最终效果所在位置如下。

原始文件	原始文件\第7章\员工信息明细05.xlsx
最终效果	最终效果\第7章\员工信息明细06.xlsx

为工作表重命名的具体步骤如下。

1 打开本实例的原始文件，在工作表标签 "Sheet1" 上单击鼠标右键，在弹出的快捷菜单中选择【重命名】菜单项。

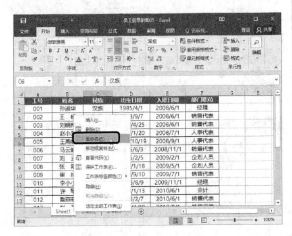

2 此时工作表标签 "Sheet1" 呈高光显示，工作表名称处于可编辑状态。

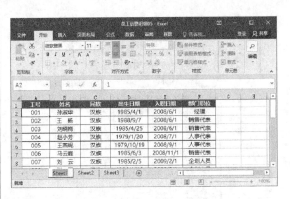

3 输入合适的工作表名称，然后按下【Enter】键，效果如图所示。

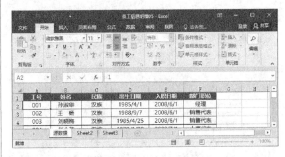

4 另外，用户还可以在工作表标签上双击鼠标，快速地为工作表重命名。

7.2.5 保护工作表

为了防止他人随意更改工作表，用户也可以对工作表设置保护。

本小节原始文件和最终效果所在位置如下。

原始文件	原始文件\第7章\员工信息明细07.xlsx
最终效果	最终效果\第7章\员工信息明细08.xlsx

1. 保护工作表

保护工作表的具体操作步骤如下。

1 打开本实例的原始文件，在工作表 "源数据" 中，切换到【审阅】选项卡，单击【更改】组中的 保护工作表 按钮。

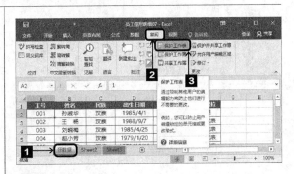

2 弹出【保护工作表】对话框，选中【保护工作表及锁定单元格内容】复选框，在【取消工作表保护时使用的密码】文本框中输入 "123"，然后在【允许此工作表的所有用户进行】列表框中选中【选定锁定单元格】和【选定未锁定单元格】复选框。

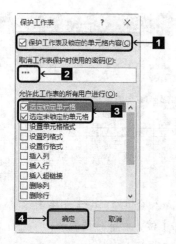

3 单击 确定 按钮，弹出【确认密码】对话框，然后在【重新输入密码】文本框中输入 "123"。

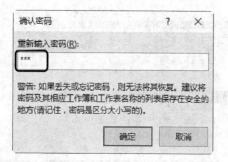

4 设置 确定 完毕，单击按钮即可。此时，如果要修改某个单元格中的内容，则会弹出【Microsoft Excel】对话框，直接单击 确定 按钮即可。

2. 撤销工作表的保护

撤销工作表的保护的具体步骤如下。

1 在工作表"数据源"中，切换到【审阅】选项卡，单击【更改】组中的 撤消工作表保护 按钮。

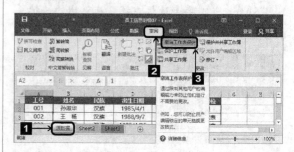

2 弹出【撤销工作表保护】对话框，在【密码】文本框中输入 "123"。

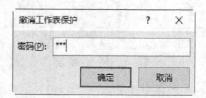

3 单击 确定 按钮即可撤销对工作表的保护，此时，【更改】组中的 撤消工作表保护 按钮则会变成 保护工作表 按钮。

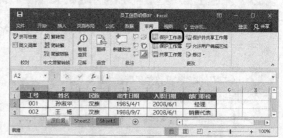

第8章

编辑工作表——
办公用品采购清单

办公用品管理是企业日常办公中的一项基本工作。科学合理地管理和使用办公用品，有利于实现办公资源的合理配置，节约成本，提高办公效率。接下来，本章以制作办公用品清单为例，介绍如何编辑工作表。

光盘链接

关于本章的知识，本书配套教学光盘中有相关的多媒体教学视频，请读者参见光盘中的【Excel 2016的基本操作\编辑工作表】。

8.1 输入数据

创建工作表后的第一步就是向工作表中输入各种数据。工作表中常用的数据类型包括文本型数据、货币型数据、日期型数据等。

8.1.1 输入文本型数据

文本型数据是最常用的数据类型之一，是指字符或者数值和字符的组合。

本小节原始文件和最终效果所在位置如下。	
原始文件	无
最终效果	最终效果\第8章\办公用品采购清单01.xlsx

1 创建一个新的工作簿，将其保存为"办公用品采购清单.xlsx"，将工作表"Sheet1"重命名为"1月采购清单"，然后选中单元格A1，切换到一种合适的中文输入法状态，输入工作表的标题"办公用品采购清单"。

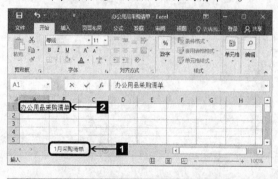

2 输入完毕按下【Enter】键，此时光标会自动定位到单元格A2中，使用同样的方法输入其他的文本型数据即可。

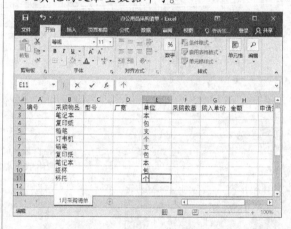

8.1.2 输入常规数字

Excel 2016默认状态下的单元格格式为常规，此时输入的数字没有特定格式。

本小节原始文件和最终效果所在位置如下。	
原始文件	原始文件\第3章\办公用品采购清单01.xlsx
最终效果	最终效果\第3章\办公用品采购清单02.xlsx

打开本实例的原始文件，在"采购数量"栏中输入相应的数字，效果如图所示。

8.1.3 快速填充数据

除了普通输入数据的方法之外，用户还可以通过各种技巧快速地输入数据。

本小节原始文件和最终效果所在位置如下。

原始文件	原始文件\第8章\办公用品采购清单04.xlsx
最终效果	最终效果\第8章\办公用品采购清单05.xlsx

1. 填充序列

在Excel表格中填写数据时，经常会遇到一些内容上相同，或者在结构上有规律的数据，例如1、2、3等这些数据，用户可以采用序列填充功能，进行快速编辑。

具体操作步骤如下。

1 打开本实例的原始文件，选中单元格A3，输入"1"，按下【Enter】键，活动单元格就会自动地跳转至单元格A4。

2 选中单元格A3，将鼠标指针移动至单元格A3的右下角，此时鼠标指针变为"＋"形状，然后按住左键不放向下拖动鼠标，此时在鼠标指针的右下角会有一个"1"跟随其向下移动。

3 将鼠标拖至合适的位置后释放，鼠标指针所经过的单元格中均被填充为"1"，同时在最后一个单元格A25的右下角会出现一个【自动填充选项】按钮。

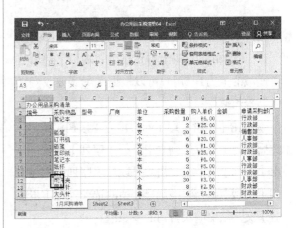

4 将鼠标指针移至【自动填充选项】按钮上，该按钮会变成"＋"形状，然后单击此按钮，在弹出的下拉列表中选择【填充序列】选项。

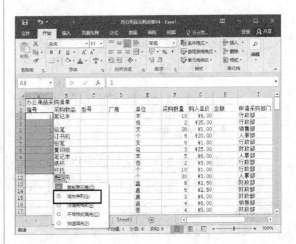

5 此时前面鼠标所经过的单元格区域中的数据就会自动地按照序列方式递增显示。

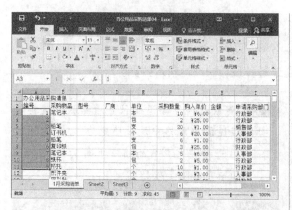

序列填充数据时，系统默认的步长值是"1"，即相邻的两个单元格之间的数字递增或者递减的值为1。用户可以根据实际需要改变默认的步长值。

单击【编辑】组中的【填充】按钮 ，然后从弹出的下拉列表中选择【序列】选项，弹出【序列】对话框，用户可以在【序列产生在】和【类型】组合框中选择合适的选项，在【步长值】文本款中输入合适的步长值。

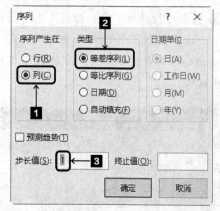

2. 快捷键填充

用户可以在多个不连续的单元格中间输入相同的数据信息，使用【Ctrl】+【Enter】组合键就可以实现数据的填充。

具体操作步骤如下。

1 选中单元格D3，然后按住【Ctrl】键不放，依次单击单元格D9、D12、D19、D22和D24，同时选中这些单元格，此时可以发现最后选中的单元格D24呈白色状态。

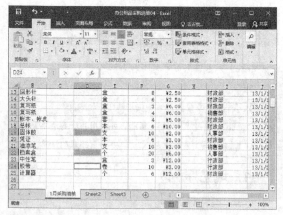

2 在单元格D24中输入"厂商A"，然后按下【Ctrl】键，再按【Enter】键，在单元格D9、D12、D19、D22和D24中就会自动地填充上"厂商A"。

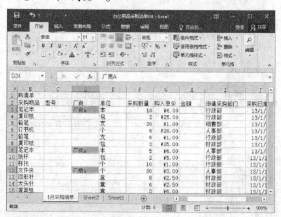

3 按照相同的方法在D列中多个不连续的单元格中分别输入厂商的名称。

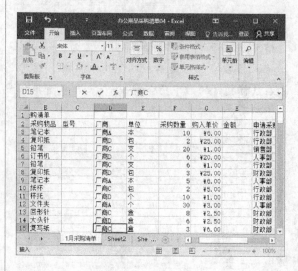

3. 从下拉列表中选择填充

在一列中输入一些内容之后，如果要在此列中输入与前面相同的内容，用户可以使用从下拉列表中选择的方法来快速地输入。

具体操作步骤如下。

1 在C列中的单元格C4、C5、C6和C15中输入采购物品的型号。

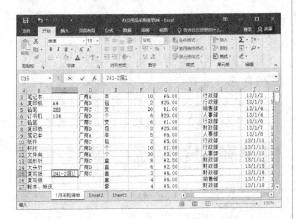

2 选中单元格C7，单击鼠标右键，从弹出的快捷菜单中选择【从下拉列表中选择】菜单项。

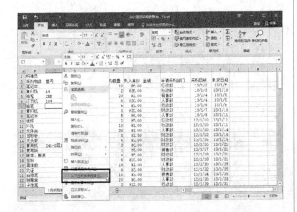

3 此时在单元格C7的下方出现一个下拉表，在此列表中显示出了用户在C列中输入的所有数据信息。

4 从下拉列表中选择一个合适的选项，例如选择【2HB】选择，此时即可将其显示在单元格C7中。

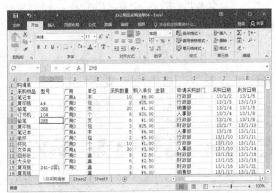

5 按照相同的方法，在C列中需要输入采购物品型号的单元格中填充上合适的选项。

8.2 编辑数据

编辑数据的操作主要包括移动数据、复制数据、修改数据、查找和替换数据以及删除数据。

8.2.1 移动数据

移动数据是指用户根据实际情况，使用鼠标将单元格中的数据选项移动到其他的单元格中。这是一种比较灵活的操作方法。

本小节原始文件和最终效果所在位置如下。

原始文件	原始文件\第8章\办公用品采购清单05.xlsx
最终效果	最终效果\第8章\办公用品采购清单06.xlsx

在表格中进行数据计算的具体步骤如下。

1 打开本实例的原始文件，选中单元格C6，将鼠标指针移动到单元格边框，此时鼠标指针变成形状。

2 按住鼠标左键不放，将鼠标指针移动到单元格C9中释放即可。

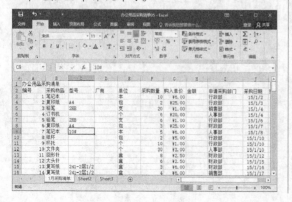

3 用户也可以使用剪切和黏贴的方法进行数据的移动，选中单元格C9，单击鼠标右键，从弹出的快捷菜单中选择【剪切】菜单项。

4 此时单元格C9周围出现一个闪烁的虚边框。

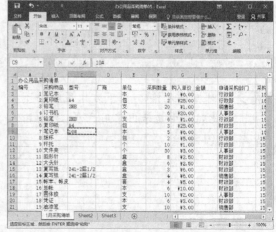

5 选中要移动的单元格C6，然后单击鼠标右键，从弹出的快捷菜单中选择【粘贴】菜单项。

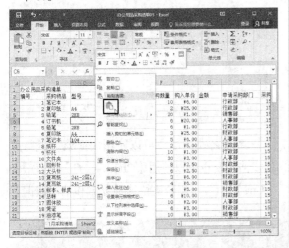

6 此时即可将单元格C9中的数据移动到单元格C6中。

7 用户还可以使用【Ctrl】+【X】组合键进行剪切，然后使用【Ctrl】+【V】组合键粘贴来移动数据。

8.2.2 复制数据

用户在编辑工作表的时候，经常会遇到需要在工作表中输入一些相同的数据的情况，此时可以使用系统提供的复制粘贴功能实现，以节约输入数据的时间。复制粘贴数据的方法有很多种，下面对其进行介绍。

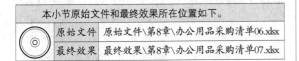

本小节原始文件和最终效果所在位置如下。

| 原始文件 | 原始文件\第8章\办公用品采购清单06.xlsx |
| 最终效果 | 最终效果\第8章\办公用品采购清单07.xlsx |

具体操作步骤如下。

1 打开本实例的原始文件，在单元格中C3中输入"笔记本"的型号"sl-5048"，切换到【开始】选项卡，然后单击【剪贴板】组中的【复制】按钮。

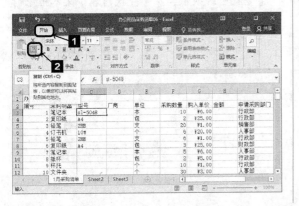

2 此时单元格C3的四周会出现闪烁的虚线框，表示用户要复制此单元格中的内容。

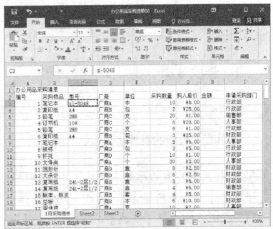

3 选中要复制到的单元格C9，然后单击【剪贴板】中的【粘贴】按钮。

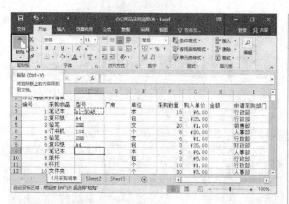

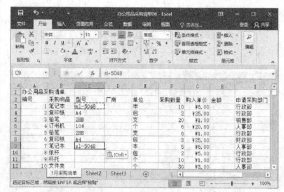

4 此时即可将单元格C3中的数据复制粘贴到单元格C9中。

除此之外，用户可以使用快捷菜单进行复制和粘贴，也可以使用【Ctrl】+【C】组合键和【Ctrl】+【V】组合键快速地复制和粘贴数据。

8.2.3 查找和替换数据

当工作表中的数据较多时，用户要查找或修改起来会很不方便，此时就可以使用系统提供的查找和替换功能操作。

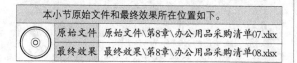

本小节原始文件和最终效果所在位置如下。	
原始文件	原始文件\第8章\办公用品采购清单07.xlsx
最终效果	最终效果\第8章\办公用品采购清单08.xlsx

查找分为简单查找和复杂查找两种，下面分别进行介绍。

1. 查找数据

○ 简单查找

简单查找数据的具体操作步骤如下。

1 打开本实例的原始文件，单击【编辑】组中的【查找和选择】按钮，然后从弹出的下拉列表中选择【查找】选项。

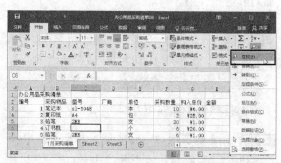

2 弹出【查找和替换】对话框，切换到【查找】选项卡，在【查找内容】文本框中输入要查找的数据内容，例如输入"财政部"。

3 单击 查找下一个(F) 按钮，此时系统会自动地选中符合条件的第一个单元格。

4 再次单击 查找下一个(F) 按钮，系统会不断地查找其他符合条件的单元格。

5 单击 查找全部(I) 按钮，此时在【查找和替换】对话框的下方就会显示出符合条件的全部单元格信息，查找完毕单击 关闭 按钮即可。

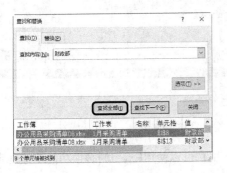

复杂查找

复杂查找数据的具体操作步骤如下。

1 选中单元格I8，单击鼠标右键，然后从弹出的快捷菜单中选择【设置单元格格式】菜单项。

2 弹出【设置单元格格式】对话框，切换到【字体】选项卡，在【字形】列表框中选择【倾斜】选项，从【字体颜色】下拉列表中选择合适的字体颜色，例如【深红】选项。

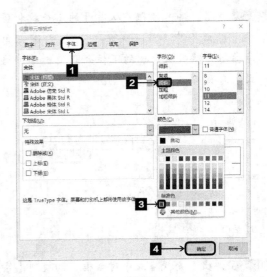

3 设置完毕单击 确定 按钮即可，此时设置效果如图所示。

4 按照前面介绍的方法打开【查找和替换】对话框，切换到【查找】选项卡，在【查找内容】文本框中输入要查找的数据内容，例如输入"财政部"。

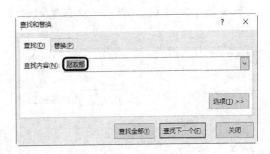

5 单击 选项(T)>> 按钮，从展开的【查找和替换】对话框中单击 格式(M)... ▼ 按钮的下三角号按钮，然后从弹出的下拉列表中选择【格式】选项。

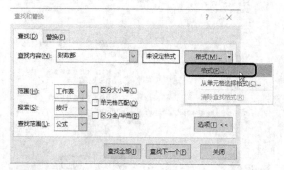

6 弹出【查找格式】对话框，切换到【字体】选项卡中，在【字形】列表框中选择【倾斜】选项，然后从【字体颜色】下拉列表中选择【深红】选项。

7 选择完毕单击 确定 按钮，返回【查找和替换】对话框，此时可以预览到设置效果。

8 单击 查找全部(I) 按钮，此时在【查找和替换】对话框的下方就会显示出符合条件的全部单元格信息，查找完毕单击 关闭 按钮即可。

2. 替换数据

用户可以使用Excel的替换功能快速地定位查找内容并对其进行替换操作。

替换数据的具体步骤如下。

1 切换到【开始】选型卡，单击【编辑】组中的【查找和选择】按钮 🔍▼，在弹出的下拉列表中选择【替换】选项。

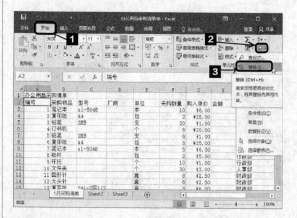

2 弹出【查找和替换】对话框，切换到【替换】选项卡，在【查找内容】文本框中输入"财政部"，在【替换为】文本框中输入"财务部"，然后单击【查找内容】文本框右侧的 格式(M)... ▼ 按钮，然后从弹出的下拉列表中选择【清除查找格式】选项。

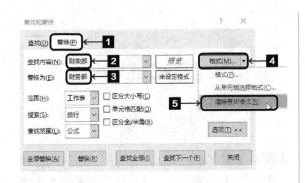

3 单击 查找全部(I) 按钮，此时光标定位在了要查找的内容上，并在对话框中显示了具体的查找结果。

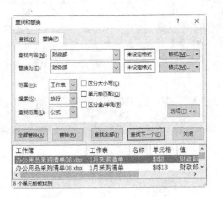

4 单击【全部替换】按钮 全部替换(A)，弹出【Microsoft Excel】对话框，并显示替换结果。

5 单击 确定 按钮，返回【查找和替换】对话框，替换完毕，单击 关闭 按钮即可。

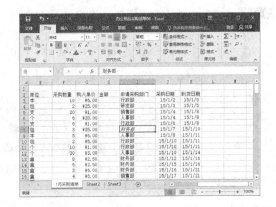

8.3 单元格的基本操作

单元格是工作表的最小组成单位，用户在单元格中输入文本内容后，还可以根据实际需要进行选中单元格、插入单元格、删除单元格以及合并单元格等操作。

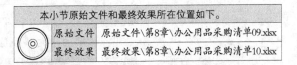

本小节原始文件和最终效果所在位置如下。	
原始文件	原始文件\第8章\办公用品采购清单09.xlsx
最终效果	最终效果\第8章\办公用品采购清单10.xlsx

8.3.1 插入单元格

在对工作表进行编辑的过程中，插入单元格是最经常用到的操作之一。

插入单元格的具体步骤如下。

1 打开本小节的原始文件，选中单元格B3，单击鼠标右键，选择【插入】菜单项。

2 弹出【插入】对话框，选中【活动单元格下移】单选钮。

3 选择完毕单击 确定 按钮，此时即可将选中的单元格下移，同时在其上方插入了一个空白单元格。

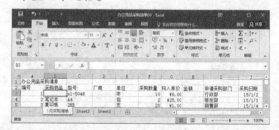

8.3.2 删除单元格

用户可以根据实际需求删除不需要的单元格。

删除单元格的具体步骤如下。

1 选中要删除的单元格B3，单击鼠标右键，然后从弹出的快捷菜单中选择【删除】菜单项。

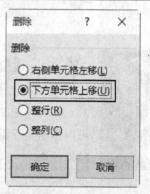

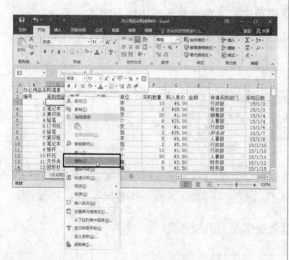

3 选择完毕直接单击 确定 按钮，此时即可将选中的单元格删除。

2 弹出【删除】对话框，选中【下方单元格上移】单选框。

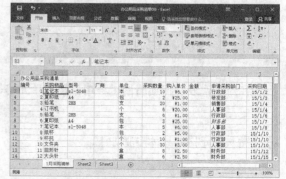

8.3.3 合并单元格

在编辑工作表的过程中，用户有时候需要将多个单元格合并为一个单元格，具体的操作步骤如下。

1 选中单元格区域A1:K1，然后单击【对齐方式】组中的【合并后居中】按钮。

2 此时即可将选择的单元格区域合并为一个单元格，同时单元格中的内容会居中显示。

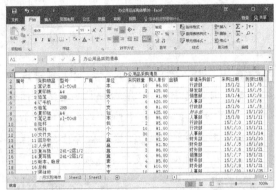

8.4 行和列的基本操作

行和列的基本操作与单元格的基本操作大同小异，主要包括选择行和列、插入行和列、删除行和列、调整行高和列宽以及隐藏与显示行和列。

本小节原始文件和最终效果所在位置如下。

原始文件	原始文件\第8章\办公用品采购清单10.xlsx
最终效果	最终效果\第8章\办公用品采购清单11.xlsx

8.4.1 插入行和列

在编辑工作表的过程中，用户有时候需要根据实际需要重新设置工作表的结构，此时可以通过在工作表中插入行和列来实现。

在工作表中插入行的具体步骤如下。

1 在要插入行的下面的行标题上单击以选择整行，例如选中第3行，单击鼠标右键，然后从弹出的快捷菜单中选择【插入】菜单项。

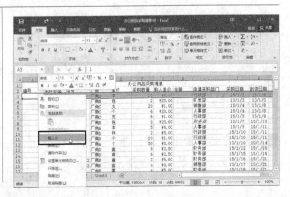

2 此时即可在选中行的上方插入一个空白行。

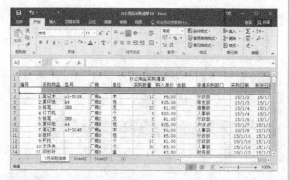

3 在要插入行的下面的行标题上单击选择整行，例如选中第6行，单击【单元格】按钮，从展开的【单元格】组中单击【插入】按钮的下半部分按钮，然后从弹出的下拉列表中选择【插入工作表行】选项。

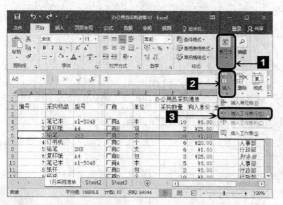

4 此时即可在所选行上方插入一个空白行。

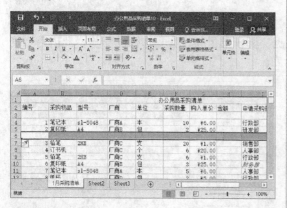

5 选中任意单元格，单击鼠标右键，然后从弹出的快捷菜单中选择【插入】菜单项。

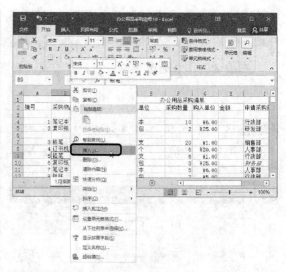

6 弹出【插入】对话框，在【插入】组合框中选中【整行】单选钮。

7 选择完毕单击 确定 按钮，此时即可在所选单元格所在行的上方插入一个空白行。

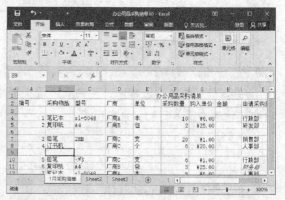

8 用户还可以在工作表中插入多行，例如选择第10行~第12行，单击鼠标右键，然后从弹出的快捷菜单中选择【插入】菜单项。

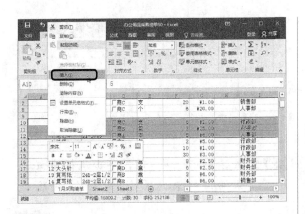

9 此时即可在原来的第10行上方插入3个空白行。

在工作表中插入列的方法与插入行的方法类似，只需在要插入列右侧的列标题上单击以选择整列，然后按照前面介绍的插入行的方法进行插入，即可在所选中列的左侧插入空白列。

8.4.2 删除行和列

在编辑工作表的过程中，用户有时候还需要将工作表中多余的行和列删除。删除行的方法和删除列的方法类似，下面以怎样删除行为例进行介绍。

删除行的具体步骤如下。

1 选择要删除的行，例如选中第3行，单击鼠标右键，然后从弹出的快捷菜单中选择【删除】菜单项。

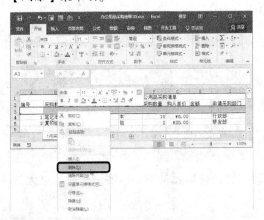

2 此时即可将选择的空白行删除。

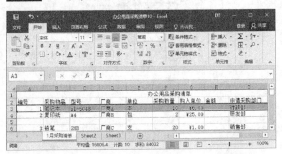

3 选择要删除的行，例如选中第5行，单击【单元格】组中的【删除】按钮 删除的下三角号，然后从弹出的下拉列表中选择【删除工作表行】选项。

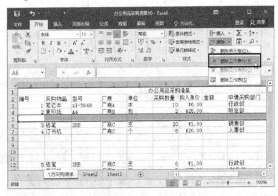

4 此时即可将选择的行删除。

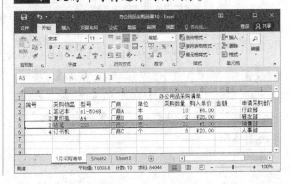

5 在要删除的第7行中任意单元格上单击
鼠标右键，然后从弹出的快捷菜单中选择
【删除】菜单项。

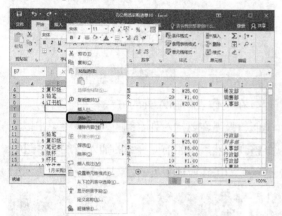

6 弹出【删除】对话框，在【删除】组合
框中选中【整行】单选钮。

7 选择完毕，单击 确定 按钮即可将选择
的单元格所在的行删除。

8 选择第7行~第9行，单击鼠标右键，
然后从弹出的快捷菜单中选择【删除】
菜单项。

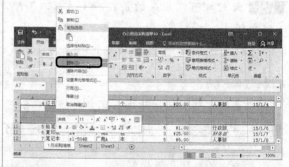

9 此时即可将选择的多行删除，下方的行
自动上移。

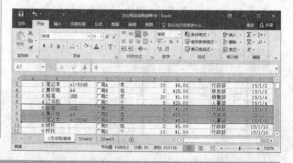

8.4.3 调整行高和列宽

在默认情况下，工作表中的行高和列宽是固定的，但是当单元格中的内容过长时，就无法将
其完全显示出来，此时需要调整行高和列宽。

○ 设置精确的行高和列宽

设置精确的行高和列宽的具体步骤如下。

1 选中第1行，切换到【开始】选项
卡，单击【单元格】组中的【格式】按钮
格式，然后从弹出的下拉菜单中选择【行
高】选项。

2 弹出【行高】对话框，在【行高】文本框中输入合适的行高，例如输入"24"。

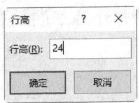

3 输入完毕单击 确定 按钮即可，设置效果如图所示。

4 选择要调整列宽的列，例如选中A列，单击鼠标右键，然后从弹出的快捷菜单中选择【列宽】菜单项。

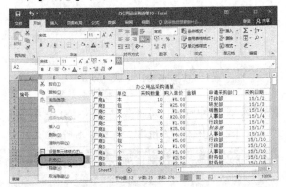

5 弹出【列宽】对话框，在【列宽】文本框中输入合适的列宽，例如输入"8"。

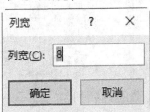

6 输入完毕单击 确定 按钮即可，设置效果如图所示。

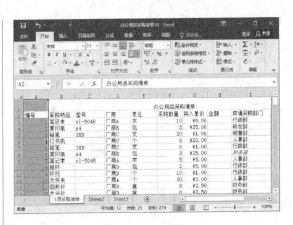

○ 设置最合适的行高和列宽

为单元格中的内容设置最合适的行高和列宽的具体步骤如下。

1 将鼠标指针移动到要调整行高的行标题下方的分隔线上，此时鼠标指针变成 形状。

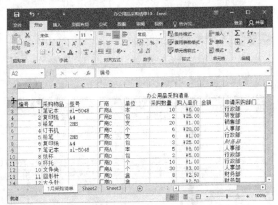

2 双击即可将该行（此处为第1行）调整为最合适的行高。

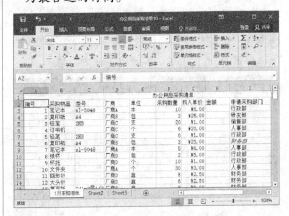

3 将鼠标指针移动到要调整列宽的列标题右侧分割线上，此时鼠标指针变成 形状。

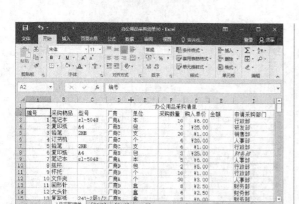

4 双击即可将该列（D列）调整为最适合的列宽。

8.4.4 隐藏行和列

在编辑工作表的过程中，用户有时候需要将一些行和列隐藏起来，需要时再将其显示出来。

◎ 隐藏行和列

隐藏行和列的具体步骤如下。

1 选择要隐藏的行，例如选择第2行，单击鼠标右键，然后从弹出的快捷菜单中选择【隐藏】菜单项。

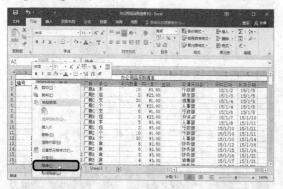

2 此时即可将第2行隐藏起来，并且会在第1行和第3行之间出现一条粗线，效果如图所示。

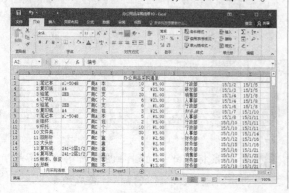

3 选择要隐藏的列，例如选择D列，然后单击鼠标右键，从弹出的快捷菜单中选择【隐藏】菜单项。

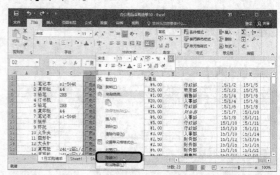

4 此时即可将D列隐藏起来，并且会在C列和E列之间出现一条粗线，效果如图所示。

◎ 显示隐藏的行和列

用户还可以将隐藏的行和列显示出来，具体的操作步骤如下。

1 选中第1行和第3行，然后单击鼠标右键，从弹出的快捷菜单中选择【取消隐藏】菜单项。

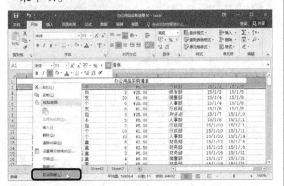

2 此时即可将刚刚隐藏的第2行显示出来。

3 选择C列和E列，单击鼠标右键，然后从弹出的快捷菜单中选择【取消隐藏】菜单项。

4 此时即可将刚刚隐藏的D列显示出来。

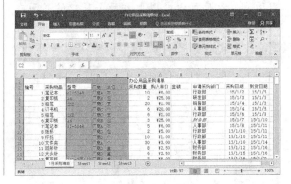

8.5 拆分和冻结窗口

拆分和冻结窗口是编辑工作表过程中经常用到的操作。通过拆分和冻结窗口操作，用户可以更加清晰方便地查看数据信息。

8.5.1 拆分窗口

拆分工作表的操作可以将同一个工作表窗口拆分成两个或者多个窗口，在每一个窗口中可以通过拖动滚动条显示工作表的一部分，此时用户可以通过多个窗口查看数据信息。

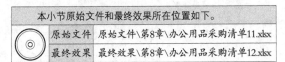

本小节原始文件和最终效果所在位置如下。

原始文件	原始文件\第8章\办公用品采购清单11.xlsx
最终效果	最终效果\第8章\办公用品采购清单12.xlsx

1 打开本实例的原始文件，选中单元格C5，切换到【视图】选项卡，然后单击【窗口】组中的【拆分】按钮。

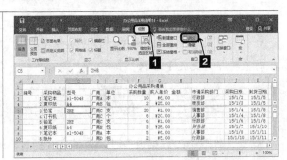

2 此时系统就会自动地以单元格C5为分界点，将工作表分成4个窗口，同时垂直滚动条和水平滚动条分别变成了两个。

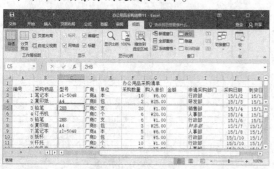

3 按住鼠标左键不放，拖动上方的垂直滚动条，此时可以发现上方两个窗口的界面在垂直方向发生了变化。

4 拖动右边的水平滚动条，也可以发现右边两个窗口在水平方向发生了变化。

5 用户还可以将4个窗口调整成两个窗口。将鼠标指针移动到窗口的边界线上，此时鼠标指针变成╪形状。

6 按住鼠标左键不放向上拖动，此时随着鼠标指针的移动会出现一条虚线。

7 将鼠标指针拖动到列标题上释放，此时即可发现界面中只有左右两个窗口了，与此同时垂直滚动条也变成了一个，拖动此滚动条即可控制当前两个窗口在垂直方向上的变动。

8 如果用户想取消窗口的拆分，只需要切换到【视图】选项卡，然后再次单击【窗口】组中的【拆分】按钮 拆分 即可。

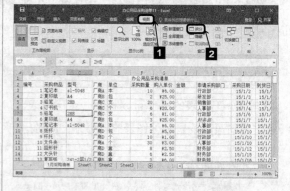

8.5.2 冻结窗口

当工作表中的数据很多时，为了方便查看，用户可以将工作表的行标题和列标题冻结起来。

本小节原始文件和最终效果所在位置如下。

原始文件	原始文件\第8章\办公用品采购清单12.xlsx
最终效果	最终效果\第8章\办公用品采购清单13.xlsx

冻结窗口的具体步骤如下。

1 打开本实例的原始文件，然后按照前面介绍的方法删除标题所在的第1行。

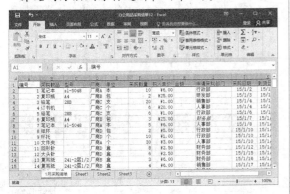

2 选中工作表中任意单元格，切换到【视图】选项卡，单击【窗口】组中的冻结窗格▼按钮，然后从弹出的下拉列表中选择【冻结首行】选项。

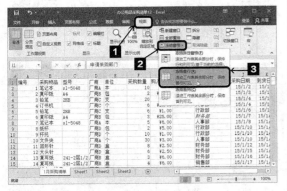

3 此时即可发现在第2行上方出现了一条直线，将标题行冻结住了。

4 拖动垂直滚动条，此时变动的是直线下方的数据信息，直线上方的标题行不随之变化。

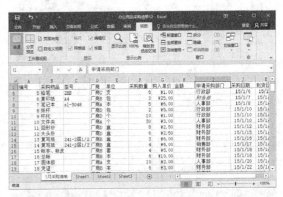

5 如果用户想取消窗口的冻结，切换到【视图】选项卡，单击【窗口】组中的冻结窗格▼按钮，然后从弹出的下拉列表中选择【取消冻结窗格】选项即可。

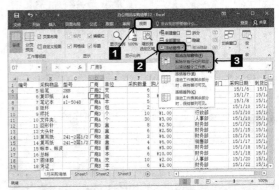

6 此时即可取消首行的冻结，效果如图所示。

7 如果用户想要冻结首列，可以单击【窗口】组中的按钮冻结窗格▼，然后从弹出的下拉列表中选择【冻结首列】选项即可。

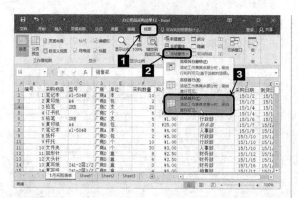

8 此时即可发现在B列的左侧出现一条直线，将标题列冻结住了。

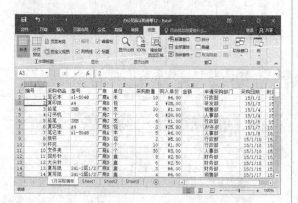

9 拖动水平滚动条，此时变动的是直线右侧的数据信息，直线左侧的标题行不随之变化。

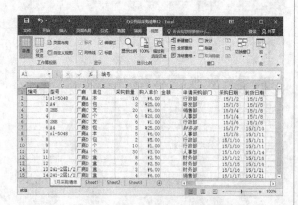

10 按照前面介绍的方法取消窗口的冻结。选中单元格B2，单击【窗口】组中的 [冻结窗格] 按钮，然后从弹出的下拉列表中选择【冻结拆分窗格】选项即可。

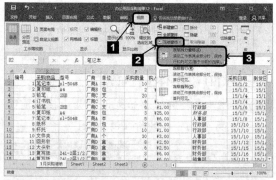

11 此时即可发现在第2行上方出现了一条直线，将标题行冻结住了；在B列的左侧出现一条直线，将标题列冻结住了。

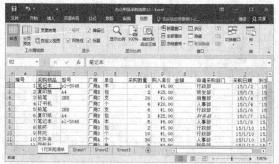

12 拖动垂直滚动条，此时变化的是直线下方的数据信息，直线上方的标题行不随之变化。

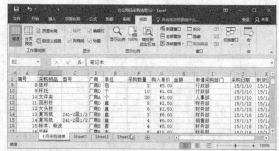

13 拖动水平滚动条，此时变动的是直线右侧的数据信息，直线左侧的标题行不随之变化。

第9章

管理数据——
制作车辆使用明细

车辆管理是企业日常管理中的一项重要工作。完善的车辆管理制度，有利于各种车辆更合理、有效地被使用，最大限度地节约成本，最真实地反映车辆的实际情况。接下来使用 Excel 2016 提供的排序、筛选以及分类汇总等功能，介绍车辆使用数据的管理与分析。

关于本章知识，本书配套教学光盘中有相关的多媒体教学视频，请读者参见光盘中的【Excel 2016的基本操作\管理数据】。

9.1 数据的排序

为了方便查看表格中的数据，用户可以按照一定的顺序对工作表中的数据进行重新排序。数据排序主要包括简单排序、复杂排序和自定义排序3种，用户可以根据需要选择。

9.1.1 简单排序

所谓简单排序就是设置单一条件进行排序。

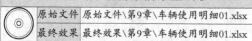

本小节原始文件和最终效果所在位置如下。		
原始文件	原始文件\第9章\车辆使用明细01.xlsx	
最终效果	最终效果\第9章\车辆使用明细01.xlsx	

按照"所在部门"的拼音首字母，对工作表中的车辆使用的明细数据进行升序排列，具体步骤如下。

1 打开本实例的原始文件，将光标定位在数据区域的任意一个单元格中，切换到【数据】选项卡，单击【排序和筛选】组中的【排序】按钮 。

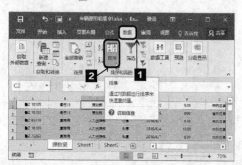

2 弹出【排序】对话框，在【主要关键字】下拉列表框中选择【所在部门】选项，在【排序依据】下拉列表框中选择【数值】选项，在【次序】下拉列表框中选择【升序】选项。

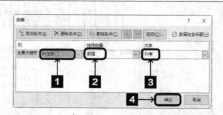

3 单击 确定 按钮，返回工作表中，此时表格中的数据根据C列中"所在部门"的拼音首字母进行升序排列。

	A	B	C
2	鲁Z 10101	毫百川	策划部
3	鲁Z 10101	毫百川	策划部
4	鲁Z 65318	夏雨荷	人力资源部
5	鲁Z 10101	夏雨荷	人力资源部
6	鲁Z 75263	夏雨荷	人力资源部
7	鲁Z 65318	陈海波	宣传部
8	鲁Z 65318	陈海波	宣传部
9	鲁Z 65318	陈海波	宣传部
10	鲁Z 90806	赵六	宣传部
11	鲁Z 87955	赵六	宣传部
12	鲁Z 75263	陈冬冬	宣传部
13	鲁Z 10101	张万科	业务部
14	鲁Z 75263	唐三年	业务部
15	鲁Z 75263	唐三年	业务部
16	鲁Z 10101	唐三年	业务部
17	鲁Z 87955	张万科	业务部
18	鲁Z 90806	唐三年	业务部
19	鲁Z 87955	张万科	业务部
20	鲁Z 87955	陈小辉	营销部
21	鲁Z 65318	陈小辉	营销部

9.1.2 复杂排序

如果在排序字段里出现相同的内容，会保持着它们的原始次序。如果用户还要对这些相同内容按照一定条件进行排序，就用到了多个关键字的复杂排序。

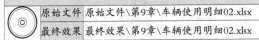

原始文件	原始文件\第9章\车辆使用明细02.xlsx
最终效果	最终效果\第9章\车辆使用明细02.xlsx

对工作表中的数据进行复杂排序的具体步骤如下。

1 打开本实例的原始文件，将光标定位在数据区域的任意一个单元格中，切换到【数据】选项卡，单击【排序和筛选】组中的【排序】按钮 。

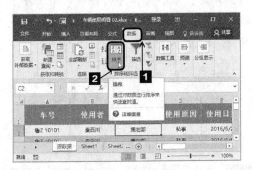

2 弹出【排序】对话框，显示前一小节中按照"所在部门"的拼音首字母对数据进行的升序排列设置。

3 单击 按钮，此时即可添加一组新的排序条件，在【次要关键字】下拉列表框中选择【使用日期】选项，在【排序依据】下拉列表框中选择【数值】选项，在【次序】下拉列表框中选择【降序】选项。

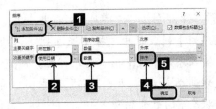

4 单击 按钮，返回工作表中，此时表格中的数据在根据C列中"所在部门"的拼音首字母进行升序排列的基础上，按照"使用日期"的数值进行了降序排列，排序效果如下图所示。

	A	B	C	D	E
1	车号	使用者	所在部门	使用原因	使用日期
2	鲁Z 10101	秦西川	策划部	私事	2016/6/6
3	鲁Z 10101	秦西川	策划部	私事	2016/6/2
4	鲁Z 75263	姜南荷	人力资源部	私事	2016/6/7
5	鲁Z 10101	夏雨荷	人力资源部	私事	2016/6/4
6	鲁Z 65318	袁海菊	人力资源部	公事	2016/6/1
7	鲁Z 65318	陈海波	宣传部	公事	2016/6/6
8	鲁Z 90806	赵六	宣传部	公事	2016/6/6
9	鲁Z 87955	赵六	宣传部	公事	2016/6/6
10	鲁Z 75263	陈冬冬	宣传部	公事	2016/6/4
11	鲁Z 65318	陈海波	宣传部	公事	2016/6/6
12	鲁Z 65318	陈海波	宣传部	公事	2016/6/2
13	鲁Z 87955	张万科	业务部	公事	2016/6/7

9.1.3 自定义排序

数据的排序方式除了按照数字大小和拼音字母顺序外，还会涉及一些特殊的顺序，如"部门名称""职务""学历"等，此时就用到了自定义排序。

原始文件	原始文件\第9章\车辆使用明细03.xlsx
最终效果	最终效果\第9章\车辆使用明细03.xlsx

对工作表中的数据进行自定义排序的具体步骤如下。

1 打开本实例的原始文件，将光标定位在数据区域的任意一个单元格中，切换到【数据】选项卡，单击【排序和筛选】组中的【排序】按钮 ，弹出【排序】对话框，在第1个排序条件中的【次序】下拉列表框中选择【自定义序列】选项。

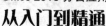

2 弹出【自定义序列】对话框，在【自定义序列】列表框中选择【新序列】选项，在【输入序列】文本框中输入"业务部,营销部,策划部,宣传部,人力资源部"，中间用英文半角状态下的逗号隔开。

3 单击 添加(A) 按钮，此时新定义的序列"业务部,营销部,策划部,宣传部,人力资源部"就添加在了【自定义序列】列表框中。

4 单击 确定 按钮，返回【排序】对话框，此时，第一个排序条件中的【次序】下拉列表框自动选择【业务部,营销部,策划部,宣传部,人力资源部】选项。

5 单击 确定 按钮，返回工作表，排序效果如下图所示。

	车号	使用者	所在部门	使用原因	使用日期
2	鲁Z 87955	张万科	业务部	公事	2016/6/7
3	鲁Z 90806	唐三年	业务部	公事	2016/6/5
4	鲁Z 10101	唐三年	业务部	公事	2016/6/3
5	鲁Z 87955	张万科	业务部	公事	2016/6/3
6	鲁Z 75263	唐三年	业务部	公事	2016/6/2
7	鲁Z 10101	张万科	业务部	公事	2016/6/1
8	鲁Z 75263	唐三年	业务部	公事	2016/6/1
9	鲁Z 10101	陈海波	营销部	公事	2016/6/7
10	鲁Z 90806	陈小辉	营销部	公事	2016/6/7
11	鲁Z 65318	陈小辉	营销部	公事	2016/6/3
12	鲁Z 87955	陈小辉	营销部	公事	2016/6/1
13	鲁Z 10101	秦日川	策划部	私事	2016/6/6
14	鲁Z 10101	秦日川	策划部	私事	2016/6/2
15	鲁Z 65318	陈海波	宣传部	公事	2016/6/6

9.2 数据的筛选

Excel 2016中提供了3种数据的筛选操作，即"自动筛选""自定义筛选"和"高级筛选"。用户可以根据需要筛选关于"车辆使用情况"的明细数据。

9.2.1 自动筛选

"自动筛选"一般用于简单的条件筛选，筛选时将不满足条件的数据暂时隐藏起来，只显示符合条件的数据。

本小节原始文件和最终效果所在位置如下。

原始文件	原始文件\第9章\车辆使用明细04.xlsx
最终效果	最终效果\第9章\车辆使用明细04.xlsx

1. 指定数据的筛选

接下来筛选"所在部门"为"策划部"和"人力资源部"的车辆使用明细数据，具体的操作步骤如下。

1 打开本实例的原始文件，将光标定位在数据区域的任意一个单元格中，切换到【数据】选项卡，单击【排序和筛选】组中的【筛选】按钮，此时工作表进入筛选状态，各标题字段的右侧出现一个下拉按钮。

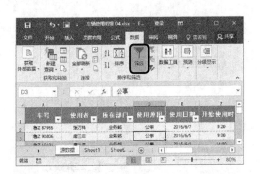

2 单击标题字段【所在部门】右侧的下拉按钮，在弹出的筛选列表中撤选【宣传部】、【业务部】和【营销部】复选框。

3 单击 确定 按钮，返回工作表，此时所在部门为"策划部"和"人力资源部"的车辆使用明细数据的筛选结果如下图所示。

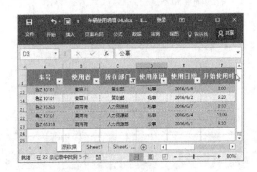

2. 指定条件的筛选

接下来筛选"车辆消耗费"排在前10位的车辆使用明细数据，具体的操作步骤如下。

1 切换到【数据】选项卡，单击【排序和筛选】组中的【筛选】按钮，撤消之前的筛选，再次单击【排序和筛选】组中的【筛选】按钮，重新进入筛选状态，然后单击标题字段【车辆消耗费】右侧的下拉按钮。

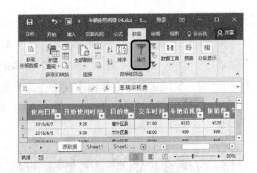

2 在弹出的下拉列表中选择【数字筛选】➤【前10项】选项。

3 弹出【自动筛选前10个】对话框，然后将显示条件设置为"最大10项"。

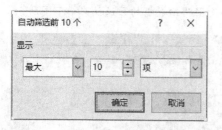

4 单击 确定 按钮，返回工作表中，"车辆消耗费"排在前10位的车辆使用明细数据的筛选结果如下图所示。

9.2.2 自定义筛选

在对表格数据进行自定义筛选时，用户可以设置多个筛选条件。

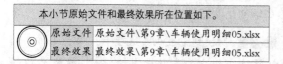

接下来自定义筛选"车辆消耗费"在"100"和"300"之间的车辆使用明细数据，具体的操作步骤如下。

1 打开本实例的原始文件，切换到【数据】选项卡，单击【排序和筛选】组中的【筛选】按钮，撤消之前的筛选，再次单击【排序和筛选】组中的【筛选】按钮，重新进入筛选状态，然后单击标题字段【车辆消耗费】右侧的下拉按钮。

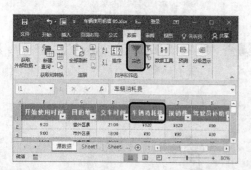

2 在弹出的下拉列表中选择【数字筛选】▶【自定义筛选】选项。

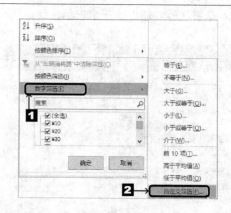

3 弹出【自定义自动筛选方式】对话框，然后将显示条件设置为"车辆消耗费大于100与小于300"。

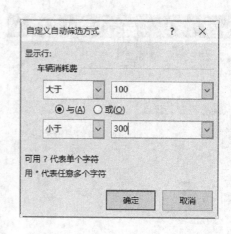

4 单击 确定 按钮，返回工作表中，筛选效果如右图所示。

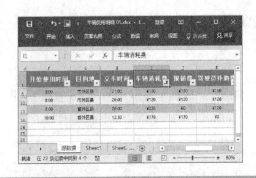

9.2.3 高级筛选

高级筛选一般用于条件较复杂的筛选操作，其筛选的结果可以显示在原数据表格中，不符合条件的记录被隐藏起来；也可以在新的位置显示筛选结果，不符合条件的记录同时保留在数据表中而不会被隐藏起来，这样会更加便于进行数据比对。

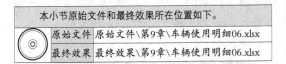

本小节原始文件和最终效果所在位置如下。

| 原始文件 | 原始文件\第9章\车辆使用明细06.xlsx |
| 最终效果 | 最终效果\第9章\车辆使用明细06.xlsx |

对数据进行高级筛选的具体步骤如下。

1 打开本实例的原始文件，切换到【数据】选项卡，单击【排序和筛选】组中的【筛选】按钮，撤消之前的筛选，然后在不包含数据的区域内输入一个筛选条件，例如在单元格I24中输入"车辆消耗费"，在单元格I25中输入">100"。

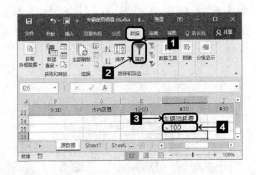

2 将光标定位在数据区域的任意一个单元格中，单击【排序和筛选】组中的【高级】按钮。

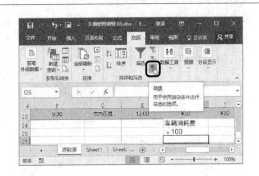

3 弹出【高级筛选】对话框，选中【在原有区域显示筛选结果】单选钮，然后单击【条件区域】文本框右侧的【折叠】按钮。

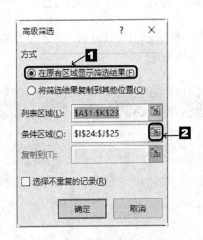

4 弹出【高级筛选-条件区域】对话框，然后在工作表中选择条件区域I24:I25。

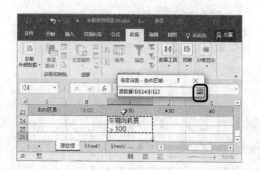

5 选择完毕，单击【高级筛选-条件区域】对话框中的【展开】按钮，返回【高级筛选】对话框，此时即可在【条件区域】文本框中显示出条件区域的范围。

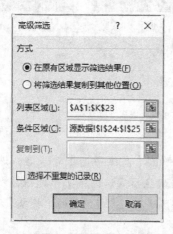

6 单击 确定 按钮返回工作表中，筛选效果如下图所示。

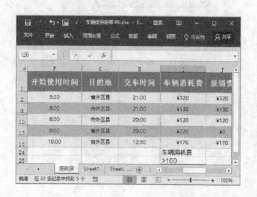

7 切换到【数据】选项卡，单击【排序和筛选】组中的【筛选】按钮，撤消之前的筛选，然后在不包含数据的区域内输入多个筛选条件，例如将筛选条件设置为"车辆消耗费>100，且目的地为省外区县"。

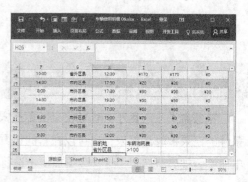

8 将光标定位在数据区域的任意一个单元格中，单击【排序和筛选】组中的【高级】按钮。

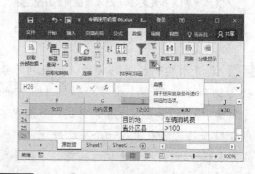

9 弹出【高级筛选】对话框，选中【在原有区域显示筛选结果】单选钮，然后单击【条件区域】文本框右侧的【折叠】按钮。

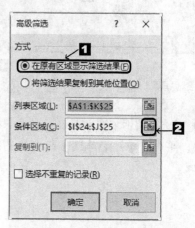

10 弹出【高级筛选–条件区域】对话框，然后在工作表中选择条件区域H24:I25。

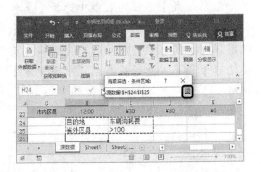

11 选择完毕，单击【高级筛选–条件区域】对话框中的【展开】按钮，返回【高级筛选】对话框，此时即可在【条件区域】文本框中显示出条件区域的范围。

12 单击 确定 按钮，返回工作表中，筛选效果如下图所示。

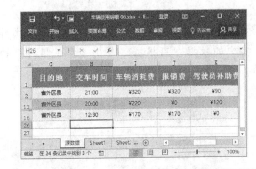

9.3 数据的分类汇总

分类汇总是按某一字段的内容进行分类，并对每一类统计出相应的结果数据。用户可以根据需要汇总关于"车辆使用情况"的明细数据，统计和分析每台车辆的使用情况、各部门的用车情况以及车辆运行里程和油耗等。

9.3.1 创建分类汇总

创建分类汇总之前，首先要对工作表中的数据进行排序。

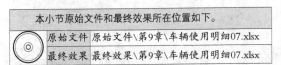

原始文件	原始文件\第9章\车辆使用明细07.xlsx
最终效果	最终效果\第9章\车辆使用明细07.xlsx

创建分类汇总的具体步骤如下。

1 打开本实例的原始文件，将光标定位在数据区域的任意一个单元格中，切换到【数据】选项卡，单击【排序和筛选】组中的【排序】按钮。

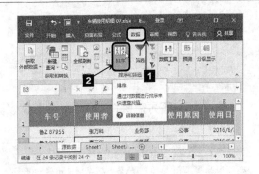

2 弹出【排序】对话框，在【主要关键字】下拉列表框中选择【所在部门】选项，在【排序依据】下拉列表框中选择【数值】选项，在【次序】下拉列表框中选择【升序】选项。

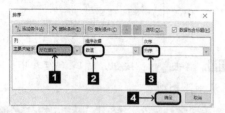

3 单击 确定 按钮，返回工作表中，此时表格中的数据即可根据C列中"所在部门"的拼音首字母进行升序排列。

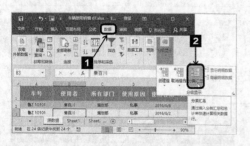

4 切换到【数据】选项卡，单击【分级显示】组中的 ⊞ 按钮。

5 弹出【分类汇总】对话框，在【分类字段】下拉列表框中选择【所在部门】选项，在【汇总方式】下拉列表框中选择【求和】选项，在【选定汇总项】列表框中选中【车辆消耗费】复选框，然后选中【替换当前分类汇总】和【汇总结果显示在数据下方】复选框。

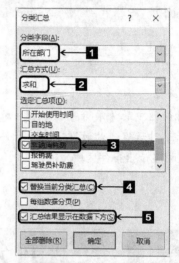

6 单击 确定 按钮，返回工作表中，汇总效果如下图所示。

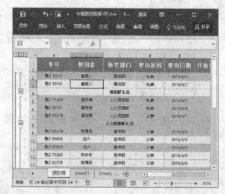

9.3.2 删除分类汇总

如果用户不再需要将工作表中的数据以分类汇总的方式显示，则可将创建的分类汇总删除。

本小节原始文件和最终效果所在位置如下。	
原始文件	原始文件\第9章\车辆使用明细08.xlsx
最终效果	最终效果\第9章\车辆使用明细08.xlsx

删除分类汇总的具体步骤如下。

1 打开本实例的原始文件，切换到【数据】选项卡，单击【分级显示】组中的 ⊞ 按钮。

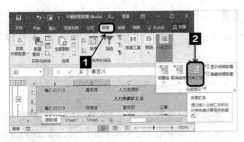

2 弹出【分类汇总】对话框。

3 直接单击 确定 按钮，返回工作表中，此时即可将所创建的分类汇总全部删除，工作表恢复到分类汇总前的状态。

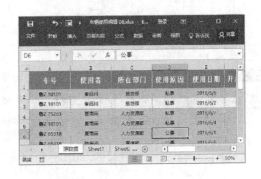

高手过招

输入星期几有新招

在编辑工作表的过程中，经常在使用日期的同时用到"星期几"，通过更改Excel的单元格格式，用户可以快速地将日期转化为星期几。

1 在单元格A1中输入"2016-6-1"，然后按下【Enter】键。

2 选中单元格B1，输入公式"=A1"。

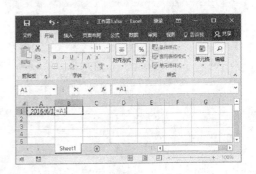

3 按下【Enter】键，然后选中单元格B1，切换到【开始】选项卡，单击【数字】组中的【对话框启动器】按钮 。

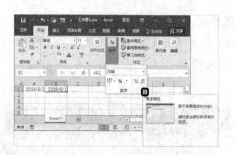

4 弹出【设置单元格格式】对话框，切换到【数字】选项卡，在【分类】列表框中选择【日期】选项，在【类型】列表框中选择【星期三】选项。

5 单击 确定 按钮，返回工作表中，此时单元格B1中的数据显示为"星期三"。

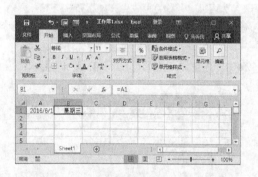

6 选中单元格A1，将鼠标指针移动到该单元格的右下角，此时鼠标指针变成十字形状，按住鼠标左键向下拖动，将日期填充至"2016/6/30"，释放鼠标左键即可。

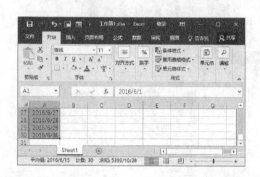

7 使用同样的方法，选中单元格B1，将鼠标指针移动到该单元格的右下角，此时鼠标指针变成十字形状，按住鼠标左键向下拖动，将所有日期全部转化为星期几，释放鼠标左键，效果如下图所示。

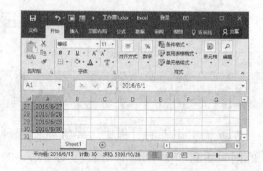

第10章

让图表说话——
Excel的高级制图

文不如表，表不如图，的确如此。Excel具有许多高级的制图功能，可以直观地将工作表中的数据用图形表示出来，使其更具说服力。在日常办公中，可以使用图表表现数据间的某种相对关系，例如，数量关系、趋势关系、比例分配关系等。接下来将结合常用的办公实例，讲解在 Excel 2016 中图表的高级应用。

光盘链接

关于本章知识，本书配套教学光盘中有相关的多媒体教学视频，请读者参见光盘中的【Excel 2016的基本操作\让图表说话】。

10.1 销售日报表

销售部工作人员为了了解业务员个人销售情况，需要定期对每个人的销售业绩进行汇总，据此调查业务员的工作能力。

10.1.1 制作基础表格

我们要做一个塔吊公司的"销售日报表"，首先要考虑表格内需要填写什么内容，例如销售日期、塔吊类型及具体型号、单价、卖出数量、总价、以及对应客户等，有了这些基本思路，接下来我们就可以来制作销售日报表了。

本小节原始文件和最终效果所在位置如下。

原始文件	原始文件\第10章\销售表.xlsx
最终效果	最终效果\第10章\销售表.xlsx

1. 表格表头

为了以后进行塔吊数据分析的查找方便，我们可以做一个塔吊的销售日报表，可以让观看者一目了然，要怎么对表格进行分析，以便于观看，可以通过以下3种方式。

（1）通过型号来分析，如果型号太多的情况下，我们可以通过类别来分析。

（2）通过区域来分析，区域太大，也可以通过省份来分析。

（3）因为是销售表格，所以公司也需要对业务员和其所作部门进行考核。

以上3部分内容也是销售日报表的次要内容，我们根据上面所列内容来填写"日报表"的表头，效果如下图所示。

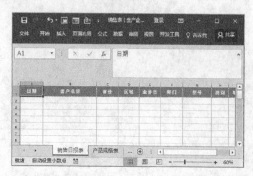

2. 辅助表格

○ 产品规格表

因为是生产塔吊的公司，所以什么型号对应什么类别，什么样的单价都是固定的，型号与类别的输入很容易犯错，在"日报表"中，需要重复输入很多次，更加增加犯错的几率，我们针对自己生产的塔吊做个基础表"产品规格表"，这样在应用到日报表中就会减少犯错，这个基础表需要我们手动输入，效果如下图所示。

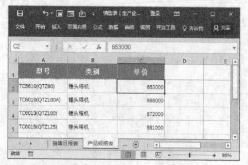

○ 业务区域表

每个业务员所在部门，以及负责的区域是固定的，业务员所在省份属于的地域也是固定的，我们针对业务员做一个"基础表"叫"业务区域表"，输入时以"业务员"为标准，来确定"部门、省份、区域"效果如下图所示。

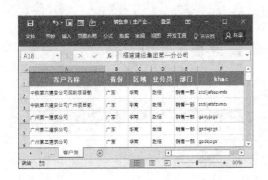

○ 客户表

客户来源是"日报表"中最重要的一个表格，为了查找客户方便，我们需要做一个"客户表"，我们按照：客户名称➤省份➤区域➤业务员➤部门来编制，效果如下图所示。

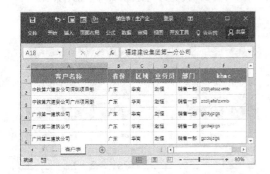

在上图中我们可以看到，客户名称太长，而且公司名称相近的很多，容易出错，为了避免出错，提高输入效率，我们可以输入公司前几个字或者首字母来筛选对应客户。

想做到通过首字母来筛选，首先我们要定义一个VBA代码，通过表格中的VBA来实现，直接复制粘贴到客户表中，这样输入客户名称就不会出现错误。具体步骤如下。

1 切换到【开发工具】选项卡中，在【代码】组中单击VBA按钮，弹出VBA对话框，将代码复制到要填写的客户表中即可。

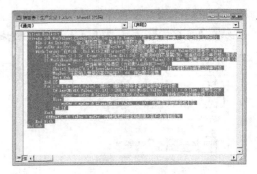

2 如果重复输入，不但光标会定位在原输入框中，而且会弹出一个"Microsoft Excel"对话框，单击 确定 按钮，然后再输入正确的客户名称即可。

3 该公司销售对应的31个省市自治区，我们可以通过"序列"来定义，切换到【数据】选项卡，在【数据工具】中单击【数据验证】按钮 数据验证，在弹出的下拉列表中选择【数据验证】。

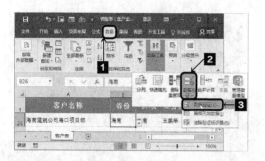

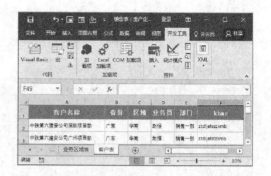

4 弹出【数据验证】对话框，在【设置】选项卡中的【验证条件】的【允许】组合框中选择"序列"，在【来源】组合框中选择A2:A32，然后单击 确定 按钮即可。

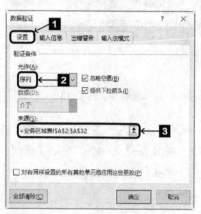

以上几个基础表格做完，日报表的内容几乎齐全，日期我们手动填写，以一月为限，客户名称都比较长，避免出错，我们可以通过定义一个asc码，通过VBA复制粘贴到日报表中，"省份、区域、业务员、部门等"我们可以通过VLOOKUP来定义，效果如下图所示。

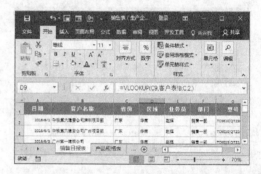

5 根据"省份"通过"区域表"来定义"区域、业务员、部门"，具体怎么定义，我们可以根据VLOOKUP来定义，效果如图所示。

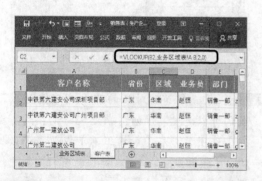

6 用相同的方法将VBA代码复制粘贴到客户表中，在输入客户名称之后，会自动生成客户拼音。

VLOOKUP是一种常用的查找与引用函数，用于在数据清单或表格中查找特定数值。

VLOOKUP函数的功能是进行列查找，并返回当前行中指定的列的数值。

VLOOKUP的语法格式为：

VLOOKUP(lookup_value,table_array,col_index_num,range_lookup)

lookup_value指需要在表格数组第一列中查找的数值。lookup_value可以为数值或引用。若lookup_value小于table_array第一列中的最小值，函数VLOOKUP返回错误值"#N/A"。

table_array为指定的查找范围。使用对区域或区域名称的引用。table_array第一列中的值是由lookup_value搜索到的值，这些值可以是文本、数字或逻辑值。

col_index_num指table_array中待返回的匹配值的列序号。col_index_num为1时，返回table_array第一列中的数值；col_index_num为2时，返回table_array第二列中的数值，依次类推。如果col_index_num小于1，VLOOKUP函数返回错误值"#VALUE!"；大于table_array的列数，VLOOKUP函数返回错误值"#REF!"。

range_lookup指逻辑值，指定希望VLOOKUP查找精确的匹配值还是近似匹配值。如果参数值为TRUE（或为1，或省略），则只寻找精确匹配值。也就是说，如果找不到精确匹配值，则返回小于lookup_value的最大数值。table_array第一列中的值必须以升序排序，

range_lookup指逻辑值，指定希望VLOOKUP查找精确的匹配值还是近似匹配值。如果参数值为TRUE（或为1，或省略），则只寻找精确匹配值。也就是说，如果找不到精确匹配值，则返回小于lookup_value的最大数值。table_array第一列中的值必须以升序排序，否则，VLOOKUP可能无法返回正确的值。如果参数值为FALSE（或为0），则返回精确匹配值或近似匹配值。在此情况下，table_array第一列的值不需要排序。如果table_array第一列中有两个或多个值与lookup_value匹配，则使用第一个找到的值。如果找不到精确匹配值，则返回错误值"#N/A"。

10.1.2 创建图表

在Excel 2016 中创建图表的方法非常简单，因为系统自带了很多图表类型，用户只需根据实际需要进行选择即可。创建图表后，用户还可以设置图表布局，主要包括调整图表大小和位置、更改图表类型、设计图表布局和设计图表样式。

本小节原始文件和最终效果所在位置如下。	
原始文件	原始文件\第10章\销售日报表1.xlsx
最终效果	最终效果\第10章\销售日报表1.xlsx

我们常规使用的表格都是xlsx的扩展名，因为日报表中我们使用了VBA，保存文件时，我们需要保存宏的文件，所以只能启用扩展名为xlsm的文件。由xlsx保存为xlsm的步骤如下。

1 单击 文件 按钮，从弹出的界面中选择【另存为】选项。

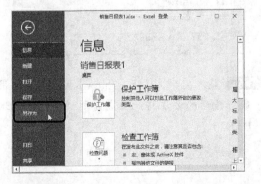

2 弹出【另存为】界面，在此界面中单击【浏览】选项 浏览 。

3 弹出【另存为】对话框，在左侧的列表框中选择保存位置，在【文件名】文本框中输入文件名，在【保存类型】下拉列表中选择【Excel启用宏的工作簿（*.xlsm）】选项，单击 保存(S) 按钮即可。

1. 删除重复项

在日报表中新建一个表格，并将其命名为"业务员业绩表"，从"业务区域表"中将所有业务员复制粘贴过去，因为区域表中业务员是按照区域划分，所以会出现名字重复，这就需要我们进行重复项的删除。具体步骤如下。

1 将光标定位在业务员一列，切换到【数据】选项卡，在【数据工具】组中单击删除重复项按钮。

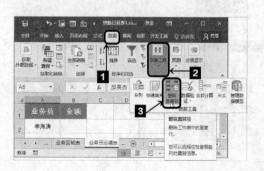

2 弹出删除重复项对话框，在"列"下选中【业务员】，在业务员前面出现一个对勾，然后单击 确定 按钮。

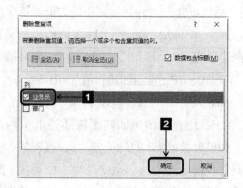

3 弹出一个"Microsoft Excel"对话框，提示出现几个重复值，并将其删除，然后单击 确定 按钮，返回到Excel中，就可看到重复的名字已经删除。

4 将鼠标定位在"金额"一列，选中单元格B2，然后输入公式=SUMIF(销售日报表!\$E\$2:\$E\$50,A2,销售日报表!\$K\$2:\$K\$50)。

5 输入完毕，按下【Enter】键，然后使用鼠标拖动的方法将此公式复制到单元格区域B3:B20。

2. 插入图表

插入图表的具体步骤如下。

1 切换到工作表"业务员业绩表"，选中单元格区域A1:B20，切换到【插入】选项卡，单击【图表】组中的【插入柱形图或条形图】按钮　，从弹出的下拉列表中选择【簇状柱形图】选项。

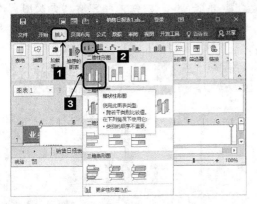

2 即可在工作表中插入一个簇状柱形图。

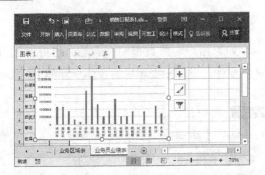

此外，Excel的"推荐的图表"功能，可针对数据推荐最合适的图表。通过快速预览查看数据在不同图表中的显示方式，然后选择更适合表数据的图表。

1 选中单元格区域A1:B20，切换到【插入】选项卡，单击【图表】组中的【推荐的图表】按钮　。

2 弹出【插入图表】对话框，自动切换到【推荐的图表】选项卡中，在其中显示了推荐的图表类型，用户可以选择一种合适的图表类型，单击　确定　按钮即可。

3. 调整图表大小和位置

为了使图表显示在工作表中的合适位置，用户可以对其大小和位置进行调整，具体的操作步骤如下。

1 选中要调整大小的图表，此时图表区的四周会出现8个控制点，将鼠标指针移动到图表的右下角，此时鼠标指针变成　形状，按住鼠标左键向左上或右下拖动，拖动到合适的位置释放鼠标左键即可。

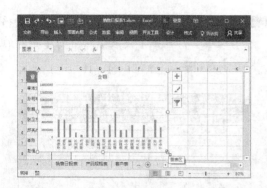

2 将鼠标指针移动到要调整位置的图表上，此时鼠标指针变成 形状，按住鼠标左键不放并拖动。

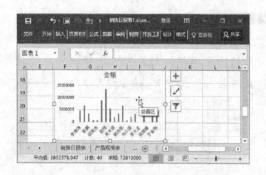

3 拖动到合适的位置释放鼠标左键即可。

4. 更改图表类型

如果用户对创建的图表不满意，还可以更改图表类型。

1 选中柱形图，单击鼠标右键，从弹出的快捷菜单中选择【更改系列图表类型】菜单项。

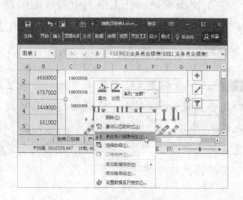

2 弹出【更改图表类型】对话框，切换到【所有图表】选项卡中，在左侧选择【柱形图】选项，然后单击【簇状柱形图】按钮 ，从中选择合适的选项。

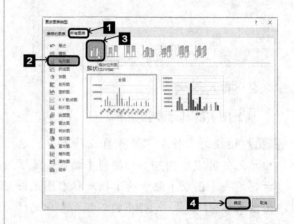

3 单击 确定 按钮，即可看到更改图表类型的设置效果。

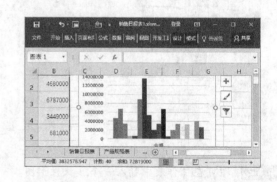

5. 设计图表布局

如果用户对图表布局不满意，也可以进行重新设计。设计图表布局的具体步骤如下。

1 选中图表，切换到【图表工具】栏中的【设计】选项卡，单击【图表布局】组中的 快速布局 按钮，从弹出的下拉列表中选择【布局3】选项。

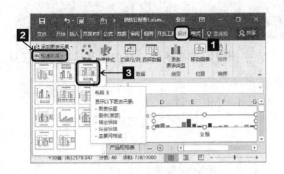

2 即可将所选的布局样式应用到图表中。

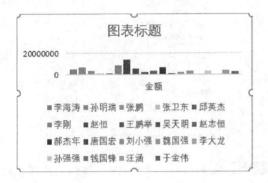

6. 设计图表样式

Excel 2016 提供了很多图表样式，用户可以从中选择合适的样式，以便美化图表。设计图表样式的具体步骤如下。

1 选中创建的图表，切换到【图表工具】栏中的【设计】选项卡，单击【图表样式】组中的【快速样式】按钮。

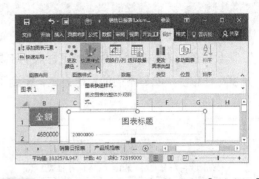

2 从弹出的下拉列表中选择【样式6】选项。

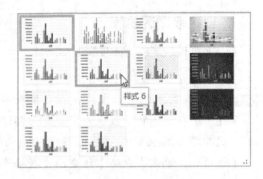

3 此时，即可将所选的图表样式应用到图表中。

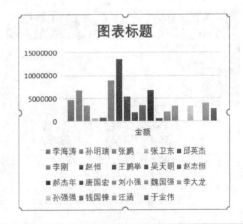

10.2 数据透视表

Excel 2016提供了数据透视表和数据透视功能，它不仅能够直观地反映数据的对比关系，而且具有很强的数据筛选和汇总功能。

10.2.1 创建数据透视表

数据透视表是自动生成分类汇总表的工具，可以根据原始数据表的数据内容及分类，按任意角度、任意多层次、不同的汇总方式，得到不同的汇总结果。

本小节原始文件和最终效果所在位置如下。	
原始文件	原始文件\第10章\销售日报表2.xlsx
最终效果	最终效果\第10章\销售日报表2.xlsx

1. 创建数据透视表

创建数据透视表的具体步骤如下。

1 打开本实例的原始文件，在日报表后面新建一个表格，将日报表内容复制粘贴过去，选中单元格区域A1:K50，切换到【插入】选项卡，单击【表格】组中的【数据透视表】按钮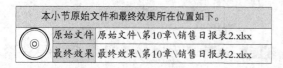。

2 弹出【创建数据透视表】对话框，此时【表/区域】文本框中显示了所选的单元格区域，然后在【选择放置数据透视表的位置】选项组中选中【新工作表】单选钮。

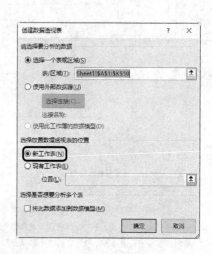

3 设置完毕，单击 确定 按钮，此时系统会自动地在新的工作表中创建一个数据透视表的基本框架，并弹出【数据透视表字段】任务窗格。

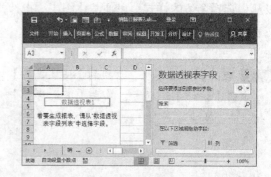

4 在【数据透视表字段】任务窗格中的【选择要添加到报表的字段】列表框中选择要添加的字段，例如选中【业务员】复选框，【业务员】字段会自动添加到【行】列表框中。

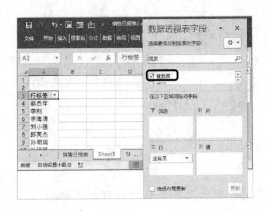

5 使用同样的方法选中【金额】复选框，然后单击右键，从弹出的快捷菜单中选择【添加到报表筛选】命令。

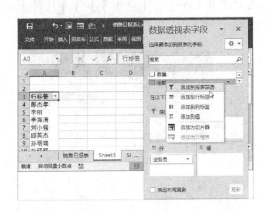

6 此时，即可将【金额】字段添加到【筛选】列表框中。

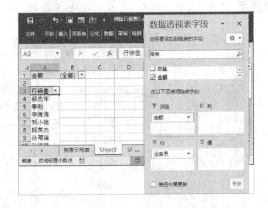

7 选中【日期】、【省份】、【类别】、【单价】和【数量】复选框，即可将【日期】、【省份】、【类别】、【单价】和【数量】字段添加到【值】列表框中。

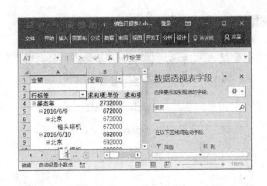

8 单击【数据透视表字段】任务窗格右上角的【关闭】按钮，关闭【数据透视表字段】任务窗格，设置效果如图所示。

9 选中数据透视表，切换到【数据透视表工具】栏中的【设计】选项卡，单击【数据透视表样式】组中的【其他】按钮，从弹出的下拉列表中选择【数据透视表样式浅色17】选项。

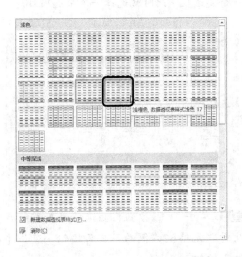

10 应用样式后的效果如图所示。

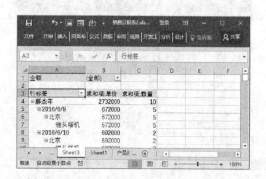

11 在首行插入表格标题"业务员业绩表"，然后对表格进行简单的格式设置，效果如图所示。

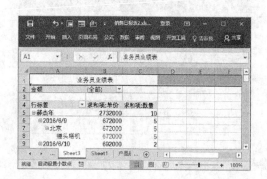

12 如果用户要进行报表筛选，可以单击单元格B2右侧的下三角按钮▼，从弹出的下拉列表中选中【选择多项】复选框，然后撤选一个复选框，此时就选择一个筛选项目。

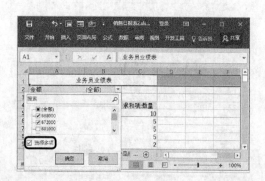

13 单击 确定 按钮，筛选效果如图所示。此时单元格B2右侧的下三角按钮▼变为【筛选】按钮。

14 如果用户要根据行标签查询相关人员的差旅费用信息，可以单击单元格A4右侧的下三角按钮▼，从弹出的下拉列表中撤选【全选】复选框，然后选择查询项目，如选中【郝杰年】、【李刚】和【李海涛】复选框。

15 单击 确定 按钮，查询效果如图所示。

	A	B	C
1		业务员业绩表	
2	金额	(多项)	
3			
4	行标签	求和项:单价	求和项:数量
5	⊟郝杰年	2732000	10
6	⊞2016/6/9	672000	5
7	⊞2016/6/10	692000	2
8	⊞2016/6/26	1368000	3
9	⊟李刚	2760000	13
10	⊞2016/6/7	692000	4
11	⊞2016/6/12	681000	3
12	⊞2016/6/15	715000	1
13	⊞2016/6/28	672000	5
14	⊟李海涛	2674000	7
15	⊞2016/6/7	672000	2
16	⊞2016/6/15	1334000	4
17	⊟2016/6/16	668000	1
18	⊟上海	668000	1
19	锤头塔机	668000	1
20	总计	8166000	30

2. 编辑数据透视表

编辑数据透视表主要包括更改数据透视表结构、改变汇总方式等。

○ 更改数据透视表结构

1 切换到【数据透视表工具】栏中的【分析】选项卡，单击【显示】组中的按钮。

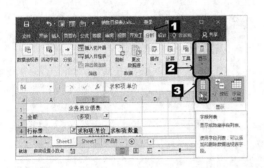

2 弹出【数据透视表字段】任务窗格，在【选择要添加到报表的字段】选项组中可以增加或减少报表中的字段，在【在以下区域间拖动字段】选项组中可以通过拖动改变字段在透视表中的位置，还可以通过该组中的▼按钮对字段进行移动和删除。

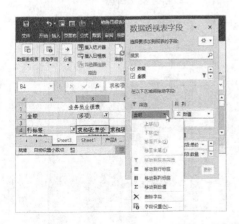

○ 改变汇总方式

1 选中数据透视表中的任意一个单元格，如A5，切换到【数据透视表工具】栏中的【分析】选项卡，单击【活动字段】组中的字段设置按钮。

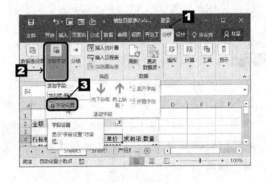

2 弹出【字段设置】对话框，切换到【分类汇总和筛选】选项卡，在【分类汇总】选项组中选中【自定义】单选钮，在下方列表框中选择汇总方式，在【布局和打印】选项卡中也可以进行相应设置，单击 确定 按钮完成设置。

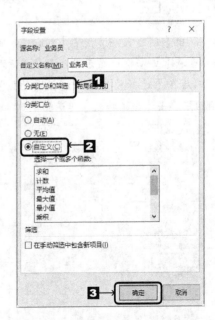

10.2.2 创建数据透视图

使用数据透视图可以在数据透视表中显示该汇总数据，并且可以方便地查看比较、模式和趋势。

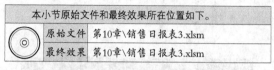

本小节原始文件和最终效果所在位置如下。	
原始文件	第10章\销售日报表3.xlsm
最终效果	第10章\销售日报表3.xlsm

创建数据透视图的具体步骤如下。

1 打开本实例的原始文件，切换到工作表 "Sheet1" 中，选中单元格区域A2:H22，切换到【插入】选项卡，单击【图表】组中的【数据透视图】按钮 的下半部分按钮 ，从弹出的下拉列表中选择【数据透视图】选项。

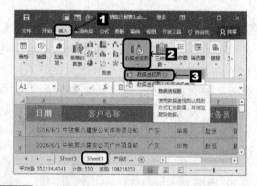

2 弹出【创建数据透视图】对话框，此时【表/区域】文本框中显示了所选的单元格区域，然后在【选择放置数据透视图的位置】选项组中单击【新工作表】单选钮。

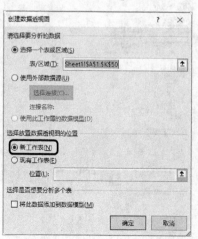

3 设置完毕，单击 确定 按钮即可。此时，系统会自动地在新的工作表 "Sheet2" 中创建一个数据透视表和数据透视图的基本框架，并弹出【数据透视图字段】任务窗格。

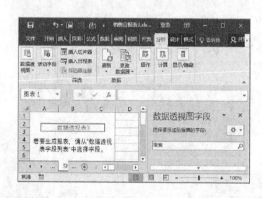

4 在【选择要添加到报表的字段】任务窗格中选择要添加的字段，如选中【业务员】和【金额】复选框，此时【业务员】字段会自动添加到【轴（类别）】列表框中，【金额】字段会自动添加到【值】列表框中。

5 单击【数据透视图字段】任务窗格右上角的【关闭】按钮 ✕，关闭【数据透视图字段】任务窗格，此时即可生成数据透视表和数据透视图。

6 在数据透视图中输入图表标题"业务员业绩表"。

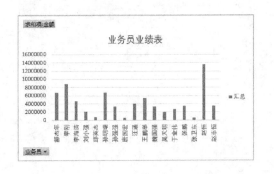

7 对图表标题、图表区域、绘图区以及数据系列进行格式设置，效果如图所示。

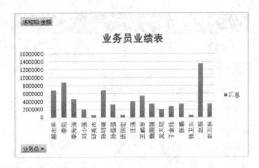

8 如果用户要进行手动筛选，可以单击 业务员 ▼ 按钮，从弹出的下拉列表中选择要筛选的姓名选项。

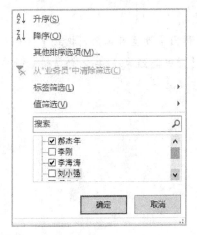

9 单击 确定 按钮，筛选效果如图所示。

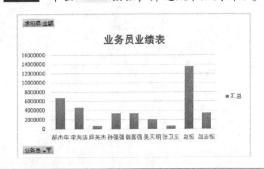

高手过招

平滑折线巧设置

使用折线制图时，用户可以通过设置平滑拐点使其看起来更加美观。

1 选中要修改格式的"折线"系列，然后单击右键，从弹出的快捷菜单中选择【设置数据系列格式】菜单项。

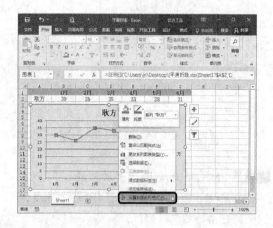

2 弹出【设置数据系列格式】任务窗格，单击【填充与线条】按钮 🖋️，然后选中【平滑线】复选框。

3 单击【关闭】按钮 ✕ 返回工作表，设置效果如图所示。

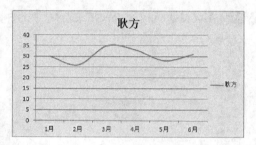

第11章

数据计算——函数与公式的应用

除了可以制作一般的表格，Excel还具有强大的计算能力。熟练使用 Excel 公式与函数可以为用户的日常工作添姿增彩。

光盘链接

本书配套教学光盘中有与本章知识相关的多媒体教学视频，请读者参见光盘中的【Excel 2016 的高级应用\函数与公式的应用】。

11.1 销售数据分析表

在每个月或半年的时间内，公司都会对某些数据进行分析。接下来介绍怎样利用公式进行数据分析。

11.1.1 输入公式

用户既可以在单元格中输入公式，也可以在编辑栏中输入公式。

	本小节原始文件和最终效果所在位置如下。
原始文件	原始文件\第9章\销售数据分析.xlsx
最终效果	最终效果\第9章\销售数据分析01.xlsx

在工作表中输入公式的具体步骤如下。

1 打开本实例的原始文件，选中单元格 D4，输入"=C4"。

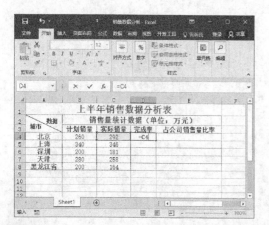

2 继续在单元格D4中输入"/"，然后选中单元格B4。

3 输入完毕，直接按【Enter】键即可。

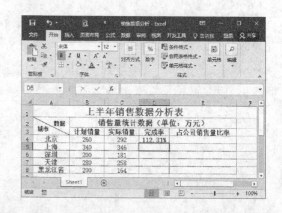

11.1.2 编辑公式

输入公式后，用户还可以对其进行编辑，主要包括修改公式、复制公式和显示公式。

	本小节原始文件和最终效果所在位置如下。
原始文件	原始文件\第9章\销售数据分析01.xlsx
最终效果	最终效果\第8章\销售数据分析02.xlsx

1. 修改公式

修改公式的具体步骤如下。

1 双击要修改公式的单元格D4，此时公式进入修改状态。

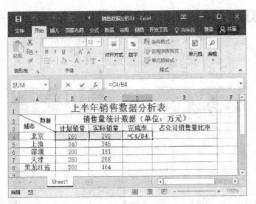

2 修改完毕直接按【Enter】键即可。

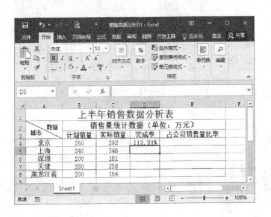

2. 复制公式

用户既可以对公式进行单个复制，也可以进行快速填充。

1 单个复制公式。选中要复制公式的单元格D4，然后按【Ctrl】+【C】组合键。

2 选中公式要复制到的单元格D5，然后按【Ctrl】+【V】组合键即可。

3 快速填充公式。选中要复制公式的单元格D5，然后将鼠标指针移动到单元格的右下角，此时鼠标指针变成╋形状。

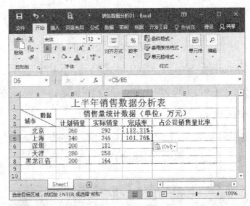

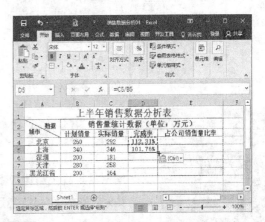

4 按住鼠标左键不放，向下拖动到单元格D8，释放左键。此时，公式就填充到选中的单元格区域。

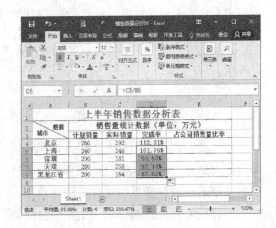

3. 显示公式

显示公式的方法主要有两种，除了直接双击要显示公式的单元格进行单个显示以外，还可以通过单击 显示公式 按钮，显示表格中的所有公式。

1 切换到【公式】选项卡，单击【公式审核】组中的 显示公式 按钮。

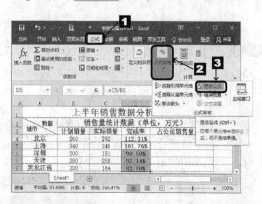

2 此时，工作表中的所有公式都显示出来了。如果要取消显示，再次单击【公式审核】组中的 显示公式 按钮即可。

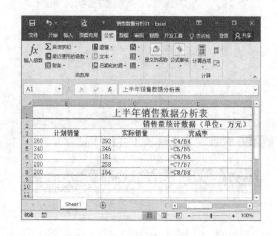

11.2 销项税额及销售排名

增值税纳税人销售货物和应交税劳务，按照销售额和适用税率计算，并向购买方收取的增值税税额，称为销项税额。

11.2.1 单元格的引用

单元格的引用包括绝对引用、相对引用和混合引用3种。

本小节原始文件和最终效果所在位置如下。

原始文件	原始文件\第9章\业务员销售情况.xlsx
最终效果	最终效果\第9章\业务员销售情况01.xlsx

1. 相对引用和绝对引用

单元格的相对引用是基于包含公式和引用的单元格的相对位置而言的。如果公式所在单元格的位置改变，引用也将随之改变，如果多行或多列地复制公式，引用会自动调整。默认情况下，新公式使用相对引用。

单元格中的绝对引用则总是在指定位置引用单元格（如$F$3）。如果公式所在单元格的位置改变，绝对引用的单元格也始终保持不变，如果多行或多列地复制公式，绝对引用将不作调整。使用相对引用和绝对引用计算增值税销项税额的具体步骤如下。

1 打开本实例的原始文件，选中单元格K7，在其中输入公式"=E7+F7+G7+H7+I7+J7"，此时相对引用了公式中的单元格E7、F7、G7、H7、I7和J7。

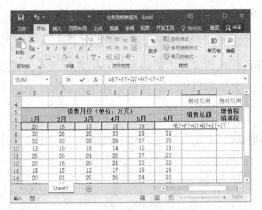

2 输入完毕按【Enter】键，选中单元格
K7，将鼠标指针移动到单元格的右下角，此
时鼠标指针变成➕形状，然后按住鼠标左键
不放，向下拖动到单元格K16，释放左键，此
时公式就填充到选中的单元格区域中了。

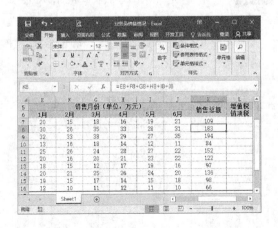

3 多行或多列地复制公式，随着公式所在
单元格位置的改变，引用也随之改变。

4 选中单元格L7，在其中输入公式"=K7*
$L$3"，此时绝对引用了公式中的单元
格L3。

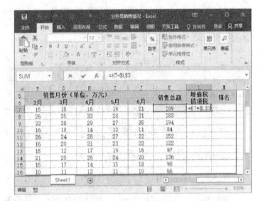

5 输入完毕按【Enter】键，选中单元格
L7，将鼠标指针移动到单元格的右下角，此
时鼠标指针变成➕形状，然后按住鼠标左键
不放，向下拖动到单元格L16，释放左键，此
时公式就填充到选中的单元格区域中。

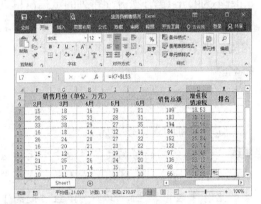

6 此时，公式中绝对引用了单元格L3。如
果多行或多列地复制公式，绝对引用将不作
调整；如果公式所在单元格的位置改变，绝
对引用的单元格L3始终保持不变。

2. 混合引用

在复制公式时，如果要求行不变但列可
变或者列不变而行可变，那么就要用到混合
引用。例如，$A1表示对A列的绝对引用和对
第1行的相对引用，而A$1则表示对第1行的绝
对引用和对A列的相对引用。

11.2.2 名称的使用

在使用公式的过程中，用户还可以引用单元格名称参与计算。通过给单元格或单元格区域以及常量等定义名称，会比引用单元格位置更加直观、更加容易理解。接下来使用名称和RANK函数对销售数据进行排名。

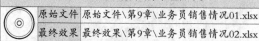

本小节原始文件和最终效果所在位置如下。

原始文件	原始文件\第9章\业务员销售情况01.xlsx
最终效果	最终效果\第9章\业务员销售情况02.xlsx

RANK函数的功能是返回一个数值在一组数值中的排名，其语法格式为：

RANK(number,ref,order)

参数number是需要计算其排名的一个数据；ref是包含一组数字的数组或引用（其中的非数值型参数将被忽略）；order为一个数字，指明排名的方式。如果order为0或省略，则按降序排列的数据清单进行排名；如果order不为0，ref当作按升序排列的数据清单进行排名。注意：RANK函数对重复数值的排名相同，但重复数值的存在将影响后续数值的排名。

1. 定义名称

定义名称的具体步骤如下。

1 打开本实例的原始文件，选中单元格区域K7:K16，切换到【公式】选项卡，在【定义的名称】组中单击 定义名称 按钮右侧的下三角按钮 ，从弹出的下拉列表中选择【定义名称】选项。

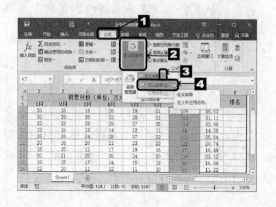

2 弹出【新建名称】对话框，在【名称】文本框中输入"销售总额"。

3 单击 确定 按钮返回工作表即可。

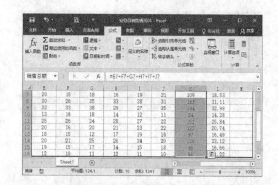

2. 应用名称

应用名称的具体步骤如下。

1 选中单元格M7，在其中输入公式"=RANK(K7,销售总额)"。该函数表示"返回单元格K7中的数值在数组'销售总额'中的降序排名"。

2 输入完毕按【Enter】键，选中单元格 M7，将鼠标指针移动到单元格的右下角，此时鼠标指针变成➕形状，然后按住鼠标左键不放，向下拖动到单元格M16，释放左键，此时公式就填充到选中的单元格区域中。对销售额进行排名后的效果如图所示。

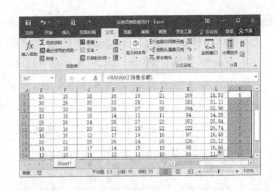

11.2.3 数据有效性的应用

在日常工作中经常会用到 Excel 的数据有效性功能。数据有效性是一种用于定义可以在单元格中输入或应该在单元格中输入的数据。设置数据有效性有利于提高工作效率，避免非法数据的录入。

本小节原始文件和最终效果所在位置如下。	
原始文件	原始文件\第9章\业务员销售情况02.xlsx
最终效果	最终效果\第9章\业务员销售情况03.xlsx

使用数据有效性的具体步骤如下。

1 打开本实例的原始文件，选中单元格 C7，切换到【数据】选项卡，单击【数据工具】组中的按钮右侧的下三角按钮，从弹出的下拉列表中选择【数据验证】选项。

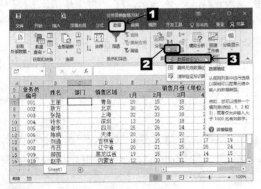

2 弹出【数据验证】对话框，在【允许】下拉列表中选择【序列】选项，然后在【来源】文本框中输入"营销一部,营销二部,营销三部"，中间用英文半角状态的逗号隔开。

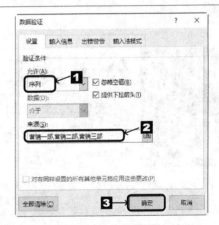

3 设置完毕，单击 确定 按钮返回工作表。此时，单元格C7的右侧出现了一个下拉按钮，将鼠标指针移动到单元格的右下角，此时鼠标指针变成➕形状。

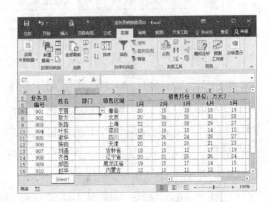

4 按住鼠标指针左键不放，向下拖动到单元格C16，释放左键，此时数据有效性就填充到选中的单元格区域中，每个单元格的右侧都会出现一个下拉按钮▼。单击单元格C7右侧的下拉按钮▼，在弹出的下拉列表中选择销售部门即可，如选择【营销一部】选项。

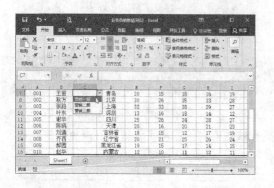

5 使用同样的方法，可以在其他单元格中利用下拉列表快速输入销售部门。

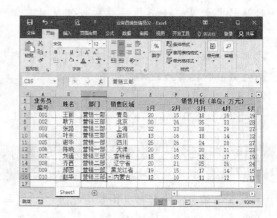

11.3 公司员工信息表

整理公司员工的个人相关信息资料，听起来好像是人事部门才该面对的问题。但在实际财务管理中，员工的工资却与很多信息相关联，如员工的工作年限等。

11.3.1 文本函数

文本函数是指可以在公式中处理字符串的函数。常用的文本函数包括LEFT、RIGHT、MID、LEN、TEXT、LOWER、PROPER、UPPER、TEXT等函数。

本小节原始文件和最终效果所在位置如下。

原始文件	原始文件\第9章\公司员工信息表.xlsx
最终效果	最终效果\第9章\公司员工信息表01.xlsx

1. 提取字符函数

LEFT、RIGHT、MID等函数用于从文本中提取部分字符。LEFT函数从左向右取；RIGHT函数从右向左取；MID函数也是从左向右提取，但不一定是从第一个字符起，可以从中间开始。

LEFT、RIGHT函数的语法格式分别为

LEFT (text,num_chars)和RIGHT（text,num_chars）。

参数text指文本，是从中提取字符的长字符串，参数num_chars是想要提取的字符个数。

MID函数的语法格式为：MID(text,start_num, num_chars)。参数text的属性与前面两个函数相同，参数star_num是要提取的开始字符，参数num_chars是要提取的字符个数。

LEN函数的功能是返回文本串的字符数，此函数用于双字节字符，且空格也将作为字符进行统计。LEN函数的语法格式为：

LEN(text)。参数text为要查找其长度的文本。如果text为"年/月/日"形式的日期，此时LEN函数首先运算"年÷月÷日"，然后返回运算结果的字符数。

TEXT函数的功能是将数值转换为按指定数字格式表示的文本，其语法格式为：TEXT(value,format_text)。参数value为数值、计算结果为数字值的公式，或对包含数字值的单元格的引用；参数format_text为【设置单元格格式】对话框中【数字】选项卡上【分类】框中的文本形式的数字格式。

2. 转换大小写函数

LOWER、PROPER、UPPER函数的功能是进行大小写转换。LOWER函数的功能是将一个字符串中的所有大写字母转换为小写字母；UPPER函数的功能是将一个字符串中的所有小写字母转换为大写字母；PROPER函数的功能是将字符串的首字母及任何非字母字符之后的首字母转换成大写，将其余的字母转换成小写。

接下来结合提取字符函数和转换大小写函数编制"公司员工信息表"，并根据身份证号码计算员工的出生日期、年龄等。具体的操作步骤如下。

1 打开本实例的原始文件，选中单元格B4，切换到【公式】选项卡，单击【函数库】组中的【插入函数】按钮 。

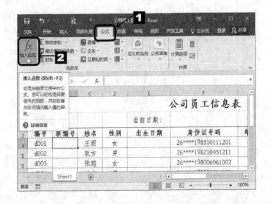

2 弹出【插入函数】对话框，在【或选择类别】下拉列表中选择【文本】选项，然后在【选择函数】列表框中选择【UPPER】选项。

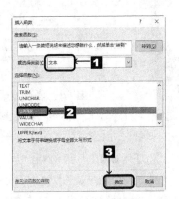

3 设置完毕，单击 确定 按钮，弹出【函数参数】对话框，在【Text】文本框中将参数引用设置为单元格【A4】。

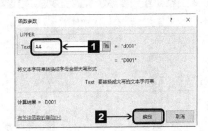

4 设置完毕，单击 确定 按钮返回工作表，此时计算结果中的字母变成了大写。

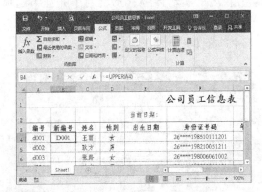

5 选中单元格B4，将鼠标指针移动到单元格的右下角，此时鼠标指针变成 ✚ 形状，按住鼠标左键不放，向右拖动到单元格B13，释放左键，公式就填充到选中的单元格区域中。

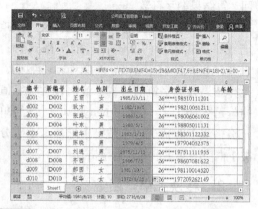

8 此时，员工的出生日期就根据身份证号码计算出来了，然后选中单元格E4，使用快速填充功能将公式填充至单元格E13中。

6 选中单元格E4，然后输入函数公式"=IF(F4<>""，TEXT((LEN(F4)=15)*19&MID(F4,7,6+(LEN(F4)=18)*2),"#-00-00")+0,)"，然后按【Enter】键。该公式表示"从单元格F4中的15位或18位身份证号中返回出生日期"。

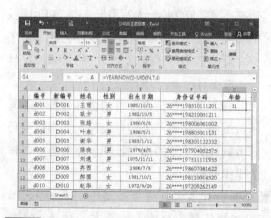

9 选中单元格G4，输入函数公式"=YEAR(NOW())-MID(F4,7,4)"，然后按【Enter】键。该公式表示"当前年份减去出生年份，从而得出年龄"。

7 选中单元格E4，切换到【开始】选项卡，从【数字】组中的【数字格式】下拉列表中选择【短日期】选项。

10 将单元格G4的公式向下填充到单元格G13中。

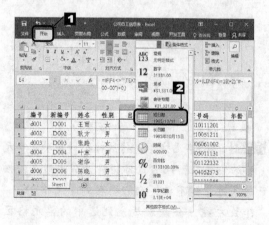

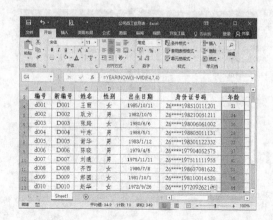

11.3.2 日期与时间函数

日期与时间函数是处理日期型或日期时间型数据的函数，常用的日期与时间函数包括DATE、DAY、DAY360、MONTH、NOW、TODAY、YEAR、HOUR、WEEKDAY等函数。

本小节原始文件和最终效果所在位置如下。	
原始文件	原始文件\第9章\公司员工信息表01.xlsx
最终效果	最终效果\第9章\公司员工信息表02.xlsx

1. DATE函数

DATE函数的功能是返回代表特定日期的序列号，其语法格式为：

DATE(year,month,day)

2. NOW函数

NOW函数的功能是返回当前的日期和时间，其语法格式为：

NOW()

3. DAY函数

DAY函数的功能是返回用序列号（整数1~31）表示的某日期的天数，其语法格式为：

DAY(serial_number)

参数serial_number表示要查找的日期天数。

4. DAYS360函数

DAYS360函数是重要的日期与时间函数之一，函数功能是按照一年360天计算的（每个月以30天计，一年共计12个月），返回值为两个日期之间相差的天数。该函数在一些会计计算中经常用到。如果财务系统基于一年12个月，每月30天，则可用此函数帮助计算支付款项。

DAYS360函数的语法格式为：

DAYS360(start_date,end_date,method)

其中，start_date表示计算期间天数的开始日期；end_date表示计算期间天数的终止日期；method表示逻辑值，它指定了在计算中是用欧洲办法还是用美国办法。

如果start_date在end_date之后，则DAYS360将返回一个负数。另外，应使用DATE函数来输入日期，或者将日期作为其他公式或函数的结果输入。例如，使用函数DATE(2015,12,28) 或输入日期2015年12月28日。如果日期以文本的形式输入，则会出现问题。

5. MONTH函数

MONTH函数是一种常用的日期函数，它能够返回以序列号表示的日期中的月份。MONTH函数的语法格式为：

MONTH(serial_number)

参数serial_number表示一个日期值，包括要查找的月份的日期。该函数还可以指定加双引号的表示日期的文本，如"2015年12月28日"。如果该参数为日期以外的文本，则返回错误值"#VALUE! "。

6. WEEKDAY函数

WEEKDAY函数的功能是返回某日期的星期数。在默认情况下，它的值为1（星期天）~7（星期六）之间的一个整数，其语法格式为：

WEEKDAY(serial_number,return_type)

参数serial_number是要返回日期数的日期；return_type为确定返回值类型，如果return_type为数字1或省略，则1~7表示星期天

到星期六，如果return_type为数字2，则1~7表示星期一到星期天，如果return_type为数字3，则0~6代表星期一到星期天。

接下来结合时间与日期函数在公司员工信息表中计算当前日期、星期数以及员工工龄。具体的操作步骤如下。

1 打开本实例的原始文件，选中单元格F2，输入函数公式"=TODAY()"，然后按【Enter】键。该公式表示"返回当前日期"。

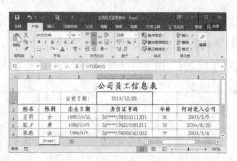

2 选中单元格G2，输入函数公式"=WEEKDAY(F2)"，然后按【Enter】键。该公式表示"将日期转化为星期数"。

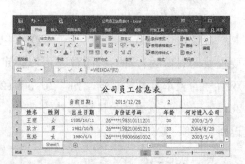

3 选中单元格G2，切换到【开始】选项卡，单击【数字】组右下角的【对话框启动器】按钮 。

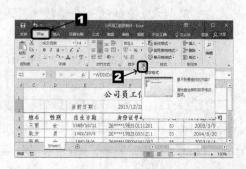

4 弹出【设置单元格格式】对话框，切换到【数字】选项卡，在【分类】列表框中选择【日期】选项，然后在【类型】列表框中选择【星期三】选项。

5 设置完毕，单击 确定 按钮返回工作表，此时单元格G2中的数字就转换成了星期数。

6 选中单元格I4，输入函数公式"=CONCATENATE(DATEDIF(H4,TODAY(),"y"),"年",DATEDIF(H4,TODAY(),"ym"),"个月和",DATEDIF(H4,TODAY(),"md"),"天")"，然后按【Enter】键。公式中CONCATENATE函数的功能是将几个文本字符串合并为一个文本字符串。

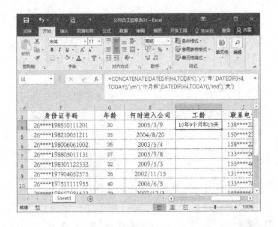

7 此时，员工的工龄就计算出来了，然后将单元格I4中的公式向下填充到单元格I13中。

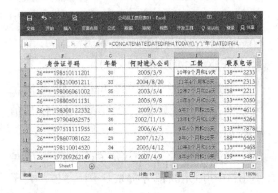

11.4 业绩奖金计算表

我国很多企业设置的月奖、季度奖和年终奖都是业绩奖金的典型形式，它们都是根据员工绩效评价结果发放给员工的绩效薪酬。

11.4.1 逻辑函数

逻辑函数是一种用于进行真假值判断或复合检验的函数。逻辑函数在日常办公中应用非常广泛，常用的逻辑函数包括AND、IF、OR等。

本小节原始文件和最终效果所在位置如下。

原始文件 原始文件\第9章\业绩奖金表.xlsx

最终效果 最终效果\第9章\业绩奖金表01.xlsx

1. AND函数

AND函数的功能是扩大用于执行逻辑检验的其他函数的效用，其语法格式为：

AND(logical1,logical2,...)

参数logical1是必需的，表示要检验的第一个条件，其计算结果可以为TRUE或FALSE；logical2为可选参数。所有参数的逻辑值均为真时，返回TRUE；只要一个参数的逻辑值为假，即返回FALSE。

2. IF函数

IF函数是一种常用的逻辑函数，其功能是执行真假值判断，并根据逻辑判断值返回结果。该函数主要用于根据逻辑表达式来判断指定条件，如果条件成立，则返回真条件下的指定内容；如果条件不成立，则返回假条件下的指定内容。

IF函数的语法格式为：

IF(logical_text,value_if_true,value_if_false)

其中，logical_text代表带有比较运算符的逻辑判断条件；value_if_true代表逻辑判断条件成立时返回的值；value_if_false代表逻辑判断条件不成立时返回的值。

3. OR函数

OR函数的功能是对公式中的条件进行连接。在其参数组中，任何一个参数逻辑值为TRUE，即返回TRUE；所有参数的逻辑值为FALSE，才返回FALSE。其语法格式为：

OR(logical1,logical2,...)

参数必须能计算为逻辑值，如果指定区域中不包含逻辑值，OR函数返回错误值"#VALUE!"。

例如，某公司业绩奖金的发放方法是小于50 000元的部分提成比例为3%，大于等于50 000元小于100 000元的部分提成比例为6%，大于等于100 000元的部分提成比例为10%。

奖金的计算式为：奖金=超额×提成率-累进差额。接下来介绍员工业绩奖金的计算方法。

1 打开本实例的原始文件，切换到工作表"奖金标准"中，在这里可以了解一下业绩奖金的发放标准。

2 切换到工作表"业绩奖金"中，选中单元格G3并输入函数公式"=IF(AND(F3>0,F3<=50000),3%,IF(AND(F3>50000,F3<=100000),6%,10%))"，然后按【Enter】键。该公式表示"根据超额的多少返回提成率"，此处用到了IF函数的嵌套使用方法，然后使用单元格复制填充的方法计算出其他员工的提成比例。

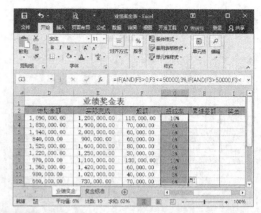

3 选中单元格H3并输入函数公式"=IF(AND(F3>0,F3<=50000),0,IF(AND(F3>50000,F3<=100000),1500,5500))"，然后按【Enter】键。该公式表示"根据超额的多少返回累进差额"。同样再使用单元格复制填充的方法计算出其他员工的累进差额。

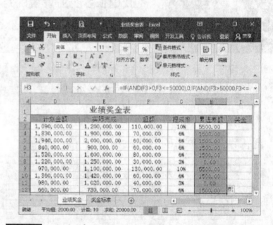

4 选中单元格I3，并输入函数公式"=F3*G3-H3"，然后按【Enter】键，再使用填充复制的方法计算其他员工的奖金。

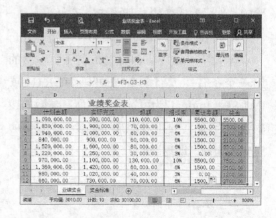

11.4.2 数学与三角函数

数学与三角函数是指通过数学和三角函数进行简单的计算，如对数字取整、计算单元格区域中的数值总和或其他复杂计算。常用的数学与三角函数包括INT、ROUND、SUM、SUMIF等。

本小节原始文件和最终效果所在位置如下。	
原始文件	原始文件\第9章\业绩奖金表01.xlsx
最终效果	最终效果\第9章\业绩奖金表02.xlsx

1. INT函数

INT函数是常用的数学与三角函数，函数功能是将数字向下舍入到最接近的整数。INT函数的语法格式为：

INT(number)

其中，number表示需要进行向下舍入取整的实数。

2. ROUND函数

ROUND函数的功能是按指定的位数对数值进行四舍五入。ROUND函数的语法格式为：

ROUND(number,num_digits)

其中，number是指用于进行四舍五入的数字，参数不能是一个单元格区域，如果参数是数值以外的文本，则返回错误值"#VALUE!"；num_digits是指位数，按此位数进行四舍五入，位数不能省略。num_digits与ROUND函数返回值的关系如下表所示。

num_digits	ROUND 函数返回值
>0	四舍五入到指定的小数位
=0	四舍五入到最接近的整数位
<0	在小数点的左侧进行四舍五入

3. SUM函数

SUM函数的功能是计算单元格区域中所有数值的和。

该函数的语法格式为：

SUM(number1,number2,number3,...)

该函数最多可指定30个参数，各参数用逗号隔开；当计算相邻单元格区域数值之和时，使用冒号指定单元格区域；参数如果是数值数字以外的文本，则返回错误值"#VALUE"。

4. SUMIF函数

SUMIF是重要的数学和三角函数，在Excel 2016工作表的实际操作中应用广泛。其功能是根据指定条件对指定的若干单元格求和。使用该函数可以在选中的范围内求与检索条件一致的单元格对应的合计范围的数值。

SUMIF函数的语法格式为：

SUMIF(range,criteria,sum_range)

range表示选定的用于条件判断的单元格区域。

criteria表示在指定的单元格区域内检索符合条件的单元格，其形式可以是数字、表达式或文本，直接在单元格或编辑栏中输入检索条件时，需要加双引号。

sum_range表示选定的需要求和的单元格区域，该参数忽略求和的单元格区域内包含的空白单元格、逻辑值或文本。

接下来介绍相关数学与三角函数的使用方法。具体步骤如下。

1 打开本实例的原始文件，在【业绩奖金】工作表中选中单元格E15，切换到【公式】选项卡，然后单击【函数库】组中的【插入函数】按钮。

2 弹出【插入函数】对话框，在【或选择类别】下拉列表中选择【数学与三角函数】选项，在【选择函数】列表框中选择【SUMIF】选项，然后单击 确定 按钮。

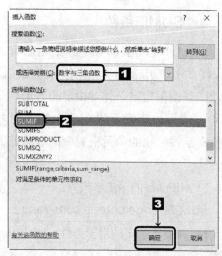

3 弹出【函数参数】对话框，在【Range】文本框中输入"C3:C12"，在【Criteria】文本框中输入"营销一部"，在【Sum_range】文本框中输入"F3:F12"。

4 单击 确定 按钮，此时在单元格E15中会自动地显示出计算结果。

5 选中单元格E17，使用同样的方法在弹出的【函数参数】对话框的【Range】文本框中输入"C3:C12"，在【Criteria】文本框中输入"营销二部"，在【Sum_range】文本框中输入"F3:F12"。

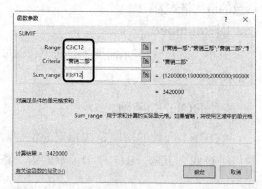

6 单击 确定 按钮，此时在单元格E17中会自动地显示出计算结果。

7 再选中单元格E19，使用同样的方法在弹出的【函数参数】对话框的【Range】文本框中输入"C3:C12"，在【Criteria】文本框中输入"营销三部"，在【Sum_range】文本框中输入"F3:F12"。

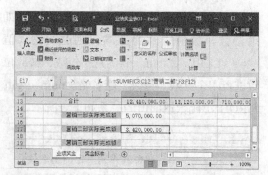

8 单击 确定 按钮，此时在单元格E19中会自动地显示出计算结果。

9 转换大写金额。选中单元格K3，然后输入函数公式 "=IF(ROUND(J3,2)<0,"无效数值",IF(ROUND(J3,2)=0,"零",IF(ROUND(J3,2)<1,"",TEXT(INT(ROUND(J3,2)),"[dbnum2]")&"元")&IF(INT(ROUND(J3,2)★10)-INT(ROUND(J3,2))★10=0,IF(INT(ROUND(J3,2))★(INT(ROUND(J3,2)★100)-INT(ROUND(J3,2)★10)★10)=0,"","零"),TEXT(INT(ROUND(J3,2)★10)-INT(ROUND(J3,2))★10,"[dbnum2]")&"角")

&IF((INT(ROUND(J3,2)★100)-INT(ROUND(J3,2)★10)★10)=0,"整",TEXT((INT(ROUND(J3,2)★100)-INT(ROUND(J3,2)★10)★10),"[dbnum2]")&"分")))"，然后按【Enter】键。该公式中的参数 "[dbnum2]" 表示 "阿拉伯数字转换为中文大写：壹、贰、叁……"。

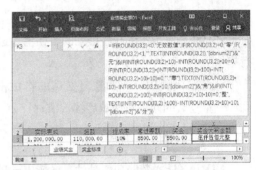

10 此时，奖金大写金额就计算出来了，选中单元格K3，将鼠标指针移动到单元格的右下角，此时鼠标指针变成➕形状，按住鼠标左键不放，将其填充到本列的其他单元格中。

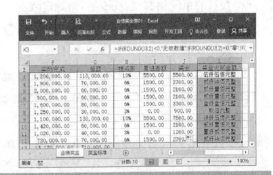

11.4.3 统计函数

统计函数用于对数据区域进行统计分析。常用的统计函数有AVERAGE、RANK等。

本小节原始文件和最终效果所在位置如下。	
原始文件	原始文件\第9章\业绩奖金表02.xlsx
最终效果	最终效果\第9章\业绩奖金表03.xlsx

1. AVERAGE函数

AVERAGE函数的功能是返回所有参数的算术平均值，其语法格式为：

AVERAGE(number1,number2,...)

参数number1、number2等是要计算平均值的1～30个参数。

2. RANK函数

RANK函数的功能是返回结果集分区内指定字段值的排名，指定字段值的排名是相

关行之前的排名加1。

语法格式为：

RANK(number,ref,order)

参数number是需要计算其排位的一个数字；ref是包含一组数字的数组或引用（其中的非数值型参数将被忽略）；order为一数字，指明排位的方式，如果order为0或省略，则按降序排列的数据清单进行排位，如果order不为0，ref当作按升序排列的数据清单进行排位。

注意：函数RANK对重复数值的排位相同，但重复数的存在将影响后续数值。

3. COUNTIF函数

COUNTIF函数的功能是计算区域中满足给定条件的单元格的个数。

语法格式为：

COUNTIF(range,criteria)

参数range为需要计算其中满足条件的单元格数目的单元格区域；criteria为确定哪些单元格将被计算在内的条件，其形式可以为数字、表达式或文本。

接下来结合统计函数对员工的业绩奖金进行统计分析，并计算平均奖金、名次以及人数统计。具体步骤如下。

1 打开本实例的原始文件，在工作表"业绩奖金"中，选中单元格J17，并输入函数公式"=AVERAGE(J3:J12)"。

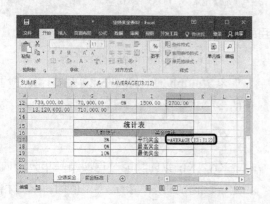

2 按【Enter】键，在单元格J17中便可以看到计算结果。

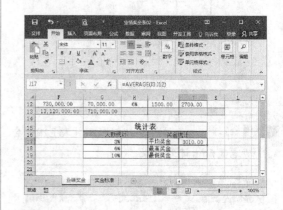

3 选中单元格J18，并输入函数公式"=MAX(J3:J12)"，计算出最高奖金是多少。

4 选中单元格J19，并输入函数公式"=MIN(J3:J12)"，计算出最低奖金是多少。

5 选中单元格H17，并输入函数公式"=COUNTIF(H3:H12,"3%")"，计算出业绩奖金提成率为"3%"的人数统计。

6 使用同样的方法，还可以计算出提成率分别为"6%"和"10%"的人数有多少。

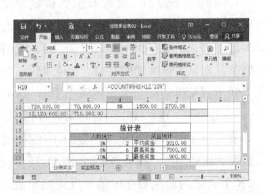

7 计算排名名次。在单元格K3中输入函数公式"=RANK(J3,J$3:J$12)"，按【Enter】键，然后使用单元格复制填充的方法得出其他员工的排名。

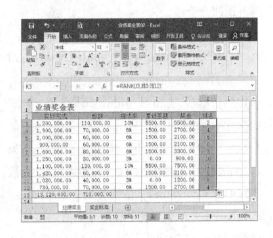

11.4.4 查找与引用函数

查找与引用函数用于在数据清单或表格中查找特定数值，或者查找某一单元格的引用时使用的函数。常用的查找与引用函数包括LOOKUP、CHOOSE、HLOOKUP、VLOOKUP等。

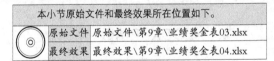

本小节原始文件和最终效果所在位置如下。

原始文件	原始文件\第9章\业绩奖金表03.xlsx
最终效果	最终效果\第9章\业绩奖金表04.xlsx

1. LOOKUP函数

LOOKUP函数的功能是从向量或数组中查找符合条件的数值。该函数有两种语法形式即向量和数组。向量形式是指从一行或一列的区域内查找符合条件的数值。向量形式的LOOKUP函数按照在单行区域或单列区域查找的数值，返回第二个单行区域或单列区域中相同位置的数值。数组形式是指在数组的首行或首列中查找符合条件的数值，然后返回数组的尾行或尾列中相同位置的数值。

本小节重点介绍向量形式的LOOKUP函数的语法。

LOOKUP的语法格式为

LOOKUP (lookup_value,lookup_vector, result_vector)

lookup_value指在单行或单列区域内要查找的值，可以是数字、文本、逻辑值或者包含名称的数值或引用。

lookup_vector为指定的单行或单列的查找区域。其数值必须按升序排列，文本不区分大小写。

result_vector为指定的函数返回值的单元格区域。其大小必须与lookup_vector相同，如果lookup_value小于lookup_vector中的最小

值，LOOKUP函数则返回错误值"#N/A"。

2. CHOOSE函数

CHOOSE函数的功能是从参数列表中选择并返回一个值。

CHOOSE的语法格式为：

CHOOSE(index_num,value1,value2,...)

参数index_num是必需的，用来指定所选定的值参数，index_num必须为1~254之间的数字，或者为公式或对包含1~254之间某个数字的单元格的引用。如果index_num为1，函数CHOOSE返回value1；如果为2，函数CHOOSE返回value2，依次类推。如果index_num小于1或大于列表中最后一个值的序号，函数CHOOSE返回错误值"#VALUE!"。如果index_num为小数，则在使用前将被截尾取整。value1是必需的，后续的value2是可选的，这些值参数的个数介于1~254之间。函数CHOOSE基于index_num从这些值参数中选择一个数值或一项要执行的操作。参数可以为数字、单元格引用、已定义名称、公式、函数或文本。

3. VLOOKUP函数

VLOOKUP函数的功能是进行列查找，并返回当前行中指定的列的数值。

VLOOKUP的语法格式为：

VLOOKUP(lookup_value,table_array,col_index_num,range_lookup)

lookup_value指需要在表格数组第一列中查找的数值。lookup_value可以为数值或引用。若lookup_value小于table_array第一列中的最小值，函数VLOOKUP返回错误值"#N/A"。

table_array为指定的查找范围。使用对区域或区域名称的引用。table_array第一列中的值是由lookup_value搜索到的值，这些值可以

是文本、数字或逻辑值。

col_index_num指table_array中待返回的匹配值的列序号。col_index_num为1时，返回table_array第一列中的数值；col_index_num为2时，返回table_array第二列中的数值，依次类推。如果col_index_num小于1，VLOOKUP函数返回错误值"#VALUE!"；大于table_array的列数，VLOOKUP函数返回错误值"#REF!"。

range_lookup指逻辑值，指定希望VLOOKUP查找精确的匹配值还是近似匹配值。如果参数值为TRUE（或为1，或省略），则只寻找精确匹配值。也就是说，如果找不到精确匹配值，则返回小于lookup_value的最大数值。table_array第一列中的值必须以升序排序，否则，VLOOKUP可能无法返回正确的值。如果参数值为FALSE（或为0），则返回精确匹配值或近似匹配值。在此情况下，table_array第一列的值不需要排序。如果table_array第一列中有两个或多个值与lookup_value匹配，则使用第一个找到的值。如果找不到精确匹配值，则返回错误值"#N/A"。

4. HLOOKUP函数

HLOOKUP函数的功能是进行行查找，在表格或数值数组的首行查找指定的数值，并在表格或数组中指定行的同一列中返回一个数值。当比较值位于数据表的首行，并且要查找下面给定行中的数据时，使用HLOOKUP函数，当比较值位于要查找的数据左边的一列时，使用VLOOKUP函数。

HLOOKUP的语法格式为：

HLOOKUP(lookup_value,table_array,row_index_num,range_lookup)

lookup_value指需要在数据表第一行中进

行查找的数值，lookup_value可以为数值、引用或文本字符串。

table_array指需要在其中查找数据的数据表，使用对区域或区域名称的引用。table_array的第一行的数值可以为文本、数字或逻辑值。如果range_lookup为TRUE，则table_array的第一行的数值必须按升序排列：…–2、–1、0、1、2、……、A、B、……、Y、Z、FALSE、TRUE；否则，HLOOKUP函数将不能给出正确的数值。如果range_lookup为FALSE，则table_array不必进行排序。

row_index_num指table_array中待返回的匹配值的行序号。row_index_num为1时，返回table_array第一行的数值，row_index_num为2时，返回table_array第二行的数值，依次类推。如果row_index_num小于1，HLOOKUP函数返回错误值"#VALUE!"；如果row_index_num大于table_array的行数，HLOOKUP函数返回错误值"#REF!"。

range_lookup为逻辑值，指明HLOOKUP函数查找时是精确匹配还是近似匹配。如果range_lookup为TRUE或省略，则返回近似匹配值。也就是说，如果找不到精确匹配值，则返回小于lookup_value的最大数值。如果lookup_value为FALSE，HLOOKUP函数将查找精确匹配值，如果找不到，则返回错误值"#N/A"。

接下来结合查找与引用函数创建业绩查询系统。具体操作步骤如下。

1 打开本实例的原始文件，切换到工作表"业绩查询系统"中，首先查询业绩排名。选中单元格E6，并输入函数公式"=IF(AND(E2="",E3=""),"",IF(AND(NOT(E2="")),E3=""),VLOOKUP(E2,业绩奖金!A3:K12,11,0),IF(NOT(E3=""),VLOOKUP(E3,业绩奖金!B3:K12,10,0))))"，然后按【Enter】键。该公式表示：查询成绩时，如果不输入编号

和姓名，则成绩单显示空；如果只输入编号，则查找并显示员工编号对应的"业绩奖金"中的单元格区域A3:K12中的第11列中的数据；如果只输入姓名，则查找并显示员工姓名对应的"业绩奖金"中的单元格区域B3:K12中的第10列中的数据。

2 查询"部门"。选中单元格E7，并输入函数公式"=IF(AND(E2="",E3=""),"",IF(AND(NOT(E2="")),E3=""),VLOOKUP(E2,业绩奖金!A3:K12,3,0),IF(NOT(E3=""),VLOOKUP(E3,业绩奖金!B3:K12,2,0))))"，然后按【Enter】键即可。

3 查询"计划金额"。选中单元格E8，并输入函数公式"=IF(AND(E2="",E3=""),"",IF(AND(NOT(E2="")),E3=""),VLOOKUP(E2,业绩奖金!A3:K12,5,0),IF(NOT(E3=""),VLOOKUP(E3,业绩奖金!B3:K12,4,0))))"，然后按【Enter】键。

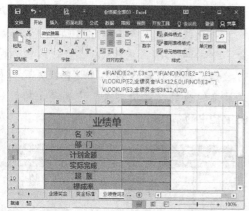

4 查询"实际完成"的业绩。选中单元格E9，并输入函数公式"=IF(AND(E2="",E3=""),"",IF(AND(NOT(E2=""),E3=""),VLOOKUP(E2,业绩奖金!A3:K12,6,0),IF(NOT(E3=""),VLOOKUP(E3,业绩奖金!B3:K12,5,0))))"，然后按【Enter】键。

6 查询"提成率"。选中单元格E11，并输入函数公式"=IF(AND(E2="",E3=""),"",IF(AND(NOT(E2=""),E3=""),VLOOKUP(E2,业绩奖金!A3:K12,8,0),IF(NOT(E3=""),VLOOKUP(E3,业绩奖金!B3:K12,7,0))))"，然后按【Enter】键。

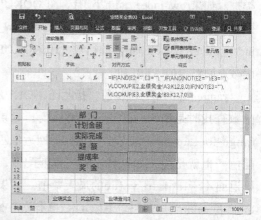

5 查询"超额"业绩。选中单元格E10，并输入函数公式"=IF(AND(E2="",E3=""),"",IF(AND(NOT(E2=""),E3=""),VLOOKUP(E2,业绩奖金!A3:K12,7,0),IF(NOT(E3=""),VLOOKUP(E3,业绩奖金!B3:K12,6,0))))"，然后按【Enter】键。

7 查询"奖金"。选中单元格E12，并输入函数公式"=IF(AND(E2="",E3=""),"",IF(AND(NOT(E2=""),E3=""),VLOOKUP(E2,业绩奖金! A3:K12,10,0),IF(NOT(E3=""),VLOOKUP(E3,业绩奖金!B3:K12,9,0))))"，然后按【Enter】键。

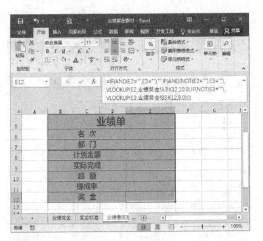

8 选中单元格E2，并输入编号"005"，然后按【Enter】键。此时编号为"005"的员工的所有业绩信息就显示出来了。

9 选中单元格E3，并输入姓名"赵华"，然后按【Enter】键，员工"赵华"的所有业绩信息就显示出来了。

高手过招

快速确定职工的退休日期

一般情况下，男子年满60周岁、女子年满55周岁就可以退休。根据职工的出生日期和性别就可以确定职工的退休日期，利用DATE函数可以轻松地做到这一点。

1 打开素材文件"职工退休年龄的确定.xlsx"，C列数据是员工"性别"，D列数据是"出生日期"。

2 选中单元格E3，并输入函数公式"=DATE(YEAR(D3)+(C3="男")*5+55,MONTH(D3),DAY(D3)+1)"，此公式表示，如果单元格C3的数据为男，那么(C3="男")的运算结果则为TRUE，(C3="男")*5的运算结果为5，即(C3="男")*5+55返回的值是60，然后按【Enter】键即可。

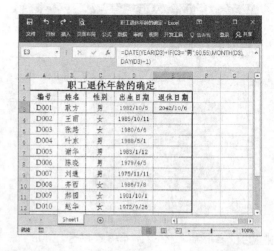

4 使用填充方法得出其他人的退休日期。

3 如果C2单元格的数据为女，那么(C3="男")的运算结果为FALSE，(C3="男")*5的运算结果为0，即(C3="男")*5+55返回的值是55。另外，公式中(C3="男")*5+55这一部分也可以用IF(C3="男",60,55)来代替，可能更利于读者理解。如将公式修改为"=DATE(YEAR(D3)+IF(C3="男",60,55),MONTH(D3),DAY(D3)+1)"。

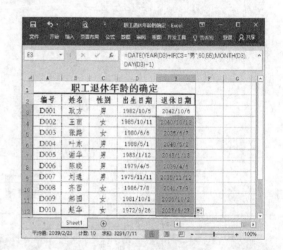

PPT设计与制作

PPT 2016是现代日常办公中经常用到的一种制作演示文稿的软件，可用于介绍新产品、文案策划、教学演讲以及汇报工作等。本片通过制作员工培训方案来介绍如何创建和编辑演示文稿，如何插入新幻灯片，如何对幻灯片进行美化设置等内容。

第12章　PPT设计——设计员工培训方案

第13章　文字、图片与表格的处理技巧

第12章

PPT 设计 ——
设计员工培训方案

PowerPoint 是制作和演示幻灯片的办公软件，能够制作出集文字、图像、声音以及视频剪辑等多元素于一体的演示文稿，主要用于培训演讲、企业宣传、产品推介、商业演示等。本章以设计员工培训方案为例介绍演示文稿和幻灯片的基本操作。

关于本章的知识，本书配套教学光盘中有相关的多媒体教学视频，请读者参见光盘中的【PPT的设计应用\PPT设计】。

12.1 演示文稿的基本操作

演示文稿，简称PPT，是重要的Office办公软件之一。演示文稿的基本操作主要包括创建演示文稿、保存演示文稿、加密演示文稿。

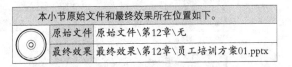

本小节原始文件和最终效果所在位置如下。

原始文件	原始文件\第12章\无
最终效果	最终效果\第12章\员工培训方案01.pptx

12.1.1 新建演示文稿

用户既可以新建空白演示文稿，也可以使用模板创建演示文稿。

1. 新建空白演示文稿

通常情况下，启动PowerPoint 2016之后就会自动地创建一个空白演示文稿。

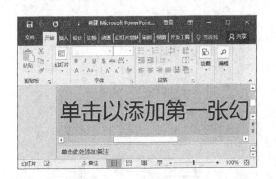

2. 根据模板创建演示文稿

此外，用户还可以根据系统自带的模板创建演示文稿。具体步骤如下。

1 在演示文稿窗口中，单击 文件 按钮，在弹出的界面中选择【新建】选项。

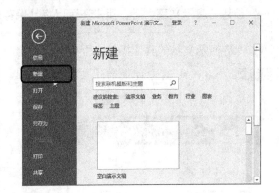

2 在右侧的【新建】组合框中的【搜素联机模板和主题】文本框中输入"培训"，然后单击【搜索】按钮 🔍。

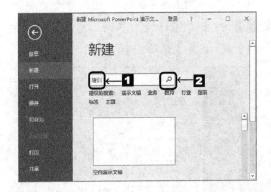

3 在搜索到的模板中选择【培训演示文稿：通用】选项，然后单击【创建】按钮。

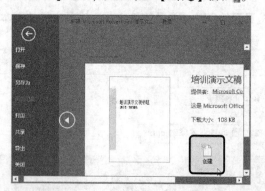

4 系统会自动下载选择的模板，下载完毕会自动打开模板，效果如下图所示。

12.1.2 保存演示文稿

创建了演示文稿之后，用户还可以将其保存起来，以供以后使用。

保存演示文稿的具体操作步骤如下。

1 在演示文稿窗口中的【快速访问工具栏】中，单击【保存】按钮。

2 弹出【另存为】界面，选择【这台电脑】➤【浏览】选项。

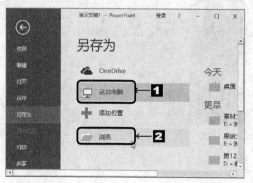

3 弹出【另存为】对话框，在保存范围列表框中选择合适的保存位置，然后在【文件名】文本框中输入"员工培训方案01.pptx"。

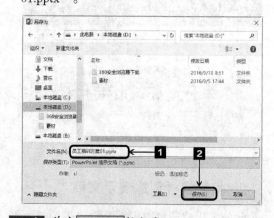

4 单击 保存(S) 按钮即可。

12.1.3 加密演示文稿

防止别人查看演示文稿的内容,可以对其进行加密操作。本小节设置的密码为"123456"。

对演示文稿进行加密具体操作步骤如下。

1 在演示文稿窗口中,单击 文件 按钮,在弹出的下拉列表中选择【信息】选项,然后单击【保护演示文稿】按钮,在弹出的下拉列表框中选择【用密码进行加密】选项。

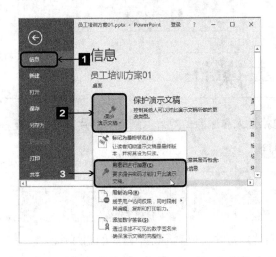

2 弹出【加密文档】对话框,在【密码】文本框中输入"123456",单击 确定 按钮。

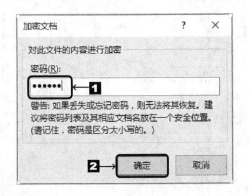

3 弹出【确认密码】对话框,在【重新输入密码】文本框中输入"123456",然后单击 确定 按钮即可。

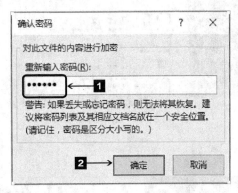

4 保存该文档,再次启动该文档时将会弹出【密码】对话框,在【输入密码以打开文件】文本框中输入密码"123456"。

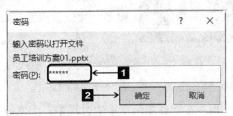

5 单击 确定 按钮即可打开演示文稿。

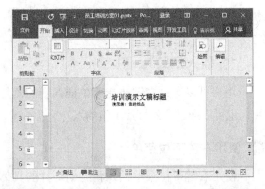

6 如果要取消加密演示文稿,单击 文件 按钮,在弹出的界面中选择【信息】选项,然后单击【保护演示文稿】按钮,在弹出的下拉列表中选择【用密码进行加密】选项。

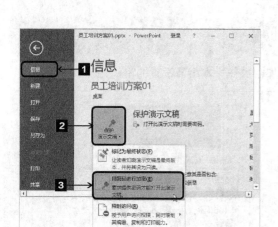

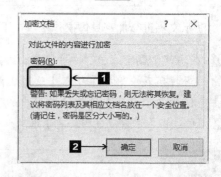

7 弹出【加密文档】对话框，在【密码】文本框中显示设置的密码"123456"，将密码删除，然后单击 确定 按钮即可。

12.2 幻灯片的基本操作

幻灯片的基本操作主要包括插入和删除幻灯片、编辑幻灯片、移动和复制幻灯片以及隐藏幻灯片等内容。

12.2.1 插入和删除幻灯片

用户在制作演示文稿的过程中，经常需要添加新的幻灯片，或者删除不需要的幻灯片。

本小节原始文件和最终效果所在位置如下。
原始文件 原始文件\第12章\员工培训方案01.pptx
最终效果 最终效果\第12章\员工培训方案02.pptx

1. 插入幻灯片

用户可以通过右键快捷菜单插入新的幻灯片，也可以通过【幻灯片】组插入。

〇 使用右键下拉菜单

使用右键下拉菜单插入新的幻灯片的具体步骤如下。

1 打开本实例的原始文件，切换到普通视图，在要插入幻灯片的位置单击鼠标右键，然后在弹出的快捷菜单中选择【新建幻灯片】菜单项。

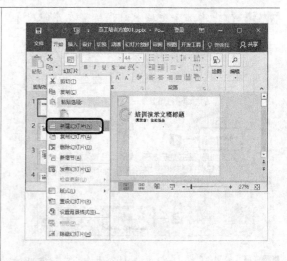

2 即可在选中的幻灯片的下方插入一张新的幻灯片，并自动应用幻灯片版式。

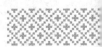

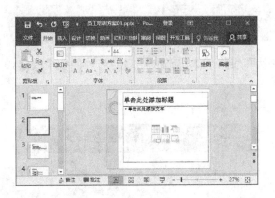

○ 使用【幻灯片】组

　　使用【幻灯片】组插入新的幻灯片的具体操作步骤如下。

　1　选中要插入幻灯片的位置，切换到【开始】选项卡，在【幻灯片】组中单击【新建幻灯片】按钮下方的下拉按钮，在弹出的下拉列表框中选择【节标题】选项。

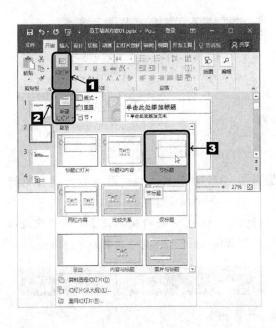

　2　即可在选中的幻灯片的下方插入一张新的幻灯片。

2. 删除幻灯片

　　如果演示文稿中有多余的幻灯片，用户还可以将其删除。

　1　选中要删除的幻灯片，单击鼠标右键，然后在弹出的快捷菜单中选择【删除幻灯片】菜单项。

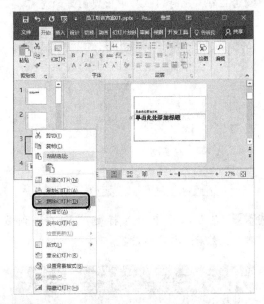

　2　此时即可将选中的幻灯片删除。

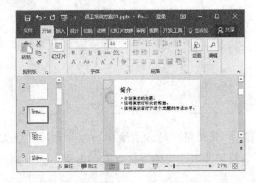

12.2.2 编辑幻灯片

幻灯片的主要构成要素包括：文本、图片、形状和表格。本小节介绍对幻灯片的各个要素如何进行编辑。

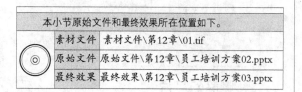

1. 编辑文本

在幻灯片中编辑文本的具体步骤如下。

1 打开本实例的原始文件，在左侧的幻灯片列表中选择要编辑的第1张幻灯片，单击标题占位符，此时占位符中出现闪烁的光标。

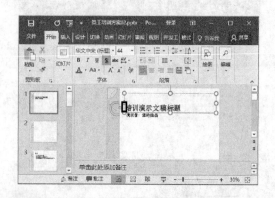

2 在占位符中输入标题"员工培训方案"，然后进行字体设置。

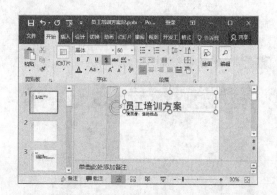

3 使用同样的方法编辑幻灯片中的其他文本框即可。设置完毕，效果如图所示。

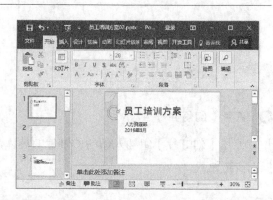

4 切换到【插入】选项卡，在【文本】组中单击【文本框】按钮 的下半部分按钮，在弹出的下拉列表中选择【横排文本框】选项。

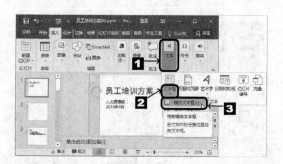

5 在要添加文本框的位置按住鼠标左键绘制一个横排文本框，然后输入文字"公司LOGO"，并进行简单设置。编辑完成以后，第1张幻灯片的最终效果如下图所示。

4. 编辑表格

在幻灯片中编辑表格的具体步骤如下。

1 在第15张幻灯片中，切换到【开始】选项卡，在【幻灯片】组中单击【新建 幻灯片】按钮下方的下拉按钮。在弹出的下拉列表中选择【标题和内容】选项即可。

2 即可创建一张新的幻灯片。

3 在标题占位符处输入文字"员工培训记录表"，并进行字体设置。

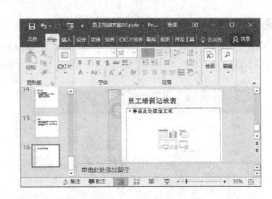

4 单击文本占位符中的【插入表格】按钮即可。

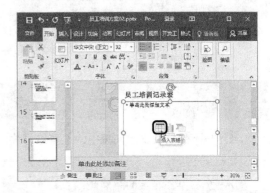

5 弹出【插入表格】对话框，在【列数】微调框中将列数设置为"7"，在【行数】微调框中将行数设置为"10"。

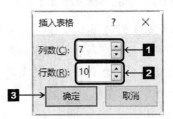

6 单击 确定 按钮，此时即可在幻灯片中插入一个10行、7列的表格。

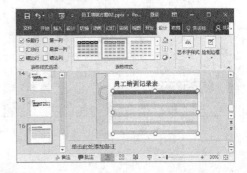

7 选中该表格，切换到【设计】选项卡，在【表格样式】组中选择【无样式，网格型】选项。

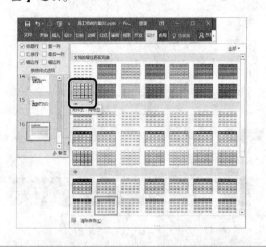

8 选中该表格，然后输入相应的文字，并进行字体设置。设置完毕，表格的最终效果如下图所示。

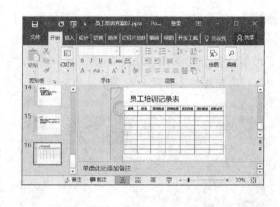

12.2.3 隐藏幻灯片

当用户不想放映演示文稿中的某些幻灯片时，则可以将其隐藏起来。

本小节原始文件和最终效果所在位置如下。	
原始文件	原始文件\第12章\员工培训方案04.pptx
最终效果	最终效果\第12章\员工培训方案05.pptx

隐藏幻灯片中的具体步骤如下。

1 打开本实例的原始文件，在左侧的幻灯片列表中选择要隐藏的第13张幻灯片，然后单击鼠标右键，在弹出的快捷菜单中选择【隐藏幻灯片】菜单项。

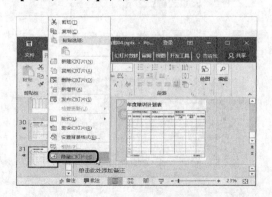

2 此时，在该幻灯片的标号上会显示一条删除斜线，表明该幻灯片已经被隐藏。

3 如果要取消隐藏，方法非常简单，只需选中相应的幻灯片，然后再进行上一次上述操作即可。

12.3 演示文稿的视图方式

PowerPoint 2016的视图方式主要包括普通视图、幻灯片浏览视图、备注页视图、阅读视图、幻灯片放映视图和母版视图。

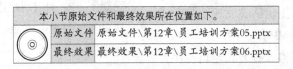

本小节原始文件和最终效果所在位置如下。

原始文件	原始文件\第12章\员工培训方案05.pptx
最终效果	最终效果\第12章\员工培训方案06.pptx

12.3.1 视图方式

1. 普通视图

普通视图是PowerPoint 2016的默认视图方式，是主要的编辑视图，可用于撰写和设计演示文稿。普通视图下又有幻灯片模式和大纲模式两种。

1 打开本实例的原始文件，切换到【视图】选项卡，在【演示文稿视图】组中单击【普通视图】按钮，此时，即可切换到普通视图，并自动切换到幻灯片模式。在幻灯片模式下，可以以缩略图的形式在演示文稿中观看幻灯片，并可以观看任何设计更改的效果。在这里还可以轻松地重新排列、添加或删除幻灯片。

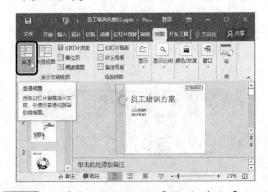

2 在【演示文稿视图】组中单击【大纲视图】按钮，此时，即可切换到大纲视图下，以大纲的形式显示幻灯片文本，用户可以撰写捕获灵感，设计写作内容，并能移动幻灯片和文本。

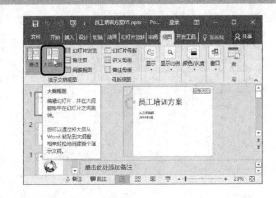

2. 幻灯片浏览视图

在幻灯片浏览视图下，用户可以查看缩略图形式的幻灯片。通过此视图，用户在创建演示文稿以及准备打印演示文稿时，可以轻松地对演示文稿的顺序进行组织和排列。

切换到【视图】选项卡，在【演示文稿视图】组中单击 幻灯片浏览 按钮，此时，即可切换到幻灯片浏览视图。

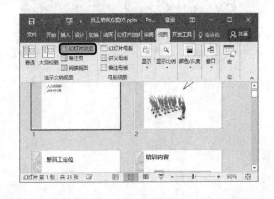

3. 备注页视图

"备注"窗格位于"幻灯片"窗格下。在此用户可以输入要应用于当前幻灯片的备注。以后，用户可以将备注打印出来并在放映演示文稿时进行参考。用户还可以将打印好的备份分发给受众，或者将备注包括在发送给受众或发布在网页上的演示文稿中。

如果用户要以整页格式查看和使用备注，可切换到【视图】选项卡，在【演示文稿视图】组中单击 备注页按钮，即可切换到备注视图。

4. 阅读视图

阅读视图是一种特殊查看模式，使用户在屏幕上阅读扫描文档更为方便。如果用户希望在一个设有简单控件以方便审阅的窗口中查看演示文稿，则也可以在自己的计算机上使用阅读视图。

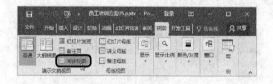

5. 母版视图

在PowerPoint 2016中有3种母版：幻灯片母版、讲义母版和备注母版。相应的，有以下3种母版视图。

1 切换到【视图】选项卡，在【母版视图】组中单击【幻灯片母版】按钮 幻灯片母版。

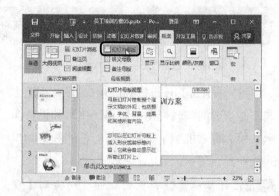

2 切换到【视图】选项卡，在【母版视图】组中单击【讲义母版】按钮 讲义母版。

3 切换到【视图】选项卡，在【母版视图】组中单击【备注母版】按钮 备注母版。

12.3.2 幻灯片放映视图

幻灯片放映视图可用于向受众放映演示文稿。幻灯片放映视图会占据整个计算机屏幕，这与受众观看演示文稿时在大屏幕上显示的演示文稿完全一样。

1. 从头开始放映

1 切换到【幻灯片放映】选项卡，在【开始放映幻灯片】组中单击【从头开始】按钮。

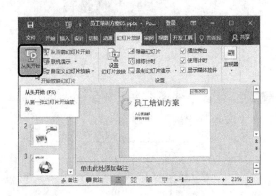

2 此时，即可进入幻灯片放映状态，并从第一个幻灯片开始放映。

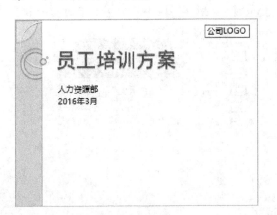

3 用户可以看到图形、计时、电影、动画效果和切换效果在实际演示中的具体效果。如果要退出幻灯片放映视图，按下【Esc】键。

2. 从当前幻灯片开始放映

1 在左侧的任务窗格中选中第13张幻灯片，切换到【幻灯片放映】选项卡，在【开始放映幻灯片】组中单击【从当前幻灯片开始】按钮。

2 此时演示文稿即可从第13张幻灯片开始放映。

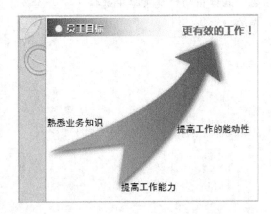

高手过招

设置演示文稿结构有新招

PowerPoint 2016位用户提供了"节"功能。使用该功能，用户可以快速为演示文稿分节，使其更具层次性。

1 打开本实例的素材文件"房地产推广方案.pptx"，在演示文稿中选中第1张幻灯片，切换到【开始】选项卡，在【幻灯片】组中单击 节 按钮，在弹出的下拉列表中选择【新增节】选项。

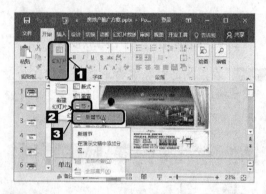

2 随即在选中的幻灯片的上方添加一个无标题节。

3 选中无标题节，然后单击鼠标右键，在弹出的快捷菜单中选择【重命名节】菜单项。

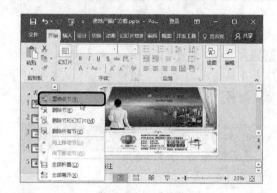

4 弹出【重命名节】对话框，在【节名称】文本框中输入"封面"。

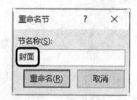

5 单击 重命名(R) 按钮即可完成节的重命名。

第13章

文字、图片与表格的
处理技巧

在演示文稿的基本操作中，为了使文字、图片与表格的
操作更快速、规范，可以使用一些小技巧，以提高工作
效率。

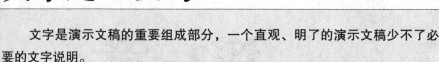

13.1 文字处理技巧

文字是演示文稿的重要组成部分，一个直观、明了的演示文稿少不了必要的文字说明。

13.1.1 安装新字体

PowerPoint所使用的字体是安装在Windows操作系统当中的，Windows操作系统中提供的字体可以满足用户的基本需求，但是如果用户想要制作更高标准的PPT，就需要安装一些新字体。

1. 下载新字体

安装新字体的前提是下载新字体，下载新字体的具体操作步骤如下。

1 在搜索引擎中输入要搜索的字体，如输入【方正卡通简体】，按【Enter】键后开始搜索。

2 在众多的搜索结果中选择一个合适的网络链接。

3 单击打开网络链接，单击【立即下载】按钮 。

4 自动切换到【下载地址】处，用户可选择任意一种下载方式，如选择【上海移动下载】选项。

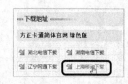

5 弹出【新建下载任务】对话框，单击【下载到】文本框右侧的 浏览 按钮。

6 弹出【浏览计算机】对话框，从中选择合适的下载位置，此处选择桌面。

7 弹出【新建下载任务】对话框，单击【下载到】文本框右侧的 浏览 按钮。

8 单击 确定 按钮，返回【新建下载任务】对话框，单击 下载 按钮即可开始下载。

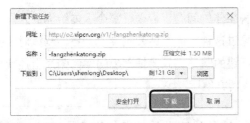

9 下载完成后，返回桌面即可看到下载的方正卡通简体的压缩包。

2. 安装新字体

新字体下载完成后就可以安装了，安装新字体的具体操作步骤如下。

1 在下载好的方正卡通简体的压缩包上单击右键，在弹出的快捷菜单中选择【解压到-fangzhengkatong\(E)】命令。

2 在解压后的方正卡通简体文件夹上单击右键，在弹出的快捷菜单中选择【打开】命令。

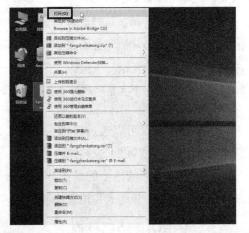

3 打开文件夹后，在【方正卡通简体.tff】上单击右键，在弹出的快捷菜单中选择【安装】命令。

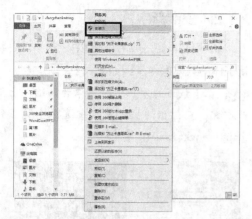

4 随即弹出【正在安装字体】对话框，提示用户正在安装方正卡通简体。

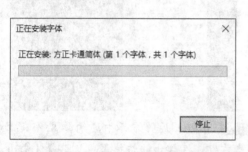

5 安装完毕，打开一个新的演示文稿，在字体下拉列表中即可找到【方正卡通简体】选项。

13.1.2 不认识的字体轻松识别

如果你是设计师，可能会经常遇到客户需要某种字体的问题，但往往那个字体给你的只是一张图片，这时很多只能凭经验来判断，如果之前没见过这种字体的话就犯难了，各种测试对比各种求助，非常苦恼无奈！今天给大家分享一个非常不错的网站，只要把需要的字体图片上传就可以在线模糊匹配那个字是何种字体，真的非常强大非常方便！

求字体网不仅可以通过技术手段轻松识别出相应字体，还提供下载链接。

使用求字体网的核心的是图片，下面先来看看对图片的一些要求和相应处理。

1. 上传图片的预处理

为了能让您更好、更快地找到所需的字体，需要您耗费一些时间对上传的图片进行预处理，可以使用PhotoShop这样专业的绘图软件，也可以使用Windows自带的画板等简易工具。

○ 不易找到字体的图片举例

（1）背景复杂的图片，搜索引擎很难识别出哪个部分是文字或者认为文字零件太多，要想办法把背景去掉，变成单一背景。

（2）文字带有与文字填充色不同颜色的描边，要把描边去掉。

（3）汉字带有斜体的，要用PS的变形工具纠正为正常状态才能识别正确。

神龙

（4）文字连接在一起的，如右图中英文字体可以正确识别；而汉字部分，因为有连笔，可能就不是字体或者被变形过，而无法识别。

（5）文字边缘很不清晰，已经丢掉了细节信息，找出来的字体可能就无法匹配。最好描一下图中比较有特征的文字。

PowerPoint

（6）文字旋转后无法识别字体，要用图像软件旋转回水平位置。

○ **关于图片的优化建议**

（1）太大的图片，如果质量还不错，就最好缩小图片大小后再上传，这样可以提高上传和处理搜索的速度。

（2）如果图片中有好多文字，可以抓取其中某些字上传，不用整个图片上传。

（3）上传前尽量用抓图工具把没用的部分切掉，留下尽可能干净的文字部分。

2. 上字体网轻松识别字体

为了能让您更好、更快地找到所需的字体，需要您耗费一些时间对上传的图片进行预处理，可以使用Photoshop这样专业的绘图软件。

下面给大家演示一下，如何在线查找图片中的文字是什么字体。

这里演示图片如下，大家猜猜是什么字体。

智能交通

1 打开浏览器，在地址栏输入求字体网的网址，然后按【Enter】键，即可打开求字体网。

2 在【上传图片找字体】组中单击【浏览】按钮，弹出 打开(O) 对话框，找到演示图片所在的位置，单击选中演示图片。

3 单击【打开】按钮，即可将图片的具体位置信息添加到【浏览】文本框中。

4 单击 开始上传 按钮即可将图片上传，第一步上传图片的任务就操作完成了。

5 上传后会给出参考条件，一般如果字体轮廓比较清楚，计算机就会帮你识别出，就是第一类，只需要把识别出的字对应输入到下面的红框（如下图所示），然后单击 开始识别 按钮即可。

6 很快，系统就会给出模糊匹配的几种字体预览，很明显，演示图片是第一种字体"汉仪菱心体简"。

13.1.3 快速修改PPT字体

有时候，我们辛辛苦苦做好的PPT演示文稿需要修改字体，这时如果一张一张地去修改，工作量会很大。有没有快速修改字体的方法呢？其实用文字替换功能就能够轻松实现。

	本小节原始文件和最终效果所在位置如下。
原始文件	原始文件\第13章\绩效考核1.pptx
最终效果	最终效果\第13章\绩效考核1.pptx

本小节以将PPT中的宋体替换为微软雅黑为例，介绍如何快速修改PPT字体。

1 打开本实例的原始文件，将光标定位在第2页幻灯片中的正文文本中，切换到【开始】选项卡，在【字体】组中的【字体】文本框中显示当前文本的字体为【宋体】。

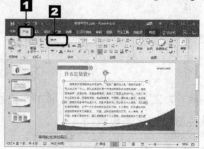

2 在【编辑】组中单击【替换】按钮右侧的下三角按钮，在弹出的下拉列表中选择【替换字体】选项。

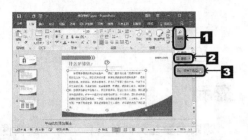

3 弹出【替换字体】对话框，在【替换】下拉列表中选择【宋体】选项，在【替换为】下拉列表中选择【微软雅黑】选项。

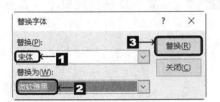

4 单击 替换(R) 按钮，随即【替换字体】对话框中的【替换】下拉列表中的【宋体】替换为【微软雅黑】，同时 替换(R) 按钮变为灰色。

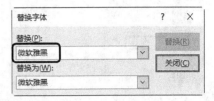

5 单击 关闭(C) 按钮，返回幻灯片，演示文稿中所有幻灯片中的宋体均被替换为微软雅黑。

13.1.4 保存PPT时嵌入字体

如果幻灯片中使用了系统自带字体以外的特殊字体，当把PPT文档保存之后发送到其他计算机上并浏览时，如果对方的计算机系统中没有安装这种特殊字体，那么这些文字将会失去原有的字体样式，并自动以系统中的默认字体样式来替代。如果用户希望幻灯片中所使用到的字体无论在哪里都能正常显示原有样式，可以使用嵌入字体的方式保存PPT文档。

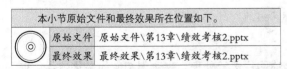

本小节以将PPT中的宋体替换为微软雅黑为例，介绍如何快速修改PPT字体。

1 打开本实例的原始文件，单击 文件 按钮。

2 在弹出的界面中选择【另存为】选项。

3 在弹出的【另存为】界面中单击【浏览】按钮 浏览 。

4 弹出【另存为】对话框，在【保存位置】下拉列表中选择合适的保存位置，然后单击 工具(L) ▼ 按钮，在弹出的下拉列表中选择【保存选项】选项。

5 弹出【PowerPoint选项】对话框，系统自动切换到【保存】选项卡，在【共享此演示文稿时保存保真度】组中选中【将字体嵌入文件】复选框。

提示

如果需要在其他计算机上继续编辑使用了特殊字体的文字，可以选中【嵌入所有字符】单选钮，但这一选项会使文件增大。

6 单击 确定 按钮，返回【另存为】对话框。

7 单击 保存(S) 按钮，将PPT文档保存即可。

13.2 图片处理技巧

用户可以通过对演示文稿的图片进行处理，来达到相应的美化效果，使幻灯片更加精美。

13.2.1 企业宣传片

PowerPoint 2016提供了多种图片特效功能，用户既可以直接应用图片样式，也可以通过调整图片颜色、裁剪、排列等方式，使图片更加绚丽多彩，给人以耳目一新之感。

	本小节原始文件和最终效果所在位置如下。
原始文件	原始文件\第13章\企业宣传片.pptx
最终效果	最终效果\第13章\企业宣传片01.pptx

1. 使用图片样式

PowerPoint 2016提供了多种类型的图片样式，用户可以根据需要选择合适的图片样式。使用图片样式美化图片的具体步骤如下。

1 打开本实例的原始文件，在左侧的幻灯片列表中选中第16张幻灯片，选中该幻灯片中的图片，切换到【图片工具】栏中的【格式】选项卡，在【图片样式】组中单击【快速样式】按钮，从弹出的下拉列表中选择【矩形投影】选项。

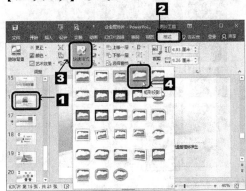

2 返回幻灯片，设置效果如图所示。

3 使用同样的方法，选中第2张幻灯片中的图片，切换到【图片工具】栏中的【格式】选项卡中，单击【图片样式】组中的【快速样式】按钮。

4 从弹出的下拉列表中选择【柔化边缘椭圆】选项。

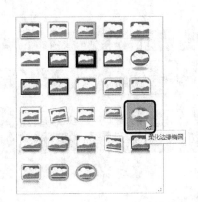

5 返回幻灯片，设置效果如图所示。

2. 调整图片效果

在PowerPoint 2016中，用户还可以对图片的颜色、亮度和对比度进行调整。

1 选中第16张幻灯片中的图片，切换到【图片工具】栏中的【格式】选项卡，在【调整】组中单击【颜色】按钮。

2 从弹出的下拉列表中选择【色温：5300K】选项。

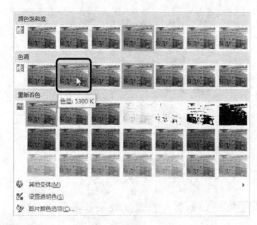

3 返回幻灯片，设置效果如图所示。

4 选中第16张幻灯片中的图片，切换到【图片工具】栏中的【格式】选项卡，在【调整】组中单击 更正 按钮。

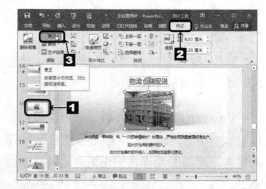

5 从弹出的下拉列表中选择【亮度：-20%,对比度：+40%】选项。

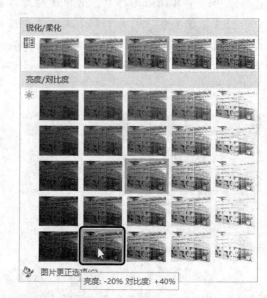

6 返回幻灯片，设置效果如图所示。

3. 裁剪图片

在编辑演示文稿时，用户可以根据需要将图片裁剪成各种形状。裁剪图片的具体步骤如下。

1 在左侧的幻灯片列表中选中第16张幻灯片，然后选中幻灯片中的图片，切换到【图片工具】栏中的【格式】选项卡，在【大小】组中单击【裁剪】按钮的下半部分按钮，从弹出的下拉列表中选择【裁剪】选项。

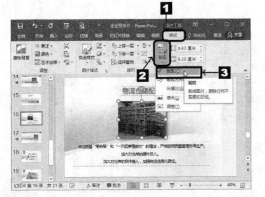

2 此时，图片进入裁剪状态，并出现8个裁剪边框。

3 选中任意一个裁剪边框，按住鼠标左键不放，上、下、左、右进行拖动即可对图片进行裁剪。

4 释放鼠标左键，在【大小】组中单击【裁剪】按钮的上半部分按钮，即可完成裁剪。

5 选中该图片，在【大小】组中单击【裁剪】按钮的下半部分按钮，从弹出的下拉列表中选择【裁剪为形状】➤【椭圆】选项。

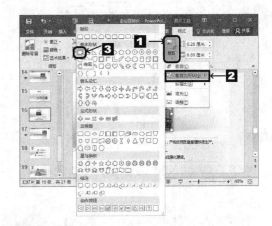

6 裁剪效果如图所示。

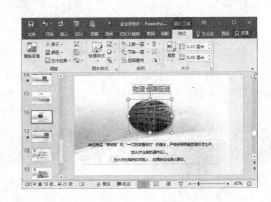

4. 排列图片

在PowerPoint 2016中，用户可以根据需要对图片进行图层上下移动、对齐方式设置、组合方式设置等多种排列操作。对图片进行操作的具体步骤如下。

1 选中第2张幻灯片，选中该幻灯片中需要调整位置的图片，切换到【图片工具】栏中的【格式】选项卡，在【排列】组中单击【对齐对象】按钮，从弹出的下拉列表中选择【垂直居中】选项。

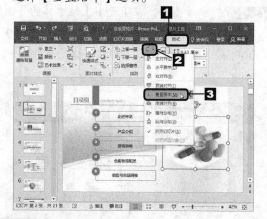

2 返回幻灯片，设置效果如图所示。

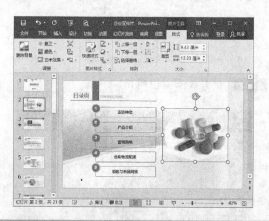

3 选中第16张幻灯片，按住【Shift】键同时选中此幻灯片中的图片、正文中的文本框和形状，切换到【图片工具】栏中的【格式】选项卡，在【排列】组中单击【组合对象】按钮，从弹出的下拉列表中选择【组合】选项。

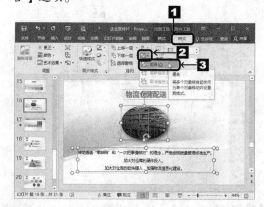

4 选中的内容就组成了一个新的整体对象。

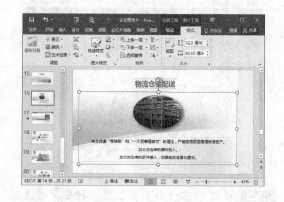

13.2.2 工作总结与工作计划

用户可以通过调整图片和编辑形状来使幻灯片增色。

本小节原始文件和最终效果所在位置如下。

◎	素材文件	素材文件\第13章\图片3.jpg
	原始文件	原始文件\第13章\工作总结与工作计划.pptx
	最终效果	最终效果\第13章\工作总结与工作计划01.pptx

1. 调整图片

调整图片的具体步骤如下。

1 打开本实例的原始文件，在左侧的幻灯片列表中选择要编辑的第2张幻灯片，单击【图片】按钮。

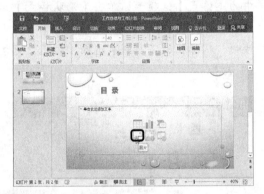

2 弹出【插入图片】对话框，在左侧选择图片的保存位置，然后从中选择素材文件"图片3.jpg"。

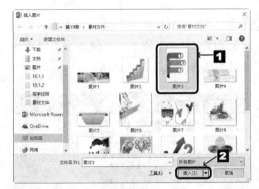

3 单击 插入(S) 按钮返回演示文稿窗口，然后调整图片的大小和位置，效果如图所示。

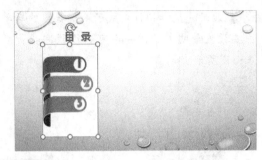

4 选中该图片，切换到【图片工具】栏中的【格式】选项卡，在【调整】组中单击 颜色 按钮。

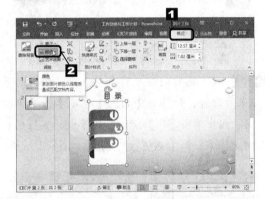

5 从弹出的下拉列表中选择【设置透明色】选项。

6 此时，鼠标指针变成了 形状，然后单击要设置透明色的图片即可。设置完毕，效果如图所示。

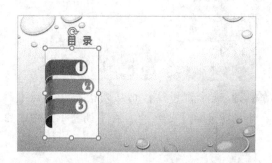

2. 编辑形状

在幻灯片中编辑形状的具体步骤如下。

1 在左侧的幻灯片列表中选择要编辑的第2张幻灯片，切换到【插入】选项卡，在【插图】组中单击 形状 按钮，从弹出的下拉列表中选择【矩形】选项。

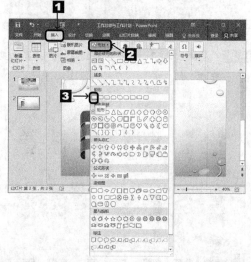

2 此时鼠标指针变为十形状，在合适的位置按住鼠标左键不放，拖动鼠标绘制一个矩形形状。

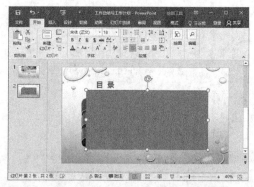

3 选中矩形形状，切换到【绘图工具】栏中的【格式】选项卡，单击【形状样式】组中的【形状填充】按钮 形状填充 右侧的下三角按钮，从弹出的下拉列表选择【白色，背景1】选项。

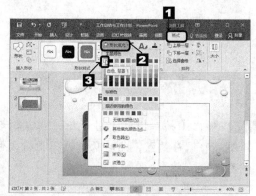

4 单击【形状样式】组中的【形状轮廓】按钮 形状轮廓 右侧的下三角按钮，从弹出的下拉列表选择【无轮廓】选项。

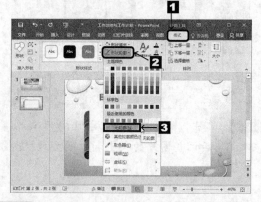

5 单击【形状样式】组中的【形状效果】按钮 形状效果 ，从弹出的下拉列表中选择【阴影】➤【向左偏移】选项。

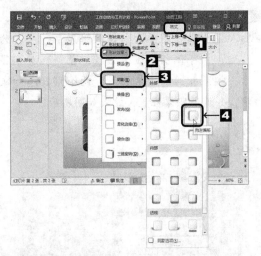

6 在【排列】组中单击 下移一层 按钮，调整矩形形状与图片的排列顺序。

7 设置效果如图所示。

8 按照相同的方法，在合适的位置插入并设置3个大小相同的矩形形状，效果如图所示。

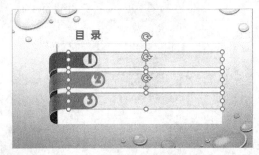

9 按住【Ctrl】键的同时选中这3个矩形形状，切换到【绘图工具】栏中的【格式】选项卡中，单击【排列】组中的【对齐对象】按钮，从弹出的下拉列表中选择【左对齐】选项，使这3个形状水平对齐。

10 再次单击【对齐对象】按钮，从弹出的下拉列表中选择【纵向分布】选项，使形状纵向之间的间隔相同，效果如图所示。

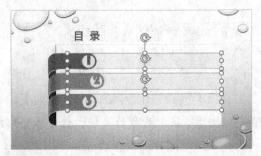

11 添加文字。选中第1个矩形形状，单击右键，从弹出的快捷菜单中选择【编辑文字】命令。

12 即可在形状上输入文字"年初目标"，输入完毕设置字体为"微软雅黑"，字号为"32"，字体颜色设置为"红色"，加粗显示，按照相同的方法为另外两个形状添加文字，并调整字体位置，效果如图所示。

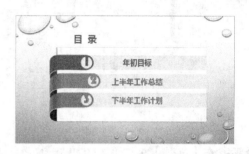

13.3 表格处理技巧

PowerPoint除了提供图片处理技巧之外，还为用户提供了相应的表格处理技巧。

13.3.1 美化表格

掌握好一定的表格处理技巧，可以减少幻灯片的枯燥与死板，达到美观、简洁的效果。

本小节原始文件和最终效果所在位置如下。	
原始文件	原始文件\第13章\工作总结与工作计划.pptx
最终效果	最终效果\第13章\工作总结与工作计划01.pptx

在幻灯片中美化表格的具体步骤如下。

1 打开本实例的原始文件，选中第1张幻灯片，切换到【插入】选项卡，在【表格】组中单击【表格】按钮，从弹出的下拉列表中选择【8×3表格】选项。

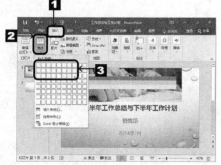

2 即可在第1张幻灯片中插入一个8列3行的表格，调整其大小和位置。

3 选中表格，切换到【表格工具】栏中的【设计】选项卡，在【绘图边框】组中的【笔画粗细】下拉列表中选择【3.0磅】选项，在【笔颜色】下拉列表中选择【白色，背景1，深色15%】选项，然后在【表格样式】组中单击【无框线】按钮田·右侧的下三角按钮·，从弹出的下拉列表中选择【所有框线】选项。

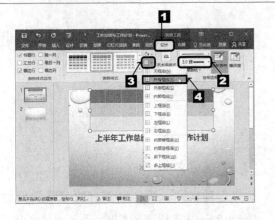

4 在【表格样式】组中单击【底纹】按钮 右侧的下三角按钮，从弹出的下拉列表中选择【无填充颜色】选项，表格的设置效果如图所示。

13.3.2 快速导入表格

有时需要在PPT中插入一些表格，以方便我们的陈述并使思路清晰。在PPT中导入Excel表格最常用的方法就是复制粘贴，但是在粘贴的过程中会有多种不同的粘贴方式。

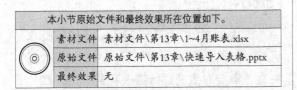

将Excel中的表格粘贴到PPT中的方式主要有5种：①使用目标样式；②保留源格式；③嵌入；④图片；⑤只保留文本。

◎ 使用目标样式

这种粘贴方式会把原始表格转换成PowerPoint中所使用的表格，并且自动套用幻灯片主题中的字体和颜色设置。这种粘贴方式是PowerPoint中默认的粘贴方式。

行编辑和修改。如果不希望粘贴到幻灯片中的表格数据发生变更，可以采用这种方式。

○ 保留源格式

这种粘贴方式会把原始表格转换成PowerPoint中所使用的表格，但同时会保留原始表格在Excel中所设置的字体、颜色、线条等格式。

○ 只保留文本

这种粘贴方式会把原有的表格转换成PowerPoint中的段落文本框，不同列之间由占位符间隔，其中的文字格式自动套用幻灯片所使用的主题字体。

○ 嵌入

嵌入式的表格在外观上和保留源格式方式所粘贴的表格没有太大的区别，但是从对象类型上来说，嵌入式的表格完全不同于PowerPoint中的表格对象。最显著的区别之一就是双击嵌入式表格时，会进入到内置的Excel编辑环境中，可以像在Excel中编辑表格那样对表格进行操作，包括使用函数公式等。

提示

使用以上5种方式粘贴到幻灯片中的表格，都与原始的Excel文档不再存在数据上的关联，需要对数据进行修改和更新时（图片方式无法修改数据），都仅在PowerPoint环境下完成操作。

○ 图片

这种粘贴方式会在幻灯片中生成一张图片，图片所显示的内容与源文件中的表格外观完全一致，但是其中的文字内容无法再进

第4篇

综合应用案例

本篇通过Word应用案例、Excel应用案例、PPT设计案例，分别介绍Word、Excel和PPT的综合应用。

第14章

Office 2016组件之间的协作

在使用比较频繁的办公软件中，Word、Excel和PowerPoint之间的资源是可以相互调用的，这样可以快速实现资源共享和高效办公。

14.1 Word与Excel之间的协作

在Office系列软件中，Word与Excel之间经常进行资源共享和信息调用接下来介绍在Word 2016中创建和调用电子表格的方法。

14.1.1 在Word中创建Excel工作表

在Word 2016中创建Excel工作表，这样就不用在两个软件中来回切换了。

在Word 2016中创建Excel工作表的具体步骤如下。

1 在Word文档窗口中，切换到【插入】选项卡，单击【表格】组的【表格】按钮▦，在弹出的下拉列表中选择【Excel 电子表格】选项即可。

2 此时，即可插入一张Excel工作表。

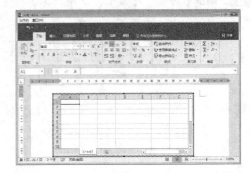

14.1.2 在Word中调用Excel工作表

在Word中还可以调用Excel工作表，然后编辑数据。

本小节原始文件和最终效果所在位置如下。	
素材文件	素材文件\第14章\平滑折线.xlsx
原始文件	原始文件\第14章\调用工作表01.pptx
最终效果	最终效果\第14章\调用工作表02.pptx

在Word 2016中调用Excel工作表的具体步骤如下。

1 打开本实例的原始文件，切换到【插入】选项卡，单击【文本】组中的▭对象▾按钮右侧的下三角按钮▾，然后在弹出的下拉列表中选择【对象】选项。

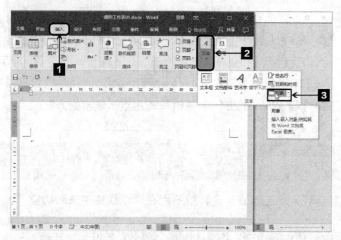

2 弹出【对象】对话框，切换到【由文件创建】选项卡，然后单击 浏览(B)... 按钮。

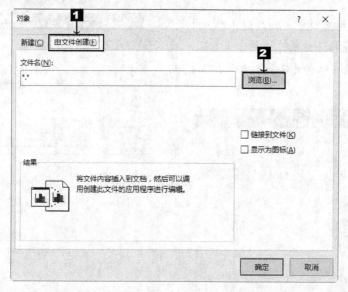

3 弹出【浏览】对话框，从中选择要插入的对象，在这里选择"平滑折线.xlsx"素材文件即可。

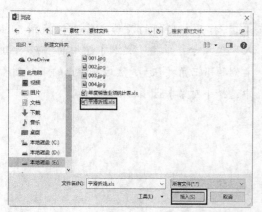

4 选择完毕，单击 插入(S) 按钮，返回【对象】对话框。

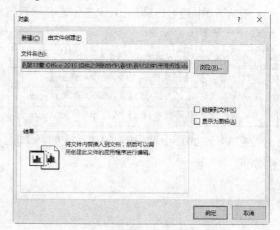

5 单击 确定 按钮，即可将工作表插入到 Word文档中。

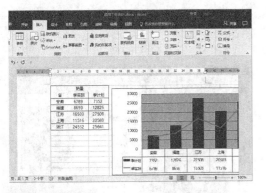

6 双击该工作表，即可对该工作表进行编辑了。

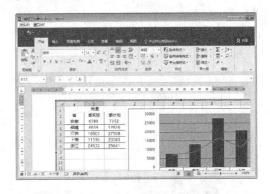

14.2 Word与PowerPoint之间的协作

Word与PowerPoint之间的资源共享不是很常用，但偶尔也需要在Word中调用演示文稿。

14.2.1 在Word中插入演示文稿

用户可以将PowerPoint演示文稿插入到Word文档中，然后进行编辑或放映。

本小节原始文件和最终效果所在位置如下。

素材文件	素材文件\第14章\市场分析.pptx
原始文件	原始文件\第14章\调用幻灯片01.docx
最终效果	最终效果\第14章\调用幻灯片02.docx

1. 插入演示文稿

在Word中插入演示文稿的具体步骤如下。

1 打开本小节的原始文件，切换到【插入】选项卡，单击【文本】组中的 对象 按钮右侧的下三角按钮 ，然后从弹出的下拉列表中选择【对象】选项。

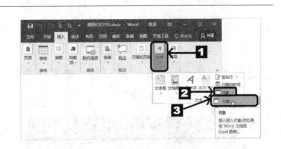

2 弹出【对象】对话框，切换到【由文件创建】选项卡，然后单击 浏览(B)... 按钮。

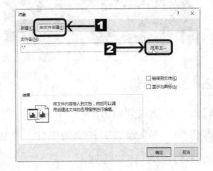

3 弹出【浏览】对话框，从中选择要插入的对象，这里选择"市场分析.pptx"素材文件。

4 选择完毕，单击 插入(S) 按钮，返回【对象】对话框。

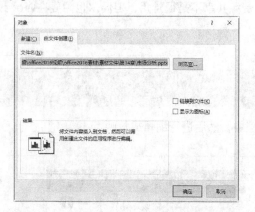

5 单击 确定 按钮，即可将演示文稿中的幻灯片插入到Word文档中。

2. 编辑幻灯片

将幻灯片插入到Word文档中之后，用户就可以将其当作一个对象进行编辑操作。在Word中编辑幻灯片的具体步骤如下。

1 打开本小节的原始文件，在插入的幻灯片上单击鼠标右键，从弹出的快捷菜单中选择【"Presentation"对象】➤【显示】菜单项。

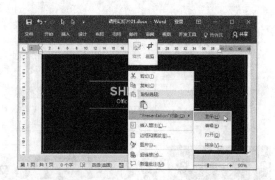

2 此时，即可进入幻灯片放映状态，单击鼠标左键即可浏览下一张幻灯片。浏览完毕按下【Esc】键退出即可。

3 在插入的幻灯片上单击鼠标右键，从弹出的快捷菜单中选择【"Presentation"对象】➤【编辑】菜单项。

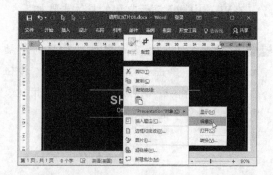

4 弹出PowerPoint程序窗口，并进入该演示文稿的编辑状态。编辑完毕，单击文档中的空白区域即可退出编辑状态。

5 在插入的幻灯片上单击鼠标右键，从弹出的快捷菜单中选择【边框和底纹】菜单项。

6 弹出【边框】对话框，切换到【边框】选项卡，在【设置】组合框中选择【三维】选项，从【样式】列表框中选择边框样式，然后分别从【颜色】和【宽度】下拉列表框中选择边框的颜色和宽度。

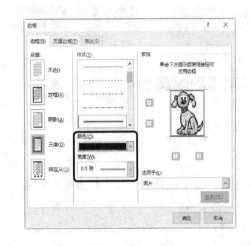

7 设置完毕，单击 确定 按钮即可。

14.2.2 在Word中调用单张幻灯片

在Word中调用单张幻灯片的方法非常简单，直接复制和粘贴幻灯片即可。

本小节原始文件和最终效果所在位置如下。		
	素材文件	素材文件\第14章\市场分析.pptx
	原始文件	原始文件\第14章\调用幻灯片02.docx
	最终效果	最终效果\第14章\调用幻灯片03.docx

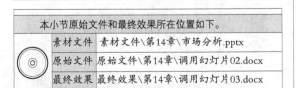

1 打开本实例的素材文件"市场分析.pptx"，选中第6张幻灯片，单击鼠标右键，在弹出的快捷菜单中选择【复制】菜单项。

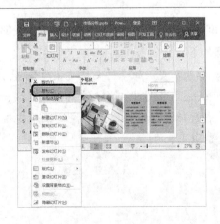

2 在Word文档中，切换到【开始】选项卡，在【剪贴板】组中单击【粘贴】按钮下方的下拉按钮粘贴，在弹出的下拉列表中选择【选择性粘贴】选项。

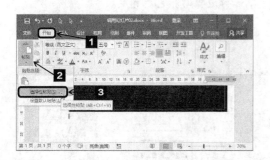

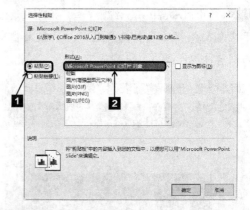

4 单击 确定 按钮，此时即可将第6张幻灯片以图片的形式插入到Word文档中。

3 弹出【选择性粘贴】对话框，然后选中【粘贴】单选钮，在【形式】列表框中选择【Microsoft PowerPoint 幻灯片 对象】选项。

14.3 Excel与PowerPoint之间的协作

Excel与PowerPoint之间也可以进行信息调用，用户可以根据需要在PowerPoint中调用Excel工作表或图表。

14.3.1 在PowerPoint中调用Excel工作表

用户可以将制作完成的工作表调用到PowerPoint中进行放映，这样可以为讲解演示文稿省去许多麻烦了。

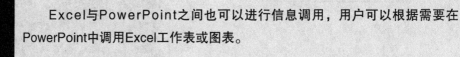

在PowerPoint 2016中调用Excel工作表的具体步骤如下。

1 打开本实例的素材文件"年度销售业绩统计表.xlsx"，选中工作表中的数据区域，然后单击鼠标右键，在弹出的快捷菜单中选择【复制】菜单项。

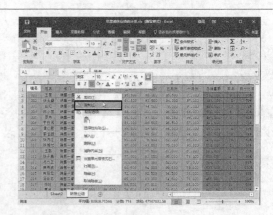

2 在PowerPoint窗口中，切换到【开始】选项卡，在【剪贴板】组中单击【粘贴】按钮 下方的下拉按钮 ，在弹出的下拉列表中选择一个粘贴选项。例如，选择【保留源格式】选项即可。

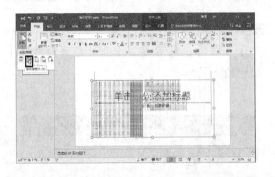

3 此时，即可将选中的单元格区域以数据表的形式粘贴在幻灯片中。

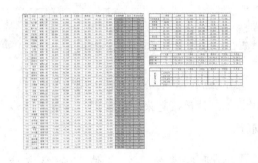

14.3.2 在PowerPoint中调用Excel图表

用户也可以在PowerPoint 2016中调用Excel图表。

在PowerPoint 2016中调用Excel工作表的具体步骤如下。

1 打开本实例的素材文件"平滑折线.xlsx"，选中工作表中的数据区域，然后单击鼠标右键，在弹出的快捷菜单中选择【复制】菜单项即可。

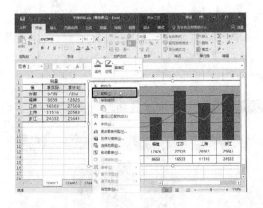

2 在PowerPoint窗口中，将光标定位在幻灯片中，然后按下【Ctrl】+【V】组合键，此时即可将图表粘贴在幻灯片中。

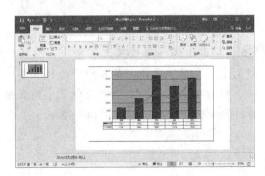

高手过招

链接幻灯片

为了在放映时能够很方便地浏览幻灯片，可以将幻灯片链接起来。链接幻灯片的具体步骤如下。

1 打开本章的素材文件"企业宣传片.pptx"，选中第2张幻灯片，选中第4个目录条，然后单击右键，从弹出的快捷菜单中选择【超链接】菜单项。

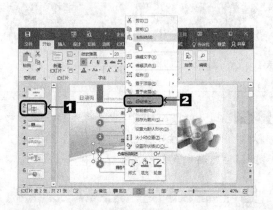

2 弹出【插入超链接】对话框，在【链接到】列表框中选择【本文档中的位置】选项，然后在【请选择文档中的位置】列表框中选择要链接到的幻灯片"14. 第四部分"选项。

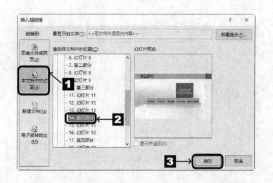

3 单击 确定 按钮。切换到【幻灯片放映】选项卡，然后单击【开始放映幻灯片】组中的 按钮。

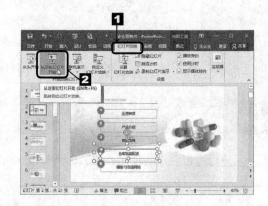

4 此时，即可从当前幻灯片开始放映，将鼠标指针移动到设置了超链接的图片上，鼠标指针将变成 形状。

5 单击该图片即可链接到第14张幻灯片。

第15章

Word应用案例 ——
综合应用案例

对于Word的应用，很多人都只是将其作为一种文字编辑工具，其实Word的功能很强大，使用Word中的表格应用和图文混排可以制作出很多漂亮的表单，如个人简历、宣传单等。

光盘链接

关于本章的知识，本书配套教学光盘中有相关的多媒体教学视频，请读者参见光盘中的【Word 2016的高级应用\Word应用案例】。

15.1 宣传单的片头

通常我们会认为对于一些宣传单的设计必须使用很专业的设计软件，例如：AI、PS等。其实使用Office自带的Word就可以完成宣传单的制作。

15.1.1 设计页面背景

Word文档默认使用的页面背景颜色一般为白色，而白色页面会显得比较单调，此处我们应该考虑背景颜色与宣传单整体的搭配效果，综合考虑更改一下页面的背景颜色。

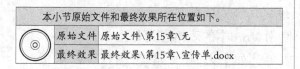

由于我们本节制作的是一份麻辣香锅的宣传单，本身美食的色彩就比较靓丽、浓重，若背景的颜色再选择靓丽的颜色就会显得比较杂乱，所以此处我们选择了淡灰色，使页面整体淡雅而不单调。具体操作步骤如下。

1 新建一个空白Word文档，并将其重命名为"宣传单.docx"。

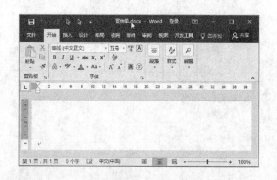

2 切换到【设计】选项卡，在【页面背景】组中单击【页面颜色】按钮 📄，在弹出的下拉列表中的【主题颜色】库中选择一种合适的灰色即可。

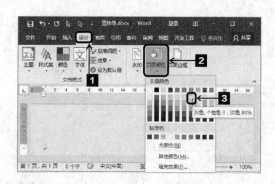

3 如果用户对颜色要求比较高，也可以在弹出的下拉列表中选择【其他颜色】选项。

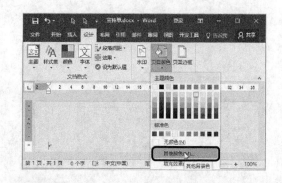

4 随即弹出【颜色】对话框，切换到【自定义】选项卡，在【颜色模式】下拉列表中选择【RGB】选项，然后通过调整【红色】、【绿色】、【蓝色】微调框中的数值来选择合适的颜色，此处【红色】、【绿色】、【蓝色】微调框中的数值分别设置为【234】、【235】、【235】。

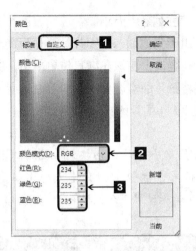

5 设置完毕，用户可以在右下角的小框中预览设定颜色的效果。若对颜色效果满意，单击 确定 按钮，返回Word文档，即可看到文档的页面背景效果。

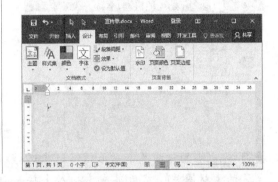

15.1.2 设置宣传单单头

美食图片是最能给人以视觉冲击的，所以在宣传单中插入一张让人充满食欲的美食图片是必不可少的。本小节我们就来介绍为宣传单插入单头图片的方法。

本小节原始文件和最终效果所在位置如下。	
素材文件	素材文件\第15章\01.png
原始文件	原始文件\第15章\宣传单1.docx
最终效果	最终效果\第15章\宣传单1.docx

所以我们可以先将拍摄好的美食图片在PS中进行简单处理，为图片添加一个简单的笔触效果，这样就可以使图片和文字的衔接显得更自然。

1. 插入单头图片

通常我们正常拍摄的图片都是方形的，方形图片与文字直接衔接往往会比较突兀（如下图所示）。

○ 插入图片

插入宣传单单头图片的具体操作步骤如下。

1 打开本实例的原始文件，切换到【插入】选项卡，在【插图】组中单击【图片】按钮。

2 弹出【插入图片】对话框，从中选择合适的素材图片，然后单击【插入】按钮。

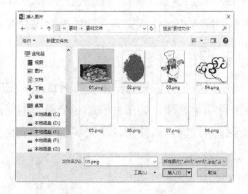

3 返回Word文档，即可看到选中的素材图片已经插入到Word文档中。

○ 更改图片大小

由于我们插入的图片是要作为宣传单单头的，在宽度上应该充满宣传单单头，所以我们需要将图片的宽度更改为与页面宽度一致。更改图片大小的具体操作步骤如下。

1 选中图片，切换到【图片工具】栏的【格式】选项卡，在【大小】组中的【宽度】微调框中输入"21厘米"。

2 即可看到图片的宽度调整为21厘米，高度也会等比例增大，这是因为系统默认图片是锁定纵横比的。

○ 调整图片位置

为什么要调整图片位置的原因前面已经详细讲解过，这里就不再赘述。

设置图片环绕方式和调整图片位置的具体操作步骤如下。

1 首先设置图片的环绕方式。选中图片，切换到【图片工具】栏的【格式】选项卡，在【排列】组中，单击【环绕文字】按钮，在弹出的下拉列表中选择【衬于文字下方】选项。

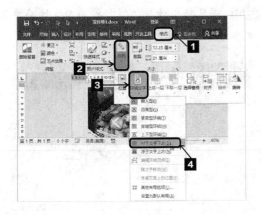

2 设置好环绕方式后就可以设置图片的位置了，为了使图片的位置更精确，我们使用对齐方式来调整图片位置。切换到【图片工具】栏的【格式】选项卡，在【排列】组中，单击【对齐】按钮，在弹出的下拉列表中选择【对齐页面】选项，使【对齐页面】选项前面出现一个对勾。

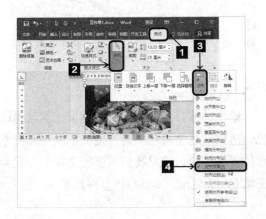

3 再次单击按钮，在弹出的下拉列表中选择【左对齐】选项。

4 即可使图片相对于页面左对齐，效果如图所示。

5 设置图片相对于页面顶端对齐。单击按钮，在弹出的下拉列表中选择【顶端对齐】选项。

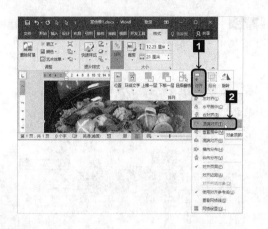

6 即可使图片相对于页面顶端对齐，效果如图所示。

2. 设计宣传单单头文本

虽然Word 2016中系统提供有艺术字效果，但是系统自带的艺术字效果并不一定与我们需要的文字效果相符，这种情况下，我们可以插入一个文本框，然后对插入的文本设置文本效果。

○ 绘制文本框

1 切换到【插入】选项卡，在【文本】组中单击【文本框】按钮，在弹出的下拉列表中心选择【绘制文本框】选项。

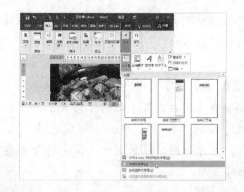

2 将鼠标指针移动到需要插入宣传单单头文本的位置，此时鼠标指针呈━形状。

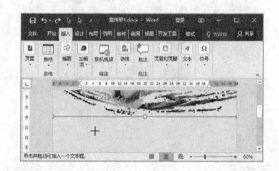

3 按住鼠标左键不放，拖动鼠标，即可绘制一个横排文本框，绘制完毕，释放鼠标左键即可。

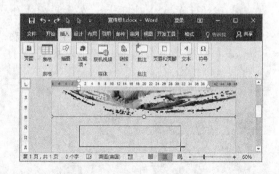

○ 设置文本框

绘制的横排文本框默认底纹填充颜色为白色，边框颜色为黑色。为了使文本框与宣传单整体更加契合，这里我们需要将文本框设置为无填充、无轮廓，具体操作步骤如下。

1 选中绘制的文本框，切换到【绘图工具】栏的【格式】选项卡，在【形状样式】组中单击【形状填充】按钮右侧的下三角按钮，在弹出的下拉列表中选择【无填充颜色】。

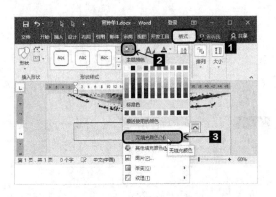

2 在【形状样式】组中单击【形状轮廓】按钮右侧的下三角按钮，在弹出的下拉列表中选择【无轮廓】。

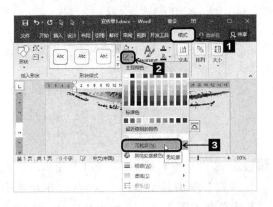

3 返回Word文档，即可看到绘制的文本框已经设置为无填充、无轮廓。

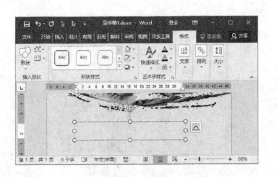

◎ 输入文本框内容

设置好文本框格式后，接下来就可以在文本框中输入内容，并设置文本框中内容的字体和段落格式。

由于单头图片的颜色偏红偏黑，所以这里的单头文本我们选用红色到黑色的渐变填充，同时，为了避免文本显得暗沉，我们可以为文本添加一个白色的轮廓。

1 在文本框中输入宣传单单头文本"麻辣香锅"。

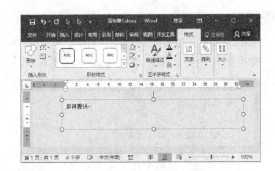

2 选中输入的文本，切换到【开始】选项卡，单击【字体】组右下角的【对话框启动器】按钮。

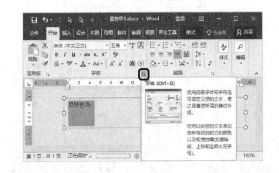

3 弹出【字体】对话框，切换到【字体】选项卡，在【中文字体】下拉列表中选择【华文行楷】选项，在【字形】列表框中选择【加粗】选项，在【字号】文本框中输入"115"，即可将选中文本设置为华文行楷、加粗、115号字。

6 按照相同的方法，再删除一个渐变光圈，使渐变光圈轴上只保留两个停止点。

4 接下来设置文本的渐变填充和文本轮廓颜色。单击 文字效果(E)... 按钮，弹出【设置文本效果格式】对话框，单击【文本填充轮廓】按钮 A，在【文本填充】组中选中【渐变填充】单选钮。

7 选中渐变光圈轴上的第1个停止点，在【位置】微调框中输入"0%"，然后单击【填充颜色】按钮，在弹出的下拉列表中选择【其他颜色】选项。

5 系统默认的渐变光圈轴上有4个停止点，我们可以选中其中一个停止点，单击【删除渐变光圈】按钮 ，即可将选中的渐变光圈删除。

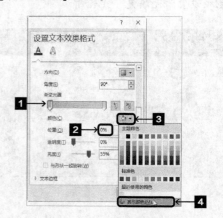

8 随即弹出【颜色】对话框，切换到【自定义】选项卡，在【颜色模式】下拉列表中选择【RGB】选项，然后通过调整【红色】、【绿色】、【蓝色】微调框中的数值来选择合适的颜色，此处【红色】、【绿色】、【蓝色】微调框中的数值分别设置为【226】、【0】、【0】。

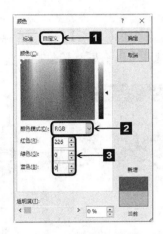

9 设置完毕，单击 确定 按钮，返回【设置文本效果格式】对话框，再选中渐变光圈轴上的第2个停止点，在【位置】微调框中输入【100%】，单击【填充颜色】按钮，在弹出的下拉列表中选择【主题颜色】➢【黑色，文字1，淡色15%】选项。

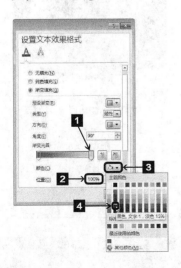

10 在【文本边框】组中选中【实线】单选钮，在【宽度】微调框中输入【4.5磅】，然后单击【轮廓颜色】按钮 ，在弹出的下拉列表中选择【白色，背景1】选项。

11 设置完毕，单击 确定 按钮，返回【字体】对话框，切换到【高级】选项卡，在【字符间距】组合框中的【间距】下拉列表中选择【紧缩】选项，然后在其后面的【磅值】微调框中输入"3磅"。

12 设置完毕，单击 确定 按钮，返回Word文档，根据文本的大小适当调整文本框的大小。

13 文本框中默认文字的对齐方式为两端对齐，这种情况下不好界定文本相对于页面的位置，所以我们可以将文字的对齐方式设定为居中对齐。选中文本，在【段落】组中单击【居中】按钮，即可将文本相对于文本框居中对齐。

15 再次单击【对齐】按钮，在弹出的下拉列表中选择【水平居中】选项。

14 接下来我们只需要将文本框相对于页面水平居中，文本也就相对于页面水平居中了。切换到【绘图工具】栏的【格式】选项卡，在【排列】组中单击【对齐】按钮，在弹出的下拉列表中选择【对齐页面】选项，使【对齐页面】选项前面出现一个对勾。

16 返回 Word 文档，即可看到"麻辣香锅"文本相对于页面居中对齐，用户可以通过键盘上的上下键，适当调整文本在页面中的上下位置。

15.1.3 宣传单主体

宣传单的主体内容应该就是能体现店铺特色，吸引顾客进店消费。

	本小节原始文件和最终效果所在位置如下。
素材文件	素材文件\第15章\02.png~04.png
原始文件	原始文件\第15章\宣传单2.docx
最终效果	最终效果\第15章\宣传单2.docx

1. 插入文本框

首先我们需要在页面中输入文本"特色"，来引导顾客。而单纯的输入文本又会显得比较枯燥，所以我们此处可以为特色文本添加一个与整体配色相搭配的底图，例如选择一个红手印。

○ **插入底图**

1 打开本实例的原始文件，切换到【插入】选项卡，在【插图】组中单击【图片】按钮。

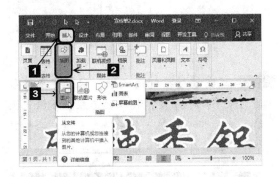

2 弹出【插入图片】对话框，从中选择合适的素材图片，然后单击 插入(S) ▼ 按钮。

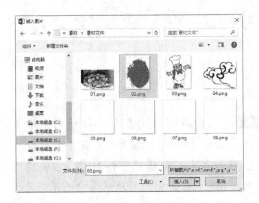

3 返回Word文档，即可看到选中的素材图片已经插入到Word文档中。

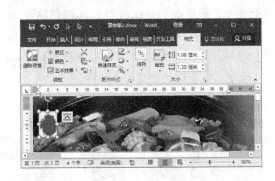

4 插入红手印后，我们同样需要先调整红手印的环绕方式，然后调整红手印的位置。选中红手印图片，单击图片右侧的【布局选项】按钮，在弹出的下拉列表中选择【衬于文字下方】选项。

5 将红手印移动到页面中的合适位置。

6 此时用户可以发现我们插入的红手印的图片有白色底纹，无法很好地跟宣传单页面契合，所以我们应该将白色底纹删除。切换到【图片工具】栏的【格式】选项卡，在【调整】组中单击颜色按钮，在弹出的下拉列表中选择【设置透明色】选项。

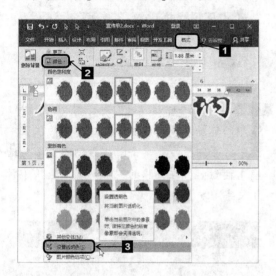

7 此时，鼠标指针呈形状，将鼠标指针移动到红手印图片的白色底纹处，单击鼠标左键，即可将白色底纹删除。

○ 绘制竖排文本框

设置好红手印的位置后，我们就可以在红手印上面通过插入一个竖排文本框输入文本了。此处，我们之所以选择竖排文本框，是因为红手印为纵向图片，使用竖排文本框，可以使文字方向与图片方向一致。

1 切换到【插入】选项卡，在【文本】组中单击【文本框】按钮，在弹出的下拉列表中选择【绘制竖排文本框】选项。

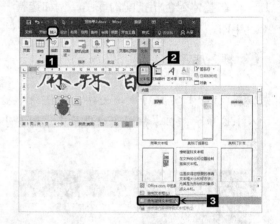

2 随即鼠标指针变成十形状，将鼠标移动到涂平红手印处，按住鼠标左键不放，拖动鼠标，即可绘制一个竖排文本框，绘制完毕，释放鼠标左键即可。

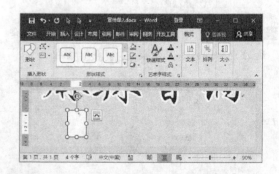

3 选中绘制的文本框，切换到【绘图工具】栏的【格式】选项卡，在【形状样式】组中单击【形状填充】按钮右侧的下三角按钮，在弹出的下拉列表中选择【无填充颜色】。

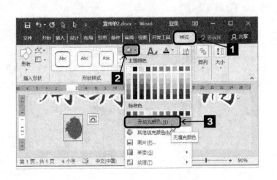

4 在【形状样式】组中单击【形状轮廓】按钮![]右侧的下三角按钮![]，在弹出的下拉列表中选择【无轮廓】。

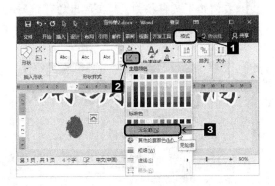

5 返回Word文档，即可看到绘制的文本框已经设置为无填充、无轮廓。

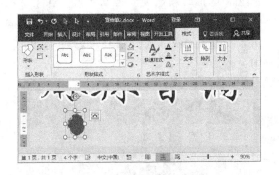

6 在竖排文本框中输入文本"特色"，并将其设置为方正黑体简体、小二、白色。

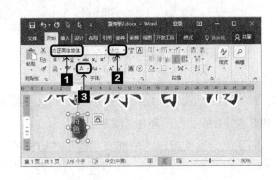

7 通过键盘上的方向键，移动竖排文本框的位置，使"特色"文本正好位于红手印图片上。

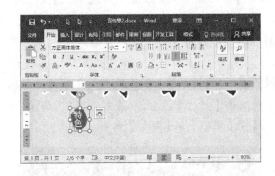

8 接下来我们就可以输入店铺特色的内容了。这里我们主要是通过横排文本框来插入代表店铺特色的主要内容。由于店铺特色我们分成3部分来展现，所以我们可以通过3个文本框，来呈现这3部分的特色内容。前面已经介绍过插入横排文本框的方法，这里不再赘述，最终效果如图所示。

2. 为文字添加边框

宣传单中的代表店铺特色的内容输入设置完成后，我们可以看到这部分内容全是文字，略显单调。此处，我们可以通过给中间文本框中的"鲜香味美"文本添加文字边框。

系统为我们提供的添加文字边框的方式有两种，一种是字符边框，一种是带圈字符。但是这两种方式为文字添加的边框默认都是黑色的，而文字本身又是黑色，再加上黑色的边框就会显得比较压抑。所以此处我们就不便使用系统自带的添加文字边框的方式为文字添加边框了，而是通过插入形状来为文字添加边框。具体操作步骤如下。

1 切换到【插入】选项卡，在【插图】组中单击【形状】按钮，在弹出的下拉列表中选择【矩形】▶【矩形】选项。

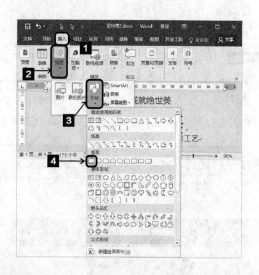

2 随即鼠标指针变成十字形状，将鼠标指针移动到文本"鲜"处，按住【Shift】键的同时，按住鼠标左键不放，拖动鼠标，即可绘制一个正方形，绘制完毕，释放鼠标左键即可。

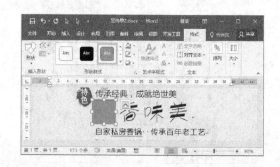

3 此处绘制正方形是作为文本边框的，所以应该将其设置为无填充颜色。选中矩形，切换到【绘图工具】栏的【格式】选项卡，在【形状样式】组中单击【形状填充】按钮右侧的下三角按钮，在弹出的下拉列表中选择【无填充颜色】。

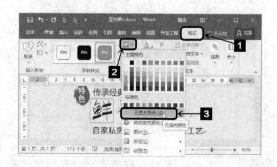

4 宣传单整体颜色为偏红色，所以此处我们也将边框的颜色设置为红色系。在【形状样式】组中单击【形状轮廓】按钮右侧的下三角按钮，在弹出的下拉列表中选择【无轮廓】。

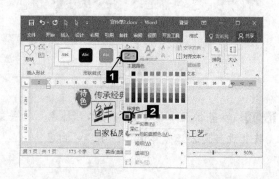

5 接下来设置边框的粗细。单击【形状轮廓】按钮 ✏️ 右侧的下三角按钮 ▾，在弹出的下拉列表中选择【粗细】➤【1.5磅】选项。

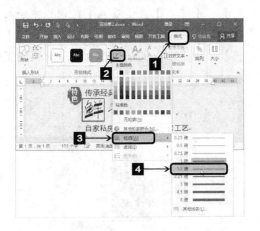

6 返回Word文档，适当地调整矩形的大小和位置，并复制3个相同的矩形，依次移动到文字"香""美""味"上，最终效果如图所示。

7 为了增加宣传单中特色部分的趣味性，我们还可以为其添加几张图片，效果如图所示。

15.1.4 设置宣传单的辅助信息

制作宣传单的目的，就是增加宣传力度，吸引顾客前来消费，所以说宣传单中的联系方式和地址是至关重要的内容。

本小节原始文件和最终效果所在位置如下。	
素材文件	素材文件\第15章\05.png~08.png
原始文件	原始文件\第15章\宣传单3.docx
最终效果	最终效果\第15章\宣传单3.docx

1. 设计宣传单的联系方式和地址

为了突出宣传单中的这部分内容，我们可以为这部分内容添加一个底纹。由于宣传单中整体色系为黑色和红色，所以此处的底纹设置我们也选用黑色和红色的搭配。具体操作步骤如下。

1 切换到【插入】选项卡，在【插图】组中单击【形状】按钮，在弹出的下拉列表中选择【矩形】➤【矩形】选项。

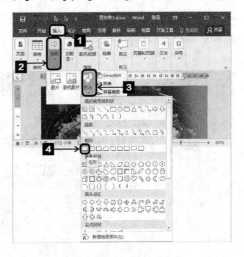

2 随即鼠标指针变成┼随形状，将鼠标指针移动到描述美食特色的文本下方，按住鼠标左键不放，拖动鼠标，即可绘制一个矩形，绘制完毕，释放鼠标左键即可。

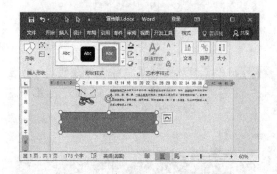

3 选中绘制的矩形，切换到【绘图工具】栏的【格式】选项卡，在【大小】组中的【宽度】微调框中输入"21厘米"，使矩形的宽度为与页面宽度一致。

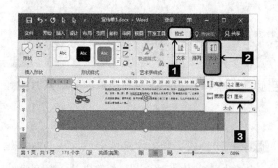

4 在【形状样式】组中单击【形状填充】按钮右侧的下三角按钮，在弹出的下拉列表中选择【无填充颜色】。

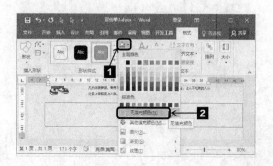

5 随即弹出【颜色】对话框，切换到【自定义】选项卡，在【颜色模式】下拉列表中选择【RGB】选项，然后通过调整【红色】、【绿色】、【蓝色】微调框中的数值来选择合适的颜色，此处【红色】、【绿色】、【蓝色】微调框中的数值分别设置为【146】、【0】、【0】。

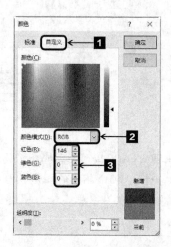

6 设置完毕，单击 确定 按钮，在【形状样式】组中单击【形状轮廓】按钮右侧的下三角按钮，在弹出的下拉列表中选择【无轮廓】选项。

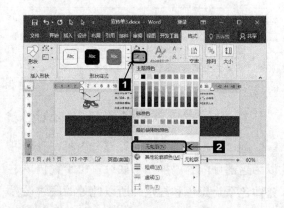

7 通过复制粘贴功能，在宣传单中再复制一个矩形，并将其填充颜色更改为"黑色"，然后适当调整黑色矩形的高度，使其高度小于红色矩形，效果如图所示。

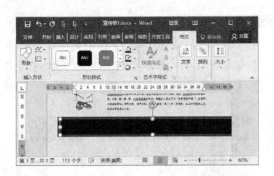

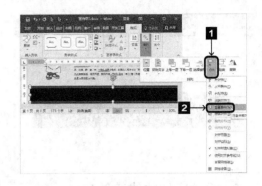

8 由于绘制的两个矩形我们是想将其搭配作为底纹的，所以，我们需要将其组合为一个整体。在组合之前，首先要将两个矩形对齐。选中绘制的两个矩形，切换到【绘图工具】栏的【格式】选项卡，在【排列】组中单击【对齐】按钮，在弹出的下拉列表中选择【对齐所选对象】选项，使【对齐所选对象】选项前面出现一个对勾。

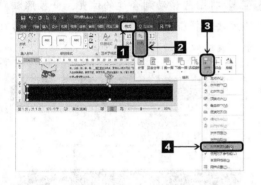

11 在【排列】组中单击【组合】按钮，在弹出的下拉列表中选择【组合】选项。

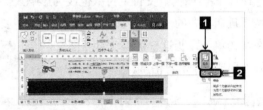

12 即可将两个矩形组合为一个整体。选中组合后的图形，在【排列】组中单击【对齐】按钮，在弹出的下拉列表中选择【水平居中】选项，使组合图形相对页面左右居中对齐。

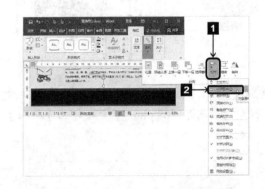

9 再次单击【对齐】按钮，在弹出的下拉列表中选择【左对齐】选项，使两个矩形左对齐。

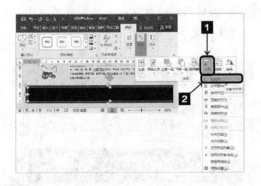

13 通过键盘上的上下方向键，适当调整组合图形在页面中的上下位置，调整好后，通过文本框在绘制的底纹之上输入店铺的联系方式和地址，为了突出电话，这里可以将电话号码字号调大，并在电话前面添加一个电话的图标，最终效果如图所示。

10 接着再次单击【对齐】按钮，在弹出的下拉列表中选择【垂直居中】选项。

2. 设计店铺的优势信息

现在是网络时代，所以说店铺中有无WIFI，能否微信、支付宝付款也成为影响人们是否进店消费的一个重要因素。所以我们需要在宣传单中写明这一优势信息。图文结合，更好地展现这一优势信息。

1 插入图标。切换到【插入】选项卡，在【插图】组中单击【图片】按钮。

2 弹出【插入图片】对话框，从中选择合适的素材图片"08.png"，然后单击【插入】按钮。

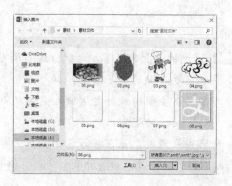

3 返回Word文档，即可看到选中的素材图片已经插入到Word文档中。单击图片右侧的【布局选项】按钮，在弹出的下拉列表中选择【浮于文字上方】选项。

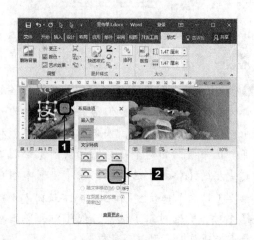

4 将图片移动到合适的位置，并按照相同的方法，将微信和WIFI的图片插入到宣传片中，最终效果如图所示。

5 按照前面的方法，在插入的图片下方输入对应的文字。

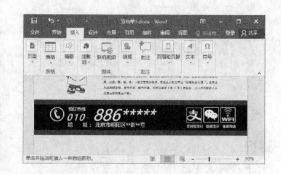

6 由于在底纹上我们写了联系信息和优势信息两部分内容，为了更明确区分两部分内容，我们可以为联系信息的内容添加一个中括号。切换到【插入】选项卡，在【插图】组中单击【形状】按钮，在弹出的下拉列表中选择【基本形状】➤【左中括号】选项。

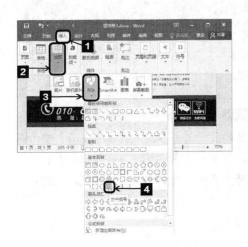

7 随即鼠标指针变成十形状，将鼠标指针移动到合适的位置，按住鼠标左键不放，拖动鼠标，即可绘制一个合适大小的左中括号，绘制完毕，释放鼠标左键即可。

8 适当调整中括号的边框颜色和粗细。

9 按照相同的方法，再绘制一个右中括号，并设置其边框颜色和粗细。

3. 统筹整个宣传单布局

最后统筹一下整个宣传单的布局，宣传单的顶端是没有留白的，左右留白空间也比较小，而宣传单底端目前的留白是比较大的，这样就会显得整体不是很协调，所以我们可以在底端插入一个跟饮食有关的图片，来缩小底端的留白空间。效果如图所示。

15.2 个人简历

简历是用人单位在面试前了解求职者基本情况的主要手段。因此，综合能力的描述非常重要，应将尽可能多的信息提供给用人单位。

15.2.1 页面比例分割

个人简历一般应用A4幅面，为了让简历信息更加清晰、明了，既能完整地显示自己的各种信息，又能突出重点，我们把页面按照黄金比例垂直分割。

本小节原始文件和最终效果所在位置如下。

原始文件	原始文件\第15章\无.docx
最终效果	最终效果\第15章\个人简历.docx

○ 垂直分割

根据个人简历的内容，这里我们将页面比例按8:13进行分割，左边填写个人简要信息，例如年龄、籍贯、学历等；右边填写个人优势信息，例如软件技能、实习实践等。

本案例我们介绍一下如何通过直线把A4页面按照黄金比例进行垂直分割。

1 新建一个空白文档，并将其命名为"个人简历"，切换到【插入】选项卡，在【插图】组中单击【形状】按钮，在弹出的下拉列表中选择【线条】▶【直线】选项。

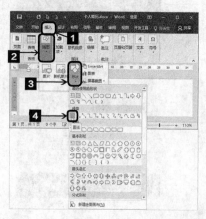

2 此时将鼠标指针移动到文档的编辑区，鼠标指针呈十形状，按住【Shift】键的同时，按下鼠标左键不放，向下拖动即可绘制一条竖直直线，绘制完毕，释放鼠标左键即可。

3 接下来对直线的长度、宽度和颜色等进行设置。首先设置直线的颜色。此处我们绘制的直线的主要作用是帮助分割页面，它不是页面的重点内容，所以我们选用一种淡点的颜色就可以。

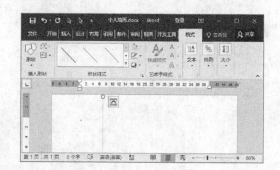

4 选中绘制的直线，切换到【绘图工具】栏的【格式】选项卡，在【形状样式】组中单击【形状轮廓】按钮 🖊 ·右侧的下三角按钮 ⌄，在弹出的下拉列表中选择一种合适的颜色即可。

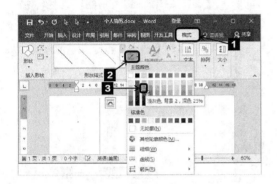

5 如果用户对于【主题颜色】中的颜色都不满意，也可以自定义直线的颜色，单击【形状轮廓】按钮右侧的下三角按钮，在弹出的下拉列表中选择【其他轮廓颜色】选项。

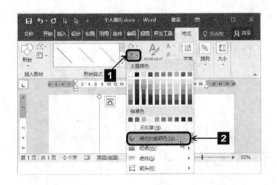

6 随即弹出【颜色】对话框，切换到【自定义】选项卡，在【颜色模式】下拉列表中选择【RGB】选项，然后通过调整【红色】、【绿色】、【蓝色】微调框中的数值来选择合适的颜色，此处【红色】、【绿色】、【蓝色】微调框中的数值分别设置为【236】、【233】、【234】。

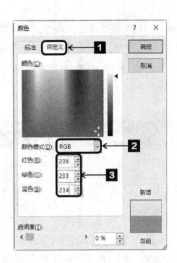

7 设置完毕，单击 确定 按钮，返回Word文档，即可看到直线的轮廓颜色效果。

8 设置直线的宽度。再次单击【形状样式】组的【形状轮廓】按钮 🖊 ·，在弹出的下拉列表中选择【粗细】➤【1.5磅】选项。

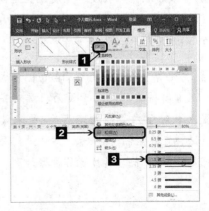

9 设置直线的长度。由于我们使用的是Word文档默认的A4页面，其高度是29.7厘米，所以我们也把直线的长度设置为29.7厘米。

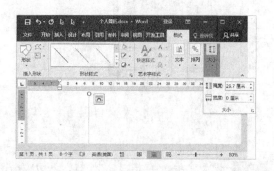

10 在【大小】组中的【高度】微调框中输入【29.7厘米】，然后按下【Enter】键，即可将直线的长度调整为29.7厘米。

11 直线的颜色、长度、宽度设置完成后，就可以调整直线的位置了，使其将页面按8:13进行垂直分割。

12 要凭借一条直线将页面按8:13分成两部分，只需要将直线相对于页面顶端对齐，并设置其相对于左边距的距离为8厘米就可以了。这样直线左侧是8厘米，右侧是13厘米，正好是8:13的比例。具体操作步骤如下。

13 切换到【页面布局】对话框中，在【排列】组中单击【位置】按钮，在弹出的下拉列表中单击【其他布局选项】。

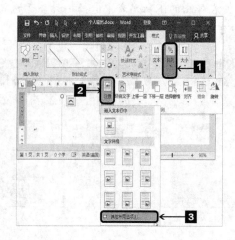

14 弹出【布局】选项卡，切换到【位置】选项卡，在【水平】组合框中，选中【绝对位置】单选钮，在其后面的【右侧】下拉列表中选择【左边距】选项，然后在【绝对位置】微调框中输入"8厘米"。

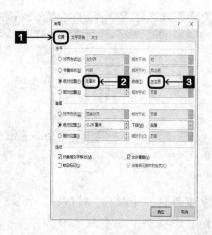

15 在【垂直】组合框中选中【对齐方式】单选钮，在【对齐方式】下拉列表中选择【顶端对齐】选项，在【相对于】下拉列表中选择【页面】选项。

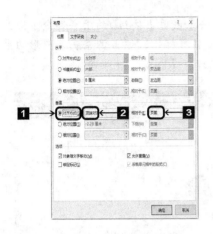

16 设置完毕，单击 [确定] 按钮，返回Word文档，即可看到直线已经将页面分成两部分了。

15.2.2 个人简要信息

首先要挑选一张大方得体的照片，以便给招聘人员留下一个良好的印象。生活中，我们拍摄的照片都是方形的，看惯了方形的照片，如果我们添加到简历中的照片也是方形的，就会给人一种呆板的感觉。为此，我们利用Word中的功能把插入进来的照片进行一定的美化，将其裁剪成圆形，使其更加美观。

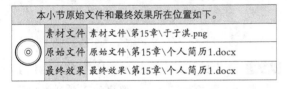

本小节原始文件和最终效果所在位置如下。	
素材文件	素材文件\第15章\于子淇.png
原始文件	原始文件\第15章\个人简历1.docx
最终效果	最终效果\第15章\个人简历1.docx

1. 插入个人照片

对页面划分好后，就可以输入简历的内容了。首先我们来输入个人简历左栏的个人简要信息。为了方便别人查看，我们把个人简要信息进行简单归类。第一部分包括个人照片、姓名、求职意向，第二部分为个人基本信息，第三部分为联系方式，第四部分为特长爱好。首先输入第一部分内容：个人照片、姓名、求职意向。具体操作步骤如下。

1 打开本实例的原始文件，切换到【插入】选项卡，在【插图】组中单击【图片】按钮。

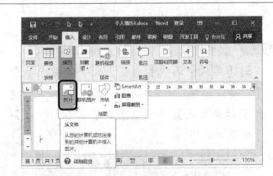

2 弹出【插入图片】对话框，从中选择合适的个人照片，然后单击 [插入(S)] 按钮。

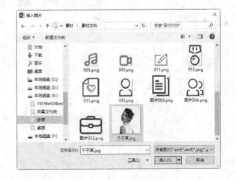

3 返回Word文档，即可看到选中的个人照片已经插入到Word文档中了。

4 由于正常拍摄的照片都是方形的，插入到文档中会给人一种呆板的感觉。针对这种情况，我们可以使用Word的裁剪功能，将照片裁剪成圆形。

5 选中插入的图片，切换到【图片工具】栏的【格式】选项卡，在【大小】组中单击【裁剪】按钮的下半部分，在弹出的下拉列表中选择【裁剪为形状】➤【基本形状】➤【椭圆】选项。

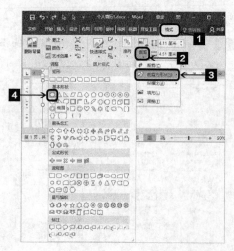

6 单击【裁剪】按钮的上半部分，图片上会弹出裁剪标记，适当调整裁剪图形的大小，然后按下【Enter】键即可。

7 由于我们选用的图片背景颜色比较浅，不太容易与文档背景区分，所以，我们可以为图片添加一个边框。

8 在【图片样式】组中单击【图片边框】按钮的右半部分，在弹出的下拉列表中选择【粗细】➤【6磅】选项。

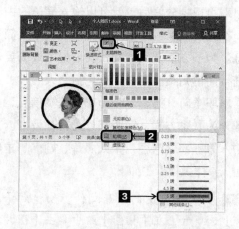

9 再次单击【图片边框】按钮的右半部分，在弹出的下拉列表中选择【主题颜色】➤【白色，背景1，深色5%】选项。

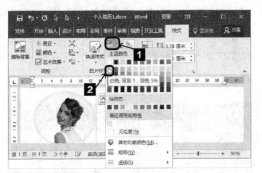

10 由于在Word中默认插入的图片是嵌入式的，图片好比一个单个的特大字符，被放置在两个字符之间。为了美观和方便排版，我们需要先调整图片的环绕方式，此处我们将其环绕方式设置为浮于文字上方即可。

11 选中图片，切换到【图片工具】栏的【格式】选项卡，在【排列】组中，单击【环绕文字】按钮，在弹出的下拉列表中选择【浮于文字上方】选项，然后适当的调整图片的大小和位置。

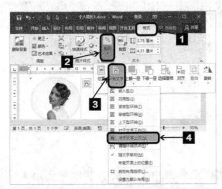

2. 插入姓名与求职意向

接下来，通过文本框输入求职者的姓名与意向。基本步骤如下。

1 切换到【插入】选项卡，在【文本】组中单击【文本框】按钮，在弹出的下拉列表中选择【绘制文本框】选项。

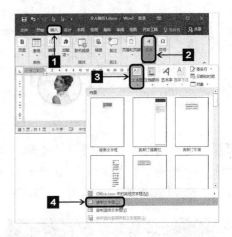

2 将鼠标指针移动到个人照片的下方，此时鼠标指针呈十形状。按住鼠标左键不放，拖动鼠标，即可绘制一个横排文本框，绘制完毕，释放鼠标左键即可。

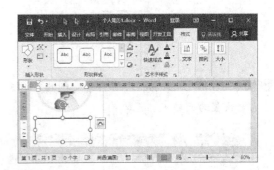

3 设置文本框。绘制的横排文本框默认底纹填充颜色为白色，边框颜色为黑色。为了使文本框与个人简历整体更加契合，这里我们需要将文本框设置为无填充、无轮廓，具体操作步骤如下。

4 选中绘制的文本框，切换到【绘图工具】栏的【格式】选项卡，在【形状样式】组中单击【形状填充】按钮🎨右侧的下三角按钮▾，在弹出的下拉列表中选择【无填充颜色】。

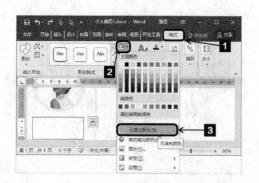

5 在【形状样式】组中单击【形状轮廓】按钮✏右侧的下三角按钮▾，在弹出的下拉列表中选择【无轮廓】选项。

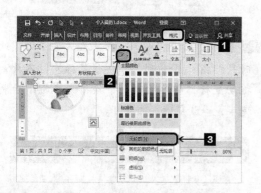

6 返回Word文档，即可看到绘制的文本框已经设置为无填充、无轮廓。

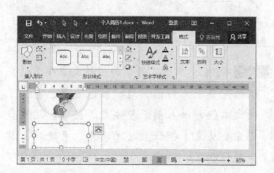

7 输入文本框内容。设置好文本框格式后，接下来就可以输入在文本框中输入求职者的姓名了。选中输入的求职者姓名，切换到【开始】选项卡，在【字体】组中的【字体】下拉列表中选择一种合适的字体，此处我们选择【微软雅黑】选项，即可将求职者姓名的字体设置为微软雅黑。

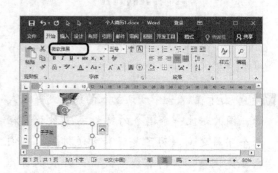

8 文本框中默认字体大小为五号，为了使求职者姓名在整个简历中比较突出醒目，我们可以将求职者姓名的字号调大一些，例如在【字号】下拉列表中选择【小一】，将其字体大小调整为小一。

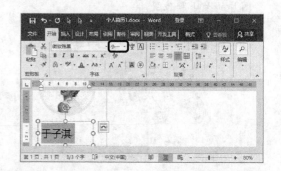

9 文本框中文字默认字体颜色为黑色，浓重的黑色，会使整体显得比较压抑，所以我们可以适当将文字的字体颜色调浅一点。单击【字体颜色】按钮▾右侧的下三角按钮▾，在弹出的下拉列表中选择【主题颜色】➤【黑色，文字1，淡色25%】选项。

10 设置完毕，适当地调整文本框的大小和位置即可。然后用户可以按照相同的方法，在姓名文本框下方再绘制一个文本框，并将其设置为无轮廓、无填充，然后在文本框中输入求职意向的具体内容，并设置其格式，此处将字体为"华文细黑"，字号为"小四"。

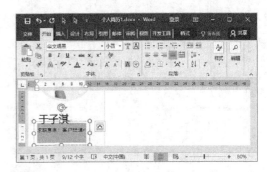

11 至此，个人简历中个人简要信息的第一部分就设置完成了。

15.2.3 个人简要信息

个人简要信息我们一般通过文本框来输入，对于内容比较多又比较整齐的信息，我们可以通过表格来输入。下面我们来输入个人简要信息的其他内容。

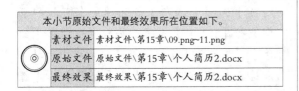

本小节原始文件和最终效果所在位置如下。	
素材文件	素材文件\第15章\09.png~11.png
原始文件	原始文件\第15章\个人简历2.docx
最终效果	最终效果\第15章\个人简历2.docx

1. 插入文本框

插入个人基本信息的具体操作步骤如下。

1 首先输入第二部分内容的小标题。切换到【插入】选项卡，在【文本】组中单击【文本框】按钮，在弹出的下拉列表中选择【绘制文本框】选项。

2 将鼠标指针移动到需要输入第二部分内容小标题的地方，此时鼠标指针呈十形状。按住鼠标左键不放，拖动鼠标，即可绘制一个横排文本框，绘制完毕，释放鼠标左键即可。

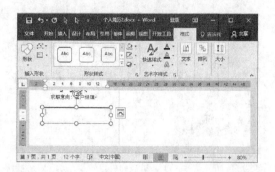

3 绘制完毕，切换到【绘图工具】栏的【格式】选项卡，在【形状样式】组中单击【形状填充】按钮 ➁ ▾ 右侧的下三角按钮 ▾，在弹出的下拉列表中选择【无填充颜色】选项，即可将文本框的填充颜色设置为无填充。

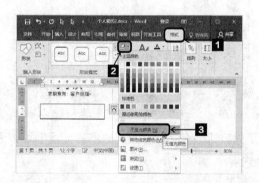

4 单击【形状轮廓】按钮 ☑ ▾ 右侧的下三角按钮 ▾，在弹处的下拉列表中选择【无轮廓】选项，即可将文本框的轮廓去掉。

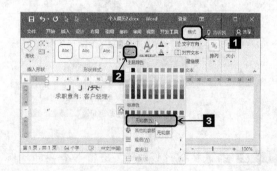

5 然后在文本框中输入第二部分内容的小标题"基本信息"，并设置其字体格式。

6 选中小标题"基本信息"，切换到【开始】选项卡，在【字体】组中的【字体】下拉列表中选择【方正兰亭粗黑】选项，在【字号】下拉列表中选择【小四】选项，然后单击【字体颜色】按钮 A ▾ 右侧的下三角按钮 ▾，在弹出的下拉列表中选择【其他颜色】选项。

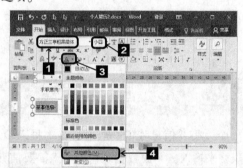

7 弹出【颜色】对话框，切换到【自定义】选项卡，在【颜色模式】下拉列表中选择【RGB】选项，然后通过调整【红色】、【绿色】、【蓝色】微调框中的数值来选择合适的颜色，此处【红色】、【绿色】、【蓝色】微调框中的数值分别设置为【235】、【107】、【133】。

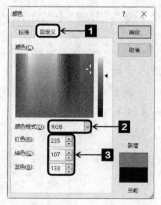

8 设置完毕，单击 确定 按钮，返回Word文档，即可看到文本的设置效果，然后适当调整文本框的大小和位置即可。

9 为了使标题看起来不那么单调，我们可以按照相同的方法，使用文本框在"基本信息"下方输入其英文标题，并将其设置为华文细黑、小五、黑色，文字1，淡色25%。

2. 插入图片

插入图片的具体操作步骤如下。

1 同时，又为了突出标题部分内容，我们可以在标题前面添加一个小图标。切换到【插入】选项卡，在【插图】组中，单击【图片】按钮。

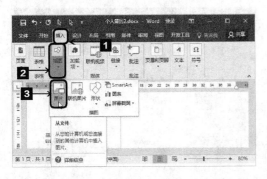

2 弹出【插入图片】对话框，从中选择素材图片"09.png"，然后单击【插入】按钮 插入(S)，返回Word文档，即可看到选中的素材图片已经插入到Word文档中了。

3 调整图标的环绕方式，选中插入的素材图片，单击图片右侧的【布局选项】按钮，在弹出的下拉列表中选择【浮于文字上方】选项，然后将素材图片移动到文本"基本信息"的前面。

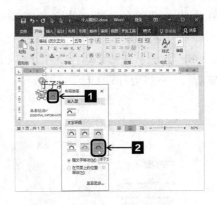

3. 插入表格

插入表格并输入基本信息的具体内容。个人基本信息应该包含年龄、生日、毕业院校、学历、籍贯、现居等内容，这些信息相对来说比较整齐，我们可以采用表格的形式输入。

1 切换到【插入】选项卡，在【表格】组中单击【表格】按钮，在弹出的下拉列表中选择【插入表格】选项。

2 弹出【插入表格】对话框，在【表格尺寸】组合框中的【列数】微调框中输入"2"，在【行数】微调框中输入"6"，然后在【"自动调整"操作】组合框中选中【根据内容调整表格】单选钮，设置完毕，单击 确定 按钮，返回文档，即可看到文档中已经插入一个6行2列的表格。

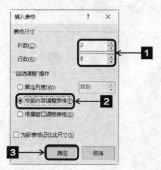

3 单击表格左上角的【表格】按钮 ⊕，选中整个表格，按住鼠标左键不放，拖动鼠标，将表格拖动到"基本信息"的下方。

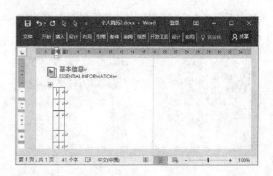

4 选中表格的第1列，切换到【开始】选项卡，在【字体】组中的【字体】下拉列表中选择【黑体】选项，在【字号】下拉列表中选择【小四】选项，然后单击【加粗】按钮 B，将表格第1列的字体设置为黑体、小四、加粗。

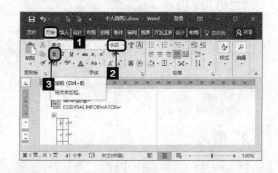

5 接着选中表格的第2列，在【字体】下拉列表中选择【黑体】选项，在【字号】下拉列表中选择【五号】选项，将表格第2列的字体设置为黑体、五号。

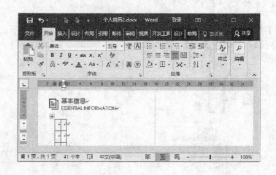

6 设置完毕后，在表格中输入个人基本信息的具体内容。然后适当的调整表格的行高。

7 表格带有边框会显得比较中规中矩，而我们当前做的个人简历比较活泼，所以我们可以将表格的边框删除。选中整个表格，切换到【表格工具】栏的【设计】选项卡，在【边框】组中单击【边框】按钮，在弹出的下拉列表中选择【无框线】选项，即可将表格的边框删除。

8 用户可以按照相同的方法，使用文本框在个人简历中输入联系方式和特长爱好的信息。

4. 插入直线

至此，个人简历中左栏的信息就输入完成了，但是总体看起来信息量比较多，看起来会不容易区分各部分信息，针对这种情况，我们可以在基本信息和联系方式之间插入一条横线，帮助读者分割内容。

1 切换到【插入】选项卡，在【插图】组中单击【形状】按钮，在弹出的下拉列表中选择【线条】➢【直线】选项。

2 此时鼠标指针变成十形状，将鼠标指针移动到基本信息和联系方式之间，按下【Shift】键的同时，按住鼠标左键不放，向右拖动鼠标即可绘制一条直线，绘制完毕，释放鼠标左键即可。

3 将直线的颜色设置为与个人简历整体颜色一致的浅灰色，并将其线条宽度设置为1磅。

4 通过复制粘贴，复制一条相同的直线，并将其移动到联系方式和特长爱好之间即可。

15.2.4 个人技能信息

在填写个人技能时，大多应聘者都会用文字进行叙述自己的软件技能，大篇幅的文字会使企业HR感觉视觉疲劳，往往会一带而过；为了能突出我们自己的职业技能，我们可以参照西方星座，通过图文结合的方式来表现。星座的绘制我们主要通过椭圆和直线的组合来完成。

本小节原始文件和最终效果所在位置如下。

素材文件	素材文件\第15章\12.png	
原始文件	原始文件\第15章\个人简历3.docx	
最终效果	最终效果\第15章\个人简历3.docx	

1. 插入形状

插入形状绘制星座的具体操作步骤如下。

1 打开本实例的原始文件，首先插入小标题"软件功能"以及对应的小图标。然后就可以绘制表现软件技能的西方星座了，切换到【插入】选项卡，在【插图】组中，单击【形状】按钮，在弹出的下拉列表中选择【基本形状】➤【椭圆】选项。

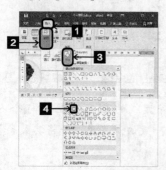

2 此时鼠标指针变成十形状，按住【Shift】键的同时，按住鼠标左键不放，拖动鼠标即可绘制一个圆形。

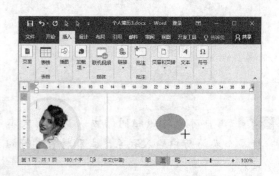

3 选中椭圆，切换到【绘图工具】栏的【格式】选项卡，在【形状样式】组中单击【形状填充】按钮右侧的下三角按钮，在弹出的下拉列表中选择【其他填充颜色】选项。

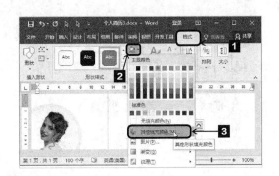

4 弹出【颜色】对话框，切换到【自定义】选项卡，分别在【红色】、【绿色】、【蓝色】微调框中输入合适的数值，此处分别输入"235""107""133"。

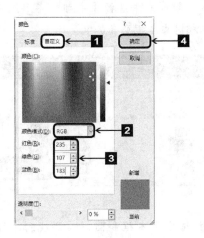

5 单击 确定 按钮，返回文档，即可看到绘制的圆形已经被填充为设置的颜色。

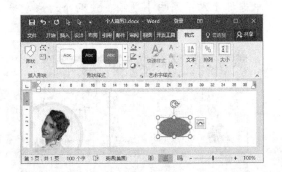

6 在【形状样式】组中单击【形状轮廓】按钮右侧的下三角按钮，在弹出的下拉列表中选择【无轮廓】选项，即可将圆形的轮廓删除。

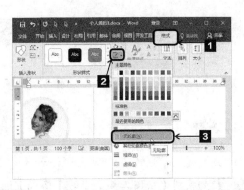

7 至此圆形就绘制完成了，接下来就可以在圆形上输入具体的软件名称了。

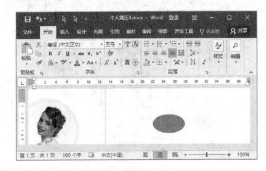

2. 绘制文本框

虽然圆形本身可以添加文字，但是文字的字号会相对较小，所以此处，我们通过文本框的方式输入软件名称。具体步骤如下。

1 切换到【插入】选项卡，在【文本】组中单击【文本框】按钮，在弹出的下拉列表中选择【绘制文本框】选项。

2 随即鼠标指针变成十形状，按住鼠标左键不放，拖动鼠标即可绘制一个横排文本框，绘制完毕，释放鼠标左键即可。

3 切换到【绘图工具】栏的【格式】选项卡，在【形状样式】组中单击【形状填充】按钮右侧的下三角按钮，在弹出的下拉列表中选择【无填充颜色】选项。

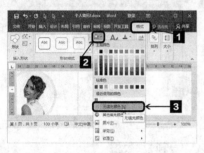

4 单击【形状轮廓】按钮右侧的下三角按钮，在弹出的下拉列表中选择【无轮廓】选项。将文本框设置为无填充、无轮廓。

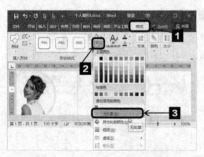

5 在文本框中输入软件名称"Word"，然后设置文本的字体、字号和字体颜色，选中文本"Word"，切换到【开始】选项卡，在【字体】组中的【字体】下拉列表中选择【方正兰亭粗黑】选项，在【字号】下拉列表中选择【三号】选项，单击【字体颜色】按钮右侧的下三角按钮，在弹出的下拉列表中选择【白色，背景1】选项。

6 在【段落】组中单击【居中】按钮，使文本相对文本框水平居中，然后切换到【绘图工具】栏的【格式】选项卡，在【文本】组中单击【对齐文本】选项，在弹出的下拉列表中选择【中部对齐】选项，使文本相对文本框垂直居中。

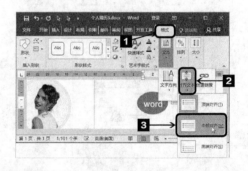

7 选中文本框和圆形，切换到【绘图工具】栏的【格式】选项卡，在【排列】组中单击【对齐对象】按钮，在弹出的下拉列表中选择【水平居中】选项，使两个对象水平居中。

8 再次单击【对齐对象】按钮，在弹出的下拉列表中选择【垂直居中】选项，使两个对象垂直居中。

9 单击【组合对象】按钮，在弹出的下拉列表中选择【组合】选项，将圆形和文本框组合为一个整体。

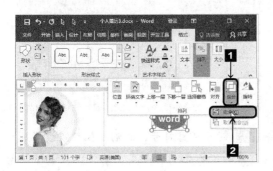

10 按照相同的方法通过圆形和文本框展现其他的个人软件技能。然后模仿西方星座的样子，通过插入不同长度的直线，将各个软件技能连接起来，直线连接处，使用小圆点作为节点。最终效果如图所示。

11 软件技能星座图表绘制完成后，还需要配上文字对图表加以解释说明。在图表的下方绘制一个横排文本框，将文本框设置为无填充、无轮廓。

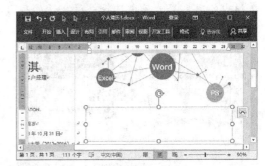

12 在文本框中输入对应的文字信息，并设置文字的字体、字号及字体颜色。

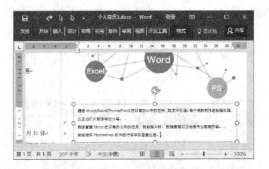

15.2.5 个人实践及自评

Word 2016中提供了多种形状，用户可以在编辑Word文档时，适当地插入一些形状，来丰富自己的内容，这样能让文章整体看起来图形并茂。如果用户觉得系统提供的默认形状比较单一，还可以使用多个形状组合为一个新的形状。

本小节原始文件和最终效果所在位置如下。	
原始文件	原始文件\第15章\个人简历4.docx
最终效果	最终效果\第15章\个人简历4.docx

1. 项目符号

合理地使用项目符号，可以使文档的层次结构更清晰、更有条理，下面我们为软件技能的文字部分添加项目符号。

1 选中软件技能的文字部分内容，切换到【开始】选项卡，在【段落】组中，单击【项目符号】按钮右侧的下三角按钮，在弹出的项目符号库中选择一种合适的项目符号，例如选择【圆形】选项。

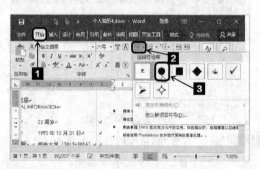

2 默认插入的项目符号与文字之间的间距较大，我们可以适当将间距调小。在选中文本上单击鼠标右键，在弹出的快捷菜单中选择【调整列表缩进】菜单项。

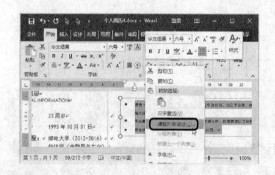

3 弹出【调整列表缩进量】对话框，【文本缩进】微调框中的数值默认为【0.74厘米】，此处我们将【文本缩进】微调框中的数值调整为【0.4厘米】。

4 设置完毕，单击 确定 按钮，返回Word文档，即可看到项目符号与文本之间的距离已经缩小了。

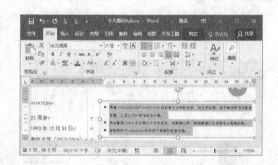

5 对于项目符号，我们不仅可以设置项目符号与文本之间的距离，还可以设置项目符号的大小和间距。

6 在【段落】组中，单击【项目符号】按钮右侧的下三角按钮，在弹出的下拉列表中选择【定义新项目符号】选项。

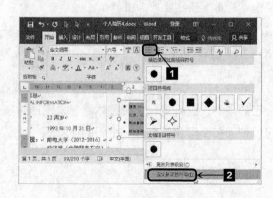

7 弹出【定义新项目符号】对话框，单击【字体】按钮 字体(F)... ，弹出【字体】对话框，切换到【字体】选项卡，在【字号】下拉列表中选择【五号】选项，在【字体颜色】下拉列表中选择【其他颜色】选项。

8 弹出【颜色】对话框，切换到【自定义】选项卡，分别在【红色】、【绿色】、【蓝色】微调框中输入合适的数值，此处分别输入"235""107""133"，然后单击【确定】按钮。

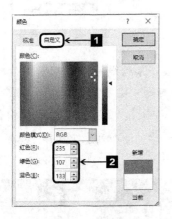

9 返回【定义新项目符号】对话框，即可在【预览】文本框中预览到项目符号的效果，单击 确定 按钮，返回Word文档即可。

2. 插入形状

对于个人简历的实习实践部分的内容，大部分人会采用纯文字来悉数列出自己的实习实践经验，这样往往会使看简历的人不愿多看，而且容易漏看某些重要的实践经验。所以此处，我们在填写实践部分内容时，可以用一个大的色块来突出显示这部分内容，各个实践岗位也用特殊形状突出展现出来。

1 切换到【插入】选项卡，在【插图】组中单击【形状】按钮，在弹出的下拉列表中选择【矩形】➤【矩形】选项。

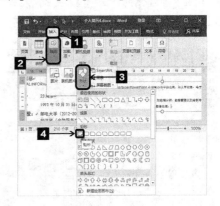

2 此时鼠标指针变成十形状，在Word文档中的编辑区单击鼠标左键，即可在Word文档中绘制一个矩形。

3 切换到【绘图工具】栏的【格式】选项卡，在【大小】组中的【宽度】微调框中输入"8厘米"，将绘制的矩形的宽度调整为8厘米，然后将鼠标移动到矩形下面的控制点上，适当调整矩形的高度。

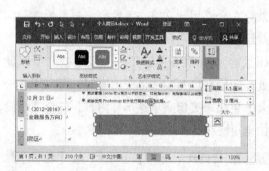

4 在【形状样式】组中，单击【形状填充】按钮右侧的下三角按钮，在弹出的下拉列表中选择【其他填充颜色】选项。

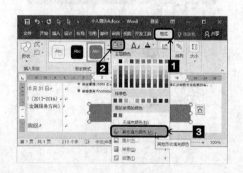

5 弹出【颜色】对话框，切换到【自定义】选项卡，分别在【红色】、【绿色】、【蓝色】微调框中输入合适的数值，此处分别输入"235""107""133"，然后单击 确定 按钮。

6 返回Word文档，在【形状样式】组中单击【形状轮廓】按钮右侧的下三角按钮，在弹出的下拉列表中选择【无轮廓】选项，将矩形设置为无轮廓。

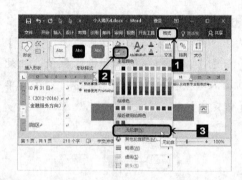

7 接下来绘制一个圆形，以便输入此部分的小标题"实习实践"。切换到【插入】选项卡，在【插图】组中单击【形状】按钮，在弹出的下拉列表中选择【基本形状】▷【椭圆】选项。

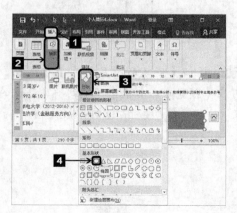

8 此时鼠标指针变成 ✚ 形状，按住【Shift】键的同时，按住鼠标左键不放，拖动鼠标，即可绘制一个圆形，绘制完毕，适当鼠标左键，退出绘制状态即可。

9 切换到【绘图工具】栏的【格式】选项卡，在【形状样式】组中，单击【形状填充】按钮 🎨 右侧的下三角按钮 ▾，在弹出的下拉列表中选择【主题颜色】➤【白色，背景1】选项。

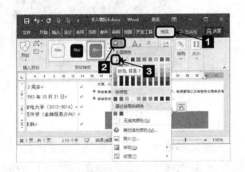

10 单击【形状轮廓】按钮 ✐ 右侧的下三角按钮 ▾，在弹出的下拉列表中选择【其他轮廓颜色】选项。

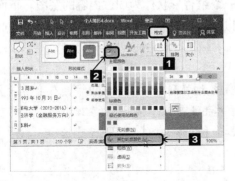

11 弹出【颜色】对话框，切换到【自定义】选项卡，分别在【红色】、【绿色】、【蓝色】微调框中输入合适的数值，此处分别输入"251""217""229"，然后单击 确定 按钮。

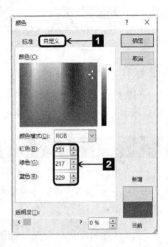

12 再次单击【形状轮廓】按钮 ✐ 右侧的下三角按钮 ▾，在弹出的下拉列表中选择【粗细】➤【6磅】选项。

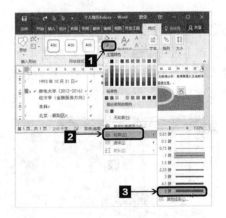

13 选中绘制的圆形和矩形，切换到【绘图工具】栏的【格式】选项卡，在【排列】组中，单击【对齐】按钮 ▦，在弹出的下拉列表中选择【水平居中】选项，使圆形和矩形水平居中，然后通过方向键适当调整圆形和矩形的垂直位置。

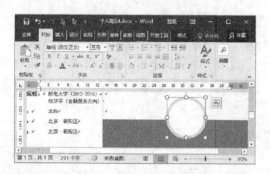

14 调整好后,选中圆形和矩形,单击鼠标右键,在弹出的快捷菜单中选择【组合】▶【组合】菜单项,将它们组合为一个整体。

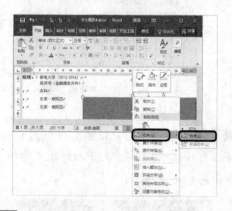

15 切换到【绘图工具】栏的【格式】选项卡,在【排列】组中单击【对齐】按钮,在弹出的下拉列表中选择【对齐页面】选项,使【对齐页面】前面出现一个对勾。

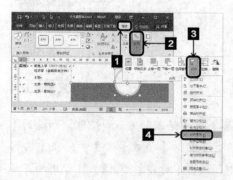

16 再次单击【对齐】按钮,在弹出的下拉列表中选择【右对齐】选项,使矩形相对于页面右对齐。

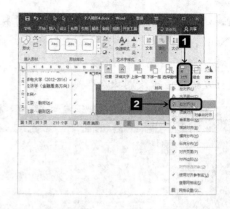

17 通过文本框的方式,在绘制的组合图形上输入"实习实践"的标题和实习的具体时间、职位、职责内容。

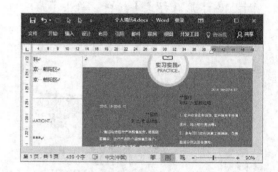

3. 插入实习实践

通过文本框的方式,在绘制的组合图形上输入"实习实践"的标题和实习的具体时间、职位、职责内容。实习实践部分的最重要的内容是职位,为了凸显这部分内容,我们可以使用一个组合形状作为职位内容的底图。下面我们以绘制一个圆角矩形和矩形的组合图形为例,介绍组合形状的制作方法。

1 切换到【插入】选项卡,在【插图】组中单击【形状】按钮,在弹出的下拉列表中选择【矩形】▶【圆角矩形】选项。

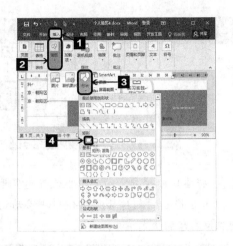

2 此时鼠标指针变成十形状，按住鼠标左键不放，拖动鼠标，即可绘制一个圆角矩形，绘制完毕，释放鼠标左键即可。

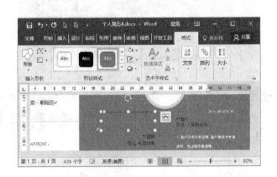

3 选中圆角矩形，将鼠标指针移动到矩形的黄色控制点上，按住鼠标左键不放，向内侧拖动，拖动到不能再拖动的位置后，释放鼠标左键即可。

4 按照相同的方法，再绘制一个矩形，并将其高度设置为圆角矩形高度的一半，然后选中矩形和圆角矩形，切换到【绘图工具】栏的【格式】选项卡，在【排列】组中单击【对齐】按钮，在弹出的下拉列表中选择【右对齐】选项，使两个形状右对齐，效果如图所示。

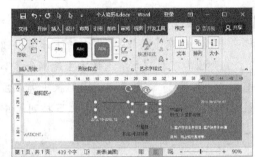

5 再次单击【对齐】按钮，在弹出的下拉列表中选择【顶端对齐】选项，使两个形状顶端对齐，然后单击【组合】按钮，在弹出的下拉列表中选择【组合】选项，将两个形状组合为一个整体。

6 选中左侧职位内容的文本框，单击鼠标右键，在弹出的快捷菜单选择【置于顶层】➤【置于顶层】菜单项。

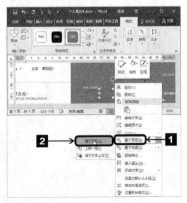

4. 形状填充颜色

将前面绘制的组合形状移动到左侧职位位置处，使其作为职位的底图。默认形状的填充颜色和边框都是蓝色的，与粉色底图不搭配，所以我们还需要设置组合形状的填充颜色和轮廓颜色。

1 选中组合形状，在【形状样式】组中单击【形状填充】按钮右侧的下三角按钮，在弹出的下拉列表中选择【主题颜色】▷【白色，背景1】选项，单击【形状轮廓】按钮右侧的下三角按钮，在弹出的下拉列表中选择【无轮廓】选项。

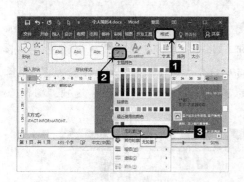

2 设置完毕，通过复制粘贴，再复制一个相同的组合形状，在【排列】组中单击【旋转】按钮，在弹出的下拉列表中选择【水平翻转】选项。

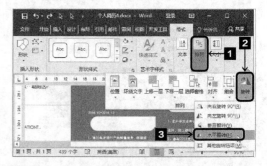

3 将右侧职位内容的文本框设置为置于顶层，然后将复制翻转后的组合形状移动到右侧职位内容的文本框中。

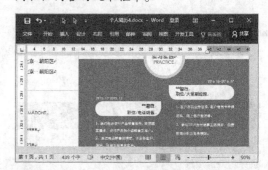

4 最后绘制一条竖直直线，将左右两部分实践内容分隔开。用户可以按照相同的方法，绘制并输入自我评价的内容。

第16章

Excel 应用案例 —— 财务报表的编制与分析

在企业经营管理的过程中，资金处理直接影响到企业的发展状况。如何合理地运转企业的资金，使企业的利润最大化，是企业决策者首先要解决的问题。本章结合Excel 2016的表格编制、函数应用以及图表制作等功能，首先介绍日常账务的处理，然后对当前的财务状况进行预测和分析。

光盘链接

关于本章的知识，本书配套教学光盘中有相关的多媒体教学视频，请读者参见光盘中的【Excel 2016的高级应用\Excel应用案例】

 日常财务处理

会计科目的应用和日常财务的分析是企业财务处理系统中不可缺少的项目。本节介绍如何利用Excel 2016进行会计科目和日常财务的处理与分析。

16.1.1 制作会计科目表

企业财务管理人员为了日后汇总和查看财务信息，通常需要对日常的各种经营凭证进行记录。下面根据企业相关的会计科目和科目代码来制作"会计科目表"。

本小节原始文件和最终效果所在位置如下。	
原始文件	原始文件\第16章\财务处理系统01.xlsx
最终效果	最终效果\第16章\财务处理系统02.xlsx

1. 限定科目代码的输入

在实际工作中，财务人员若要将会计财务数据输入电脑中处理，就需要根据各会计科目所对应的科目代码进行输入，以便财务人员对财务数据进行有效管理。

在输入"科目代码"时，可以使用数据有效性限制"科目代码"的输入，以免出现误操作。下面通过数据有效性来控制"科目代码"的输入，具体操作步骤如下。

1 打开本实例的原始文件，使用数据的有效性限定"科目代码"的长度。选中单元格区域B3：B39，切换到【数据】选项卡，在【数据工具】组中单击 数据验证 按钮右侧的下三角按钮 。在弹出的下拉列表中选择【数据验证】选项。

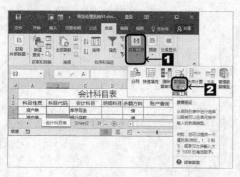

2 弹出【数据验证】提示对话框，切换到【设置】选项卡，在【允许】下拉列表框中选择【文本长度】选项，在【数据】下拉列表框中选择【介入】选项，然后在【最小值】文本框中输入"0"，在【最大值】文本框中输入"6"即可。

3 切换到【出错警告】选项卡，选中【输入无效数据时显示出错警告】复选框，在【输入无效数据时显示下列出错警告】组合框中的【样式】下拉列表框中选择【警告】选项，在【标题】文本框输入"错误警告"，然后在【错误信息】文本框中输入"输入值非法！科目代码的长度不超过6位，请重新输入！"。

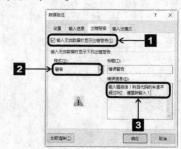

第 16 章

Excel应用案例——财务报表的编制与分析

4 设置完毕，单击 [确定] 按钮返回工作表。当用户输入的"科目代码"超出6位时，就会弹出【错误警告】对话框，提示用户发生错误，单击 [否(N)] 按钮可以重新输入信息；单击 [是(Y)] 按钮则忽略错误，继续输入下面的"科目代码"。

5 根据实际需要在B列中输入相应的"科目代码"即可。

2. 设定账户查询科目

"会计科目"和"明细科目"组合在一起称为账户查询科目。使用CONCATENATE函数可以快速将"会计科目"和"明细科目"组合在一起。

CONCATENATE函数的功能是将几个文本字符串合并为一个文本字符串，其语法格式为：

CONCATENATE(text1,text2,...)

其中，参数"text 1,text2,..."表示多个将要合并成单个文本项的文本项，最多30项。这些文本项可以为文本字符串、数字或对单个单元格的引用。

设定账户查询科目的具体操作步骤如下。

1 选中单元格F3，然后输入以下公式 "=IF (D3="",C3,CONCATENATE(C3,"_",D3))"，输入完毕，直接按下【Enter】键即可。该公式表示"当单元格D3中的内容为空时，返回单元格C3中的值，否则返回单元格C3和D3中的内容，并且以'_'符号连接在一起"。

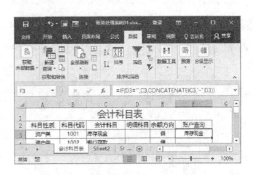

2 使用鼠标拖动的方法将此公式复制到单元格区域F3:F39中即可。

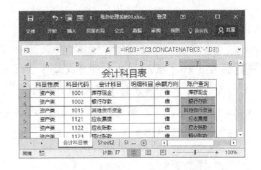

3. 使用记录单添加科目

使用Excel 2016提供的记录单功能，会计人员可以快速地增加新的科目代码或者名称。具体的操作步骤如下。

1 选中工作表中的任意一个单元格，然后在【快速访问工具栏】中单击【记录单】按钮 。

2 随即弹出【会计科目表】对话框，单击按钮 新建(W) 按钮。

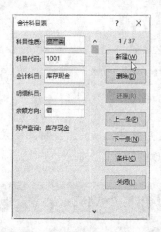

3 在【科目性质】、【科目代码】、【会计科目】和【余额方向】等文本框中输入要增加的新科目。添加完一条之后再次单击 新建(W) 按钮，可以添加其他的新科目。

4 添加完毕，单击 关闭(L) 按钮，返回工作表，即可发现在表格的末尾已添加了新的记录。

4. 汇总会计科目

在"会计科目"工作表中，如果要按照"科目性质"对"会计科目"进行计数，可以使用分类汇总功能。具体的操作步骤如下。

1 将光标定位在工作表中数据区域内的任意一个单元格中，切换到【数据】选项卡，在【分级显示】组中单击 按钮。

2 随即弹出【分类汇总】对话框，在【分类字段】下拉列表框中选择【科目性质】选项，在【汇总方式】下拉列表框中选择【计数】选项，在【选定汇总项】列表框中选中【会计科目】复选框。

3 单击 确定 按钮返回工作表，即可看到汇总结果。

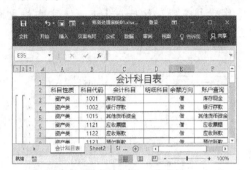

5. 取消分级显示

创建了分类汇总之后就会产生分级显示标识，根据需要可以将其隐藏起来。具体的操作步骤如下。

1 选中工作表中的任意一个单元格，切换到【数据】选项卡，在【分级显示】组中单击 按钮右侧的下三角按钮 ，在弹出的下拉列表中选择【清除分级显示】选项。

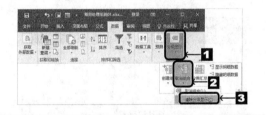

2 随即就可以隐藏工作表中的分级显示标识。

3 如果用户想要删除分类汇总，在【分类汇总】对话框中单击 全部删除(R) 按钮即可。

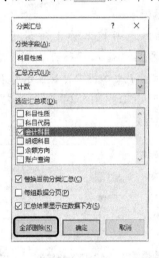

16.1.2 制作日常记账表

财务人员在填写记账凭证时，应根据已审核的原始凭证填写，并在将记账凭证录入账簿的同时在记账凭证上签字。本小节介绍使用Excel 2016创建日常记账表单的方法。

本小节原始文件和最终效果所在位置如下。

原始文件	原始文件\第16章\财务处理系统02.xlsx
最终效果	最终效果\第16章\财务处理系统03.xlsx

1. 使用数据有效性输入科目代码

财务人员在日常记账表中录入记账凭证时，经常会使用"科目代码"，为了防止无效代码的输入，可以使用数据有效性对其整列进行控制。具体的操作步骤如下。

1 打开本实例的原始文件，首先定义名称。切换到工作表"会计科目表"中，选中单元格区域B3:B40，切换到【公式】选项卡，在【定义的名称】组中单击定义名称·按钮右侧的下三角按钮，在弹出的下拉列表中选择【定义名称】选项。

2 弹出【新建名称】对话框，在【名称】文本框中输入"科目代码"，此时在【引用位置】文本框中自动显示引用位置"=会计科目表!$B$3:$B$40"，设置完毕，单击 确定 按钮。

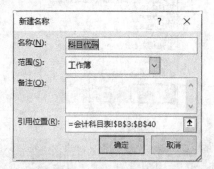

3 设置数据有效性。切换到工作表"日常记账"中，选中单元格区域D3:D108，然后切换到【数据】选项卡，在【数据工具】组中单击数据验证·按钮右侧的下三角按钮，在弹出的下拉列表中选择【数据验证】选项。

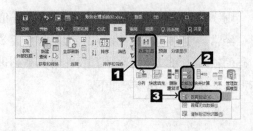

4 弹出【数据验证】对话框，切换到【设置】选项卡，在【允许】下拉列表框中选择【序列】选项，然后在【来源】文本框中输入"=科目代码"。

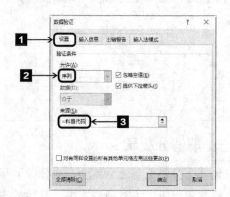

5 单击 确定 按钮返回工作表。此时，选中的单元格区域D3:D108中的每一个单元格的右下角都会出现一个下拉按钮，单击此下拉按钮，在弹出的下拉列表中选择科目代码即可。例如单击单元格D3右侧的下拉按钮，在弹出的下拉列表中选择【1001】选项。

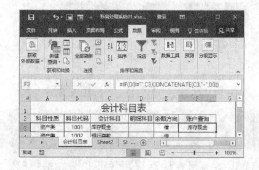

2. 提取会计科目

在输入记账凭证信息时，用户可以使用LOOKUP函数从工作表"会计科目表"中快速提取会计科目。具体的操作步骤如下。

1 选中单元格E3，然后输入函数公式"=LOOKUP(D3,科目代码,会计科目表!$C$3:$C$40)"。该公式表示"根据单元格D3，在工作表'会计科目表'中的单元格区域C3:C40中返回相应的会计科目"。

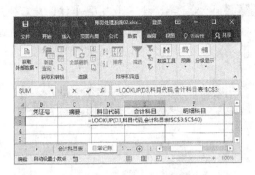

2 输入完毕，按下【Enter】键，此时会计科目就提取出来了。

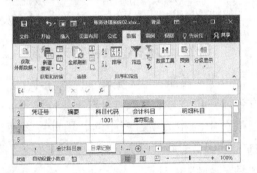

3 使用鼠标拖动的方法将此公式复制到单元格区域E4:E108中。

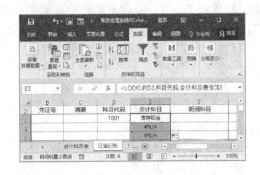

4 在工作表"日常记账"中输入相应的凭证信息，最终效果如下图所示。

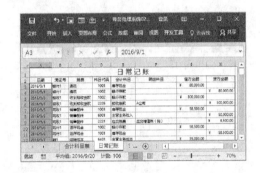

16.1.3 制作总账表单

总账表单是根据"日常记账"生成的，也是对日常记账表的一个汇总。本小节介绍如何进行总账的处理。

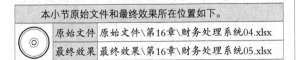

本小节原始文件和最终效果所在位置如下。	
原始文件	原始文件\第16章\财务处理系统04.xlsx
最终效果	最终效果\第16章\财务处理系统05.xlsx

1. 创建总账表单

总账的内容一般包括科目代码、科目名称、借方金额、贷方金额以及余额等。在Excel 2016中，可以通过应用名称和使用LOOKUP函数快速输入科目代码和科目名称。

创建总账表单的具体步骤如下。

1 打开本实例的原始文件，切换到工作表"总账表单"，选中单元格A3，切换到【公式】选项卡，在【定义的名称】组中单击用于公式按钮，然后在弹出的下拉列表中选择之前定义的名称，例如选择【科目代码】选项。

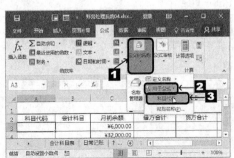

2 返回工作表，此时单元格A3中就会引用名称"科目代码"。

3 按下【Enter】键，然后选中单元格A3，将鼠标指针移动到单元格的右下角，此时鼠标指针变成 ✚ 形状。

4 使用鼠标拖动的方法将此名称应用到单元格区域A4:A40中。

5 选中单元格B3，然后输入函数公式"=LOOKUP(A3,科目代码,会计科目表!$C$3:$C$40)"，输入完毕按下【Enter】键。

6 输入完毕，按下【Enter】键，然后使用鼠标拖动的方法将此公式复制到单元格区域B4:B40中。

2. 计算本月发生额和期末余额

由于"总账表单"中的"借方合计""贷方合计"和"月末余额"是根据工作表"日常记账"中的相关项目产生的，因此可以使用SUMIF函数进行"借方合计""贷方合计"和"月末余额"的计算。

1 计算"借方合计"。选中单元格D3，然后输入函数公式"=SUMIF(日常记账!$D$3:$D$108,A3,日常记账!$G$3: $G$108)"，输入完毕按下【Enter】键即可。该函数表示"根据工作表'总账表单'中的科目代码A3，在工作表'日常记账'的单元格区域D3:D108中，查询相应的科目代码，并返回工作表'日常记账'的单元格区域G3:G108中符合条件的借方金额合计"。

2 使用鼠标拖动的方法将此公式复制到单元格区域D4:D40中。

3 计算"贷方合计"。选中单元格E3，然后输入函数公式"=SUMIF(日常记账!\$D\$3:\$D\$108,A3,日常记账!\$H\$3:\$H\$108)"，输入完毕按下【Enter】键。该公式表示"根据工作表'总账表单'中的科目代码A3，在工作表'日常记账'中的单元格区域D3:D108中查询相应的科目代码，并返回工作表'日常记账'的单元格区域H3:H108中符合条件的贷方金额合计"。

4 使用鼠标拖动的方法将此公式复制到单元格区域E4:E40中。

5 计算"月末余额"。选中单元格F3，然后输入公式"=C3+D3-E3"，输入完毕，按下【Enter】键即可。

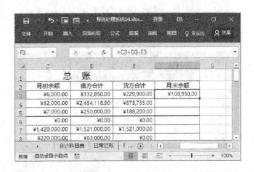

6 使用鼠标拖动的方法将此公式复制到单元格区域F4:F40中。

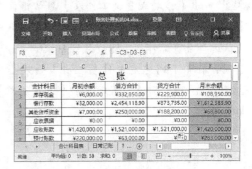

7 本期发生额和月末余额计算完毕，效果如下图所示。

3. 进行试算平衡

账务处理完毕，接下来需要对"借、贷方"的金额进行试算，以便于查看两者的金额是否相等。如果不相等，则需要重新检查本月的账目记录。具体的操作步骤如下。

1 打开本实例的原始文件，首先移动或复制工作表。切换到工作表"总账表单"，在工作表标签"总账表单"上单击鼠标右键，在弹出的快捷菜单中选择【移动或复制】菜单项。

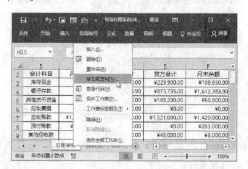

2 弹出【移动或复制工作表】对话框，在【将选定工作表移至工作簿】下拉列表框中默认选择当前工作簿【账务处理系统04.xlsx】选项，在【下列选定工作表之前】列表框中选择【Sheet2】选项，然后选中【建立副本】复选框。

3 单击 确定 按钮，此时工作表"总账表单"就被复制到了"Sheet2"之前，并建立了副本"总账表单（2）"。

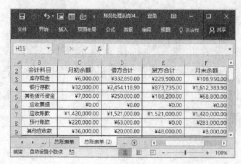

4 将该工作表重命名为"试算平衡表"，然后将表格标题改为"试算平衡表"。

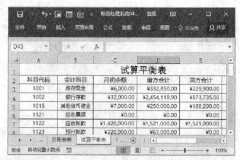

5 在单元格A41、A42中输入新的项目"合计"和"是否平衡"，然后进行格式设置。

6 计算合计金额。选中单元格C41，然后输入公式"=SUM(C3:C40)"，输入完毕，按下【Enter】键。

7 使用鼠标拖动的方法将此公式向右复制到单元格区域D41:F41中。

8 判断是否平衡。选中单元格C42，然后输入公式 "=IF(C41=0,"平衡","不平衡")"，输入完毕，按下【Enter】键。

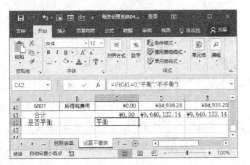

9 选中单元格D42，然后输入公式 "=IF(D41=E41,"平衡","不平衡")"，输入完毕，按下【Enter】键。

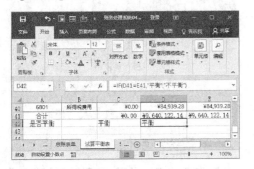

10 选中单元格F42，然后输入公式 "=IF(F41=0,"平衡","不平衡")"，输入完毕，按下【Enter】键。

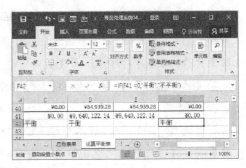

11 隐藏行。选中第3行到第40行，切换到【开始】选项卡，在【单元格】组中单击【格式】按钮，在弹出的下拉列表中选择【隐藏和取消隐藏】➢【隐藏行】菜单项。

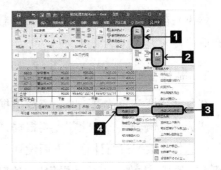

12 返回工作表中，试算平衡表的最终效果如下图所示。

16.2 会计报表管理

会计报表主要以资产负债表、利润表和现金流量表等三大报表为主体，每个会计报表的编制均是由会计账簿数据形成的，因而编制起来较繁琐。而使用Excel 2016就可以实现一次编制、多次使用，能极大地节省时间。

16.2.1 编制资产负债表

资产负债表是反映企业某一特定日期财务状况的会计报表，它是根据"资产=负债+所有者权益"的会计恒等式，按照一定的分类标准和一定的顺序，对企业一定时期的资产、负债和所有者权益项目适当排列，并对日常工作中产生的大量数据按照一定的要求编制而成的。

各企业的资产负债表的编制大致都是相同的，其各个项目的编制都应遵循以下计算准则：

流动资金=货币资金+应收账款+存货－坏账准备

固定资产=固定资产原值－累计折旧

流动负债=短期负债+应付账款+应付票据+其他应付款+预收账款+应付工资+应付福利费+应交税金+预提费用

所有者权益=实收资本+资本公积+盈余公积+利润分配

其最终计算得出的结果必定符合"资产=负债+所有者权益"的会计恒等式。

本小节原始文件和最终效果所在位置如下。

原始文件	原始文件\第16章\财务处理系统05.xlsx
最终效果	最终效果\第16章\财务处理系统06.xlsx

接下来在Excel表格中使用公式和函数编制资产负债表

1. 制作资产负债框架表

在创建"资产负债表"时，需要根据总账编制"资产负债表"，因此首先要根据"总账表"中的相关数据进行计算。下面设计"资产负债表"的基本框架，具体的操作步骤如下。

1 打开本实例的原始文件，首先对"会计科目表"和"总账表"中的部分数据区域进行名称的定义。定义的名称和引用位置如下。

科目代码:=会计科目表!$B$3:$B$40

月初余额:=总账表单!$C$3:$C$40

月末余额:=总账表单!$F$3:$F$40

2 创建一个新的工作表，并将其重命名为"资产负债表"，然后根据实际情况输入会计科目信息，并设置单元格格式。

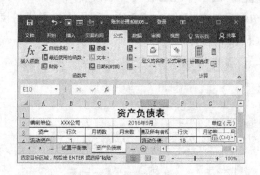

2. 编辑资产负债表

"资产负债表"的基本框架已设计完成，接下来对"资产负债表"中的相关类别数据进行计算。具体的操作步骤如下。

1 计算"货币资金"的"月初数"与"月末数"。切换到工作表"资产负债表"，根据公式"货币资金=现金+银行存款+其他货币资金"，可以分别在单元格C5和D5中输入以下公式，按下【Enter】键确认输入即可得到结果。

=SUMIF(科目代码,总账表单!A3,月初余额)+SUMIF(科目代码,总账表单!A4,月初余额)+SUMIF(科目代码,总账表单!A5,月初余额)

=SUMIF(科目代码,总账表单!A3,月末余额)+SUMIF(科目代码,总账表单!A4,月末余额)+SUMIF(科目代码,总账表单!A5,月末余额)

2 计算"应收账款"的"月初数"与"月末数"。分别在单元格C6和D6中输入以下公式，按下【Enter】键确认输入即可得到结果。

=SUMIF(科目代码,总账表单!A7,月初余额)

=SUMIF(科目代码,总账表单!A7,月末余额)

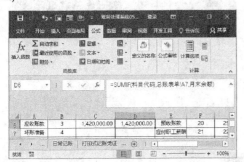

3 计算"坏账准备"的"月初数"与"月末数"。分别在单元格C7和D7中输入以下公式，按下【Enter】键确认输入即可得到结果。

=SUMIF(科目代码,总账表单!A10,月初余额)

=SUMIF(科目代码,总账表单!A10,月末余额)

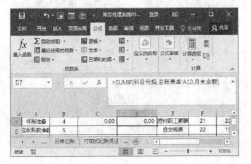

4 计算"应收账款净额"的"月初数"与"月末数"。分别在单元格C8和D8中输入以下公式，按下【Enter】键确认输入即可得到结果。

=C6-C7

=D6-D7

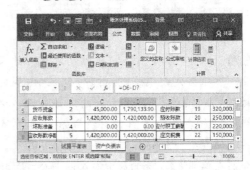

5 计算"预付账款"的"月初数"与"月末数"。分别在单元格C9和D9中输入以下公式，按下【Enter】键确认输入即可得到结果。

=SUMIF(科目代码,总账表单!A8,月初余额)

=SUMIF(科目代码,总账表单!A8,月末余额)

6 计算"其他应收款"的"月初数"与"月末数"。分别在单元格C10和D10中输入以下公式，按下【Enter】键确认输入即可得到结果。

=SUMIF(科目代码,总账表单!A9,月初余额)

=SUMIF(科目代码,总账表单!A9,月末余额)

7 计算"存货"的"月初数"与"月末数"。根据公式"存货=材料+包装物+周转材料+库存商品",因此首先需要求出"材料""包装物""周转材料"和"库存商品"的期初余额与期末余额,再计算存货。分别在单元格C11和D11中输入以下公式,按下【Enter】键确认输入即可得到结果。

=SUMIF(科目代码,总账表单!A11,月初余额)+SUMIF(科目代码,总账表单!A12,月初余额)+SUMIF(科目代码,总账表单!A15,月初余额)

=SUMIF(科目代码,总账表单!A11,月末余额)+SUMIF(科目代码,总账表单!A12,月末余额)+SUMIF(科目代码,总账表单!A15,月末余额)

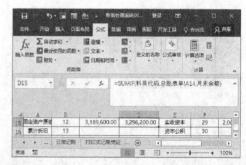

8 计算"流动资产合计"。根据公式"流动资金=货币资金+应收票据+应收账款净额+预付账款+其他应收款+存货",分别在单元格C12和D12中输入以下公式,按下【Enter】键确认输入即可得到结果。

=C5+C8+C9+C10+C11

=D5+D8+D9+D10+D11

9 计算"固定资产原值"。分别在单元格C15和D15中输入以下公式,按下【Enter】键确认输入即可得到结果。

=SUMIF(科目代码,总账表单!A14,月初余额)

=SUMIF(科目代码,总账表单!A14,月末余额)

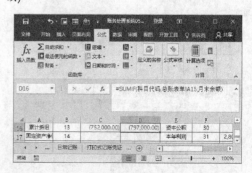

10 计算"累计折旧"。分别在单元格C16和D16中输入以下公式,按下【Enter】键确认输入即可得到结果。此处的红字金额表示负数。

=SUMIF(科目代码,总账表单!A15,月初余额)

=SUMIF(科目代码,总账表单!A15,月末余额)

11 计算"固定资产净值"。根据公式"固定资产净值=固定资产原值－累计折旧"，分别在单元格C17和D17中输入以下公式，按下【Enter】键确认输入即可得到结果。由于"累计折旧"的金额采用红色负数表示，所以此时计算求和即可。

=C15+C16

=D15+D16

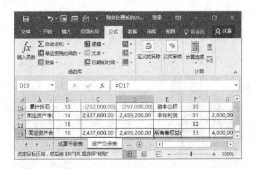

12 计算固定资产合计。根据公式"固定资产合计=固定资产净值"，分别在单元格C19和D19中输入以下公式，按下【Enter】键确认输入即可得到结果。

=C17

=D17

13 计算资产合计。根据公式"资产合计=流动资产合计+固定资产合计"，分别在单元格C20和D20中输入以下公式，按下【Enter】键确认输入即可得到结果。

=C12+C19

=D12+D19

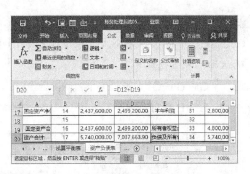

14 计算"流动负债"。流动负债主要包括应付账款、预收账款、应付职工薪酬、应交税费等科目。分别在单元格G5、H5、G6、H6、G7、H7、G8和H8中输入以下公式，按下【Enter】键确认输入即可得到结果。为了便于计算，此处在公式前添加负号，将负债和权益类科目转化为正数。

G5:=－SUMIF(科目代码,总账表单!A19,月初余额)

H5:=－SUMIF(科目代码,总账表单!A19,月末余额)

G6:=－SUMIF(科目代码,总账表单!A20,月初余额)

H6:=－SUMIF(科目代码,总账表单!A20,月末余额)

G7:=－SUMIF(科目代码,总账表单!A21,月初余额)

G7:=－SUMIF(科目代码,总账表单!A21,月末余额)

G8:=－SUMIF(科目代码,总账表单!A22,月初余额)

H8:=－SUMIF(科目代码,总账表单!A22,月末余额)

15 计算"流动负债合计"。分别在单元格G12和H12中输入以下公式，按下【Enter】键确认输入即可得到结果。

=G5+G6+G7+G8

=H5+H6+H7+H8

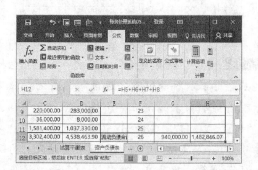

16 计算"实收资本"。分别在单元格G15和H15中输入以下公式，按下【Enter】键确认输入即可得到结果。

=-SUMIF(科目代码,总账表单!A24,月初余额)

=-SUMIF(科目代码,总账表单!A24,月末余额)

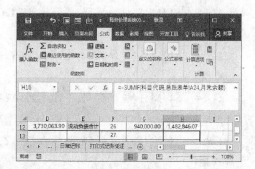

17 计算"本年利润"。分别在单元格G17和H17中输入以下公式，按下【Enter】键确认输入即可得到结果。

=-SUMIF(科目代码,总账表单!A27,月初余额)

=-SUMIF(科目代码,总账表单!A27,月末余额)

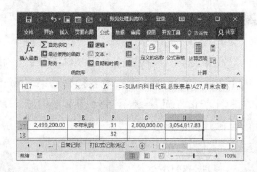

18 计算"所有者权益合计"。分别在单元格G19和H19中输入以下公式，按下【Enter】键确认输入即可得到结果。

=G15+G17

=H15+H17

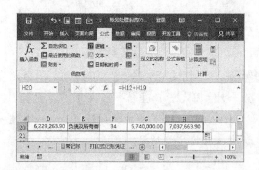

19 计算"负债及所有者权益合计"。分别在单元格G20和H20中输入以下公式，按下【Enter】键确认输入即可得到结果。

=G12+G19

=H12+H19

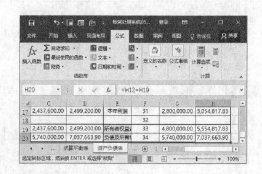

20 计算完毕，资产负债表的最终效果如下图所示。

资产负债表

编制单位：	XXX公司		2016年9月		及所有者权	行次	单位（元）	
资产	行次	月初数	月末数	负债及所有者权	行次	月初数	月末数
流动资产：	1			流动负债：	18		
货币资金	2	45,000.00	1,790,133.90	应付账款	19	320,000.00	331,700.00
应收账款	3	1,420,000.00	1,420,000.00	预收账款	20	250,000.00	550,000.00
坏账准备	4	0.00	0.00	应付职工薪酬	21	220,000.00	180,000.00
应收账款净额	5	1,420,000.00	1,420,000.00	应交税费	22	150,000.00	421,146.07
预付账款	6	220,000.00	283,000.00		23		
其他应收款	7	36,000.00			24		
存货	8	1,581,400.00	1,037,330.00		25		
流动资产合计	9	3,302,400.00	4,538,463.90	流动负债合计	26	940,000.00	1,482,846.07
	10				27		
固定资产：	11			所有者权益	28		
固定资产原价	12	3,189,600.00	3,296,200.00	实收资本	29	2,000,000.00	2,500,000.00
累计折旧	13	(752,000.00)	(797,000.00)	资本公积	30		
固定资产净值	14	2,437,600.00	2,499,200.00	本年利润	31	2,800,000.00	3,054,817.83
	15				32		
固定资产合计	16	2,437,600.00	2,499,200.00	所有者权益合计	33	4,800,000.00	5,554,817.83
资产合计	17	5,740,000.00	7,037,663.90	负债及所有者	34	5,740,000.00	7,037,663.90

16.2.2 分析资产负债表

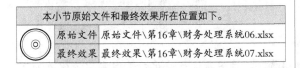

接下来使用Excel的图表功能，对2016年第三季度与2015年第三季度的流动资产进行增长分析，以便能够更加直观、清晰地比较和分析2016年第三季度流动资产的同比增长幅度。

本小节原始文件和最终效果所在位置如下。

原始文件 原始文件\第16章\财务处理系统06.xlsx

最终效果 最终效果\第16章\财务处理系统07.xlsx

1. 计算资产类和负债类增长额及增长率

接下来对比分析2015年度第三季度和2016年度第三季度资产负债的增长额以及增长幅度，具体的操作步骤如下。

1 计算资产类的"增长额"。打开本实例的原始文件，切换到工作表"分析资产负债表"，选中单元格D5，输入公式"=C5-B5"，按下【Enter】键确认输入，然后使用鼠标拖动的方法将此公式复制到单元格D40中，接着调整D列的列宽，使数据能够完全显示。

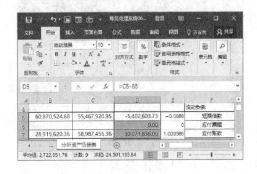

2 计算资产类的"增长率"。选中单元格E5，输入公式"=IF(B5=0,0,D5/B5)"，按下【Enter】键确认输入，然后使用鼠标拖动的方法将此公式复制到单元格区域E6:E40中。

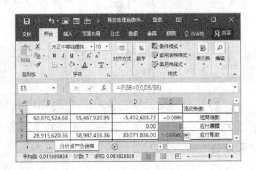

3 计算负债类"增长额"。在单元格I5中输入公式"=H5-G5"，按下【Enter】键确认输入，然后使用鼠标拖动的方法将此公式复制到单元格区域I5:I39中。

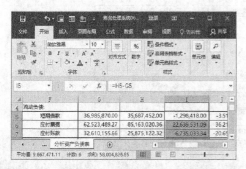

4 计算负债类的"增长率"。选中单元格J5，输入公式"=IF(G5=0,0,I5/G5)"，按下【Enter】键确认输入，然后使用鼠标拖动的方法将此公式复制到单元格区域J5:J39中。

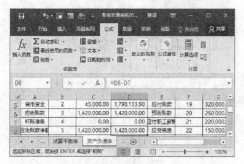

2. 插入和美化图表

插入图表的具体步骤如下。

1 选中单元格区域A3:E3和A5:E16，切换到【插入】选项卡，单击【图表】组中的【插入柱形图】按钮，在弹出的下拉列表中选择【簇状柱形图】选项。

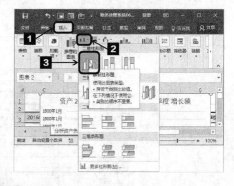

2 此时，工作表中插入了一个簇状柱形图。将其拖动到合适的位置并调整大小，效果如下图所示。

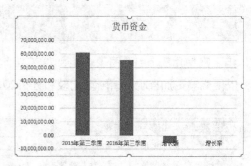

3 对图表进行美化，美化完毕，效果如下图所示。

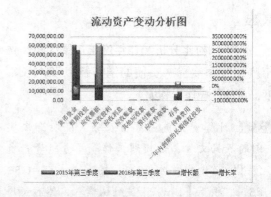

16.2.3 编制利润表

"利润表"是反映企业在一个时期内利润额或亏损情况的报表。"利润表"中的项目主要包括五大类：主营业务收入、主营业务利润、营业利润、利润总额和净利润。本小节介绍制作和分析"利润表"的方法。

本小节原始文件和最终效果所在位置如下。

原始文件	原始文件\第16章\财务处理系统07.xlsx
最终效果	最终效果\第16章\财务处理系统08.xlsx

1. 制作利润表

制作利润表的具体步骤如下。

1 打开本实例的原始文件，切换到工作表"利润表"。利润表的基本框架如下图所示。

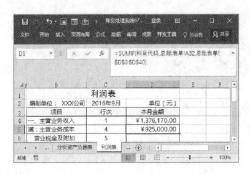

2 计算"主营业务收入"。在单元格D4中输入函数公式"=SUMIF(科目代码,总账表单!A29,总账表单!$E$3:$E$40)"，按下【Enter】键确认输入。

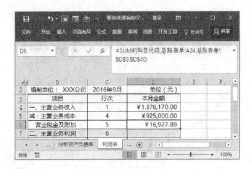

3 计算"主营业务成本"。在单元格D5中输入函数公式"=SUMIF(科目代码,总账表单!A32,总账表单!$D$3:$D$40)"，按下【Enter】键确认输入。

4 计算"营业税金及附加"。在单元格D6中输入函数公式"=SUMIF(科目代码,总账表单!A34,总账表单!$D$3:$D$40)"，按下【Enter】键确认输入。

5 计算"主营业务利润"。根据公式"主营业务利润=主营业务收入−主营业务成本−主营业务税金及附加"，在单元格D7中输入函数公式"=D4-D5-D6"，按下【Enter】键确认输入。

6 计算"其他业务收入"。在单元格D8中输入函数公式"=SUMIF(科目代码,总账表单!A30,总账表单!$E$3:$E$40)"，按下【Enter】键确认输入。

7 计算"其他业务支出"。在单元格D9中输入函数公式"=SUMIF(科目代码,总账表单!A33,总账表单!$D$3:$D$40)",按下【Enter】键确认输入。

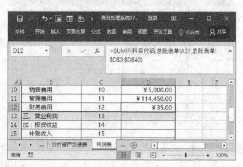

8 计算"销售费用"。在单元格D10中输入函数公式"=SUMIF(科目代码,总账表单!A35,总账表单!$D$3:$D$40)",按下【Enter】键确认输入。

9 计算"管理费用"。在单元格D11中输入函数公式"=SUMIF(科目代码,总账表单!A36,总账表单!$D$3:$D$40)",按下【Enter】键确认输入。

10 计算"财务费用"。在单元格D12中输入函数公式"=SUMIF(科目代码,总账表单!A37,总账表单!$D$3:$D$40)",按下【Enter】键确认输入。

11 计算"营业利润"。根据公式"营业利润=主营业务利润+其他业务收入−其他业务支出−销售费用−管理费用−财务费用",在单元格D13中输入公式"=D7+D8−D9−D10−D11−D12",按下【Enter】键确认输入。

12 计算"营业外收入"。在单元格D16中输入公式"=SUMIF(科目代码,总账表单!A31,总账表单!$E$3:$E$40)",按下【Enter】键确认输入。

=SUMIF(科目代码,总账表单!A31,总账表单!
$E$3:$E$40)

	B	C		
12	财务费用	12	￥35.00	
13	三、营业利润	13	￥314,757.11	
14	加：投资收益	14		
15	补贴收入	15		
16	营业外收入	16	￥106,600.00	
17	减：营业外支出	17		

分析资产负债表 利润表

13 计算"营业外支出"。在单元格D17中输入公式"=SUMIF(科目代码,总账表单!A39,总账表单!$D$3:$D$40)",按下【Enter】键确认输入。

D17 =SUMIF(科目代码,总账表单!A39,总账表单!
$D$3:$D$40)

	B	C		
13	三、营业利润	13	￥314,757.11	
14	加：投资收益	14		
15	补贴收入	15		
16	营业外收入	16	￥106,600.00	
17	减：营业外支出	17	￥81,600.00	
18	四、利润总额	18		

分析资产负债表 利润表

14 计算"利润总额"。根据公式"利润总额＝营业利润＋投资收益＋补贴收入＋营业外收入－营业外支出"，在单元格D18中输入"=D13 +D14+D15+D16－D17"，然后按下【Enter】键确认输入。

D18 =D13 +D14+D15+D16-D17

	B	C		
14	加：投资收益	14		
15	补贴收入	15		
16	营业外收入	16	￥106,600.00	
17	减：营业外支出	17	￥81,600.00	
18	四、利润总额	18	￥339,757.11	
19	减：所得税	19		
20	五、净利润	20		
21				

分析资产负债表 利润表

15 计算"所得税"。在单元格D19中输入函数公式"=SUMIF(科目代码,总账表单!A40,总账表单!$D$3:$D$40)",按下【Enter】键确认输入。

=SUMIF(科目代码,总账表单!A40,总账表单!
$D$3:$D$40)

	B	C		
15	补贴收入	15		
16	营业外收入	16	￥106,600.00	
17	减：营业外支出	17	￥81,600.00	
18	四、利润总额	18	￥339,757.11	
19	减：所得税	19	￥84,939.28	
20	五、净利润	20		

分析资产负债表 利润表

16 计算"净利润"。根据公式"净利润＝利润总额－所得税"，在单元格D20中输入公式"=D18-D19"，按下【Enter】键确认输入。

D20 =D18-D19

	B	C		
14	加：投资收益	14		
15	补贴收入	15		
16	营业外收入	16	￥106,600.00	
17	减：营业外支出	17	￥81,600.00	
18	四、利润总额	18	￥339,757.11	
19	减：所得税	19	￥84,939.28	
20	五、净利润	20	￥254,817.83	
21				

分析资产负债表 利润表

17 计算完毕，利润表的最终效果如右上图所示。

D20 =D18-D19

	B	C		
1		利润表		
2	编制单位：XXX公司	2016年9月	单位（元）	
3	项目	行次	本月金额	
4	一、主营业务收入	1	￥1,376,510.00	
5	减：主营业务成本	4	￥925,000.00	
6	营业税金及附加	5	￥16,927.89	
7	二、主营业务利润	6	￥434,242.11	
8	加：其他业务收入	7	￥0.00	

分析资产负债表 利润表

2. 分析利润表

"利润表"编制完毕，接下来使用Excel 2016的图表功能，对比分析本月与上月的利润数据。具体的操作步骤如下。

1 计算"增长额"。在工作表"分析利润表"中，选中单元格D4，输入公式"=C4-B4"，按下【Enter】键确认输入，然后使用鼠标拖动的方法将此公式复制到单元格区域D5:D20中。

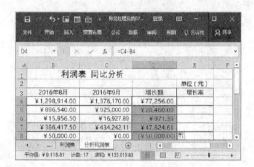

2 计算"增长率"。选中单元格E4，输入公式"=IF(B4=0,0,D4/B4)"，按下【Enter】键确认输入，然后使用鼠标拖动的方法将此公式复制到单元格区域E5:E20中。

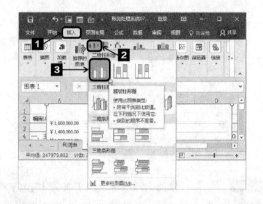

5 此时，工作表中插入了一个簇状柱形图，将其拖动到合适的位置并调整大小，效果如下图所示。

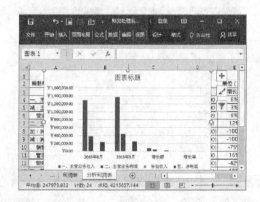

3 计算完毕，利润分析表的效果如下图所示。

利润表 同比分析			
			单位（元）
2016年8月	2016年9月	增长额	增长率
¥1,298,914.00	¥1,376,170.00	¥77,256.00	6%
¥896,540.00	¥925,000.00	¥28,460.00	3%
¥15,956.50	¥16,927.89	¥971.39	6%
¥386,417.50	¥434,242.11	¥47,824.61	12%
¥50,000.00	¥0.00	(¥50,000.00)	-100%
¥36,000.00	¥0.00	(¥36,000.00)	-100%
¥20,056.00	¥5,000.00	(¥15,056.00)	-75%
¥98,600.00	¥114,450.00	¥15,850.00	16%
¥60.00	¥35.00	(¥25.00)	-42%
¥281,701.50	¥314,757.11	¥33,055.61	12%
	¥0.00	¥0.00	0%
	¥0.00	¥0.00	0%
¥110,490.00	¥106,600.00	(¥3,890.00)	-4%
¥79,842.00	¥81,600.00	¥1,758.00	2%
¥312,349.50	¥339,757.11	¥27,407.61	9%
¥76,589.45	¥84,939.28	¥8,349.83	11%
¥235,760.05	¥254,817.83	¥19,057.78	8%

4 选中单元格区域A3:E4、A7:E7、A15:E15和A20:E20，切换到【插入】选项卡，单击【图表】组中的【插入柱形图】按钮，在弹出的下拉列表中选择【簇状柱形图】选项。

6 对图表进行格式设置和美化，近两个月企业利润同比分析图的最终效果如下图所示。

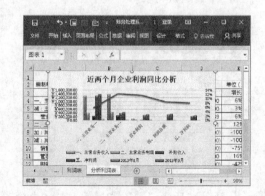

16.2.4 编制现金流量表

在企业经营的过程中，需要处处与现金打交道，这就需要企业经营者必须及时地掌握企业在各项活动中所产生的现金流入与流出情况。本小节介绍"现金流量表"的编制方法并分析"现金流量表"。

本小节原始文件和最终效果所在位置如下。

| 原始文件 | 原始文件\第16章\财务处理系统08.xlsx |
| 最终效果 | 最终效果\第16章\财务处理系统09.xlsx |

1. 制作现金流量框架表

"现金流量表"主要包括四大部分：经营活动产生的现金流量、投资活动产生的现金流量、筹资活动产生的现金流量、现金及与现金等价物的增加净额。下面根据这四大部分制作"现金流量表"，具体的操作步骤如下。

1 打开本实例的原始文件，切换到工作表"现金流量表"，现金流量表的基本框架如下图所示。

2 计算"年度合计"。在单元格G5中输入函数公式"=IF(AND(C5="",D5="",E5="",F5=""),"",SUM(C5:F5))"，按下【Enter】键确认输入。该公式表示"如果单元格区域C5:F5都为空，则返回空；否则返回单元格区域C5:F5的合计"。

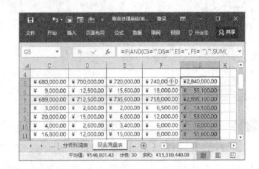

3 使用鼠标拖动的方法将此公式复制到单元格区域G6:G34中。

2. 分析现金流量表

"通过分析"现金流量"，可以进一步明确各项经营活动中现金收支情况和现金流量净额，并且能够反映企业的现金主要用在了哪些方面。使用Excel 2016的动态图表功能对现金流量表的各个项目进行分析，具体的操作步骤如下。

1 切换到工作表"分析现金流量"，企业活动的各种现金收入小计、现金支出小计以及现金流量净额的具体情况如下图所示。

2 选中单元格区域B3:D3，然后按下
【Ctrl】+【C】组合键，再选中单元格A9，
切换到【开始】选项卡，单击【剪贴板】组
中的【粘贴】按钮的下半部分按钮粘贴，在
弹出的下拉列表中选择【转置】选项。

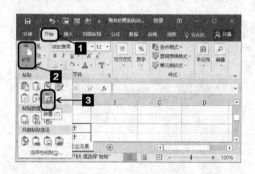

3 选中单元格B8，切换到【数据】选项
卡，单击【数据工具】组中的 数据验证 按钮右
侧的下三角按钮，在弹出的下拉列表中选
择【数据验证】选项。

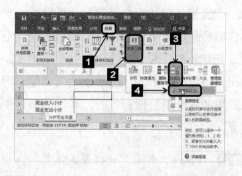

4 弹出【数据验证】对话框，切换到【设
置】选项卡，在【允许】下拉列表框中选择
【序列】选项，然后在下方的【来源】文本
框中将引用区域设置为"=$A$4:$A$6"。

5 单击 确定 按钮返回工作表，此时单击
单元格B8右侧的下拉按钮，即可在弹出的
下拉列表中选择相关选项。

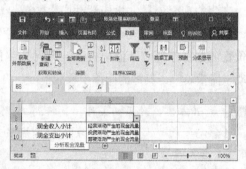

6 在单元格B9中输入函数公式"=VLOOK
UP($B$8,$4:$6,ROW()-7,0)"，然后将公式
填充到单元格B10和B11中。该公式表示"以
单元格B8为查询条件，从第4行到第6行进行
横向查询，当查询到第7行的时候，数据返回
0值"。

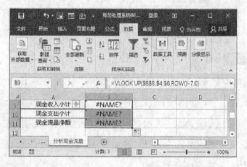

7 此时单击单元格B8右侧的下拉按钮，
在弹出的下拉列表中选择【经营活动产生的
现金流量】选项，就可以横向查找出A列相对
应的值。

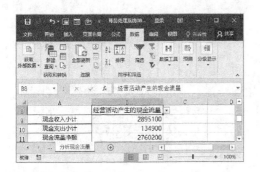

8 选中单元格区域A8:B11，切换到【插入】选项卡，单击【图表】组中的【插入饼图或圆环图】按钮 🥧 ▾，在弹出的下拉列表中选择【三维饼图】选项。

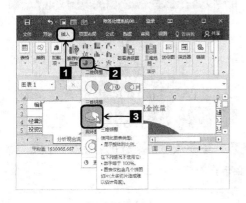

9 此时，工作表中插入了一个三维饼图。

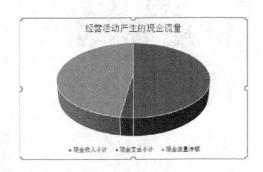

10 对图表进行美化，设置完毕效果如右上图所示。

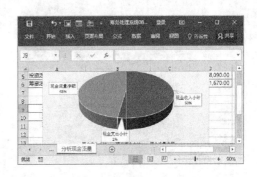

11 切换到【开发工具】选项卡，单击【控件】组中的【插入】按钮 🔲，在弹出的下拉列表中选择【组合框(ActiveX控件)】选项。

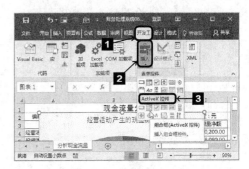

12 此时，鼠标指针变成 ✚ 形状，在工作表中单击鼠标左键即可插入一个组合框，并进入设计模式状态，然后将该组合框调整到合适的大小和位置。

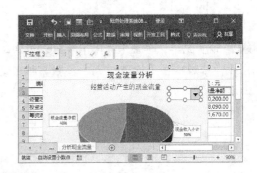

13 选中该组合框，切换到【开发工具】选项卡，单击【控件】组中的【控件属性】按钮 ▥。

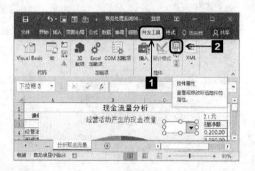

14 弹出【属性】对话框，在【ListFillRange】右侧的文本框中输入"分析现金流量!A4:A6"，在【LinkedCell】右侧的文本框中输入"分析现金流量!B8"。

15 设置完毕，单击【关闭】按钮 返回工作表，然后单击【设计模式】按钮 即可退出设计模式。

16 此时，单击组合框右侧的下拉按钮 ，在弹出的下拉列表中选择【投资活动产生的现金流量】选项。

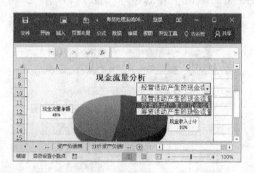

17 投资活动产生的现金流量的数据图表就显示出来了。

第17章

PPT设计案例——
销售培训PPT设计

前面章节详细介绍了制作演示文稿的相关知识点，本章我们以制作销售技能培训PPT为例，串联各知识点，完整地展示制作一个演示文稿的过程。

本书配套教学光盘中有与本章知识相关的多媒体教学视频，请读者参见光盘中的【PPT的设计与应用\案例详解】。

17.1 设计幻灯片母版

母版中包含出现在每一张幻灯片上的显示元素，如文本占位符、图片、动作按钮，或者是在相应版式中出现的元素。使用母版可以方便地统一幻灯片的样式及风格。

17.1.1 PPT母版的特性与适用情形

一个完整且专业的演示文稿，它的内容、背景、配色和文字格式等都有着统一的设置。为了实现统一的设置就需要用到幻灯片母版。

1. PPT母版的特性

统一 ——配色、版式、标题、字体、和页面布局等。

限制 ——其实这是实现统一的手段，限制个性发挥。

速配 ——排版时根据内容类别一键选定对应的版式。

2. PPT母版的适用情形

鉴于PPT母版的以上特性，如果你的PPT页面数量大、页面版式可以分为固定的若干类、需要批量制作的PPT课件，对生产速度有要求，那就给PPT定制一个母版吧。

17.1.2 PPT母版制作要领——结构和类型

进入PPT母版视图，可以看到PPT自带的一组默认母版，分别是以下几类。

Office主题页：在这一页中添加的内容会作为背景在下面所有版式中出现。

标题幻灯片：可用于幻灯的封面封底，与主题页不同时需要勾选隐藏背景图形。

标题内容幻灯片：标题框架+内容框架。

后面还有节标题、比较、空白、仅标题、仅图片等不同的PPT版式布局可供选择。

以上PPT版式都可以根据设计需要重新调整。保留需要的版式，将多余的版式删除。

17.1.3 设计母版的总版式

在办公应用中使用的PPT一般要求简洁、规范，所以在实际应用中，PPT通篇的背景颜色通常会选用同一种颜色。针对这种情况，我们可以将PPT背景颜色的设置放在总版式中设置。

总版式格式是在指在各个版式幻灯片中都显示的格式。设置总版式的具体步骤如下。

本小节原始文件和最终效果所在位置如下。	
原始文件	无
最终效果	最终效果\第17章\销售技能培训.pptx

1 新建演示文稿"销售技能培训",打开文件,此时演示文稿中还没有任何幻灯片。

2 在演示文稿的编辑区单击鼠标左键即可为演示文稿添加一张幻灯片。

3 切换到【视图】选项卡,在【视图】组中单击【幻灯片母版】按钮 幻灯片母版 。

4 此时,系统会自动切换到幻灯片母版视图,并切换到【幻灯片母版】选项卡,在左侧的幻灯片导航窗格中选择【Office主题 幻灯片母版:由幻灯片1使用】幻灯片选项。

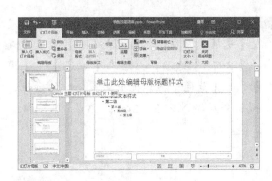

5 在【背景】组中单击【背景样式】按钮 背景样式 ,从弹出的下拉列表中选择【设置背景格式】选项。

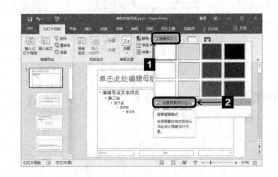

6 弹出【设置背景格式】任务窗格,单击【填充】按钮 ,在【填充】组中选中【纯色填充】单选钮,然后单击【填充颜色】按钮 ,从弹出的下拉列表中选择【其他颜色】选项。

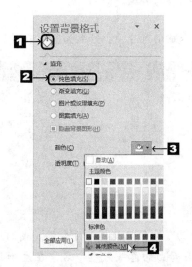

7 弹出【颜色】对话框，切换到【自定义】选项卡，在【颜色模式】下拉列表中选择【RGB】选项，然后在【红色】、【绿色】、【蓝色】微调框中输入合适的数值，例如分别输入255、249、231，然后单击 确定 按钮。

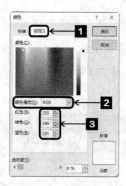

8 返回【设置背景格式】任务窗格，单击【关闭】按钮 ×。

9 返回幻灯片中，效果如图所示。

10 为了方便记忆幻灯片母版，我们可以对幻灯片母版的总版式重命名，在左侧导航窗格中的总版式上单击鼠标右键，在弹出的快捷菜单中选择【重命名母版】菜单项。

11 弹出【重命名版式】对话框，在【版式名称】文本框中输入新的版式名称"销售技能培训"。

12 单击 重命名(R) 按钮，返回幻灯片母版，将鼠标光标移动到母版总版式上，即可看到总版式的名称已经更改为"销售技能培训"。

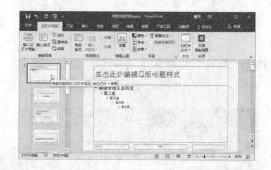

13 设置完成后，切换到【幻灯片母版】选项卡，在【关闭】组中单击【关闭母版视图】按钮，关闭母版视图，返回普通视图，即可看到演示文稿中的幻灯片已经应用我们设计的背景。

17.1.4 设计封面页版式

本小节原始文件和最终效果所在位置如下。

素材文件	素材文件\第17章\16.png
原始文件	原始文件\第17章\销售技能培训1.pptx
最终效果	最终效果\第17章\销售技能培训1.pptx

为了设计方便，封面的基本设计我们也可以在母版中进行，设计好封面页版式后，用户就可以在母版的基础上设计封面了，可以大大提高工作效率。

1 打开本实例的原始文件，切换到【视图】选项卡，在【视图】组中单击【幻灯片母版】按钮 幻灯片母版。

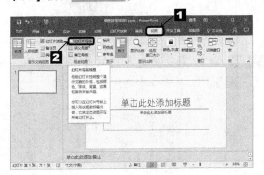

2 在左侧的幻灯片导航窗格中选择【标题幻灯片 版式：由幻灯片1使用】幻灯片选项。

3 按住【Shift】键的同时，选中幻灯片中的两个占位符，然后按下【Delete】键，即可将占位符删除。

4 切换到【插入】选项卡，在【插图】组中，单击【形状】按钮，从弹出的下拉列表中选择【矩形】列表中的【矩形】选项。

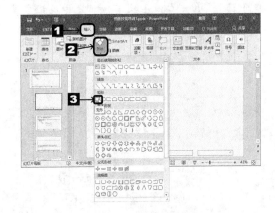

5 将鼠标指针移动到幻灯片中，此时鼠标指针呈十形状，单击鼠标左键，即可绘制一个矩形。

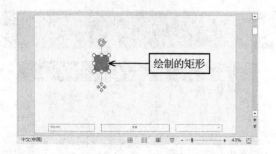

绘制的矩形

6 选中绘制的矩形，在矩形上单击鼠标右键，在弹出的快捷菜单中选择【设置形状格式】菜单项。

7 弹出【设置形状格式】任务窗格，单击【填充线条】按钮，在【填充】组中选中【纯色填充】单选钮，然后单击【填充颜色】按钮，在弹出的下拉列表中选择【其他颜色】选项。

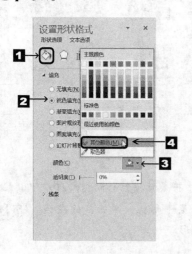

8 弹出【颜色】对话框，切换到【自定义】选项卡，在【颜色模式】下拉列表中选择【RGB】选项，然后在【红色】、【绿色】、【蓝色】微调框中输入合适的数值，例如分别输入"31""72""124"，然后单击 确定 按钮。

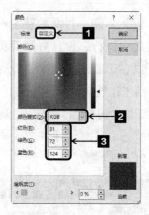

9 返回【设置形状格式】任务窗格，在【线条】组中选择【无线条】单选钮。

10 单击【大小与属性】按钮，在【大小】组中的【高度】和【宽度】微调框中分别输入"5.6厘米"和"33.87厘米"，使矩形的宽度和幻灯片的宽度一致。

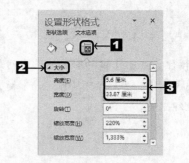

11 在【位置】组中的【水平位置】和【垂直位置】微调框中分别输入"0厘米"和"6.4厘米"，在两个【从】下拉列表中都选择【左上角，这样可以使绘制的矩形相对于幻灯片左对齐。

12 设置完毕，单击【关闭】按钮×，返回幻灯片中，效果如图所示。

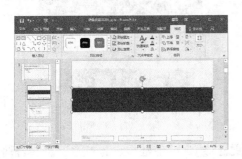

13 再次切换到【插入】选项卡，在【插图】组中单击【形状】按钮，从弹出的下拉列表中选择【线条】列表中的【直线】选项，然后按住【Shift】键，在矩形的下方绘制一条长度与幻灯片宽度相等的直线。

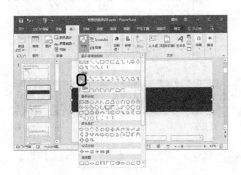

14 切换到【绘图工具】栏的【格式】选项卡，在【形状样式】组中单击【形状轮廓】按钮 形状轮廓 的右半部分 形状轮廓 ，在弹出的下拉列表中选择【粗细】▶【1.5磅】选项。

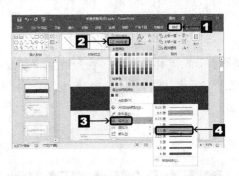

15 再次单击【形状轮廓】按钮 形状轮廓 的右半部分 形状轮廓 ，在弹出的下拉列表中选择【取色器】选项。

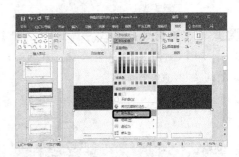

16 将鼠标指针移动到矩形上，即可看到鼠标指针呈吸管状 ，同时吸管右上方显示吸管所在位置的颜色参数。

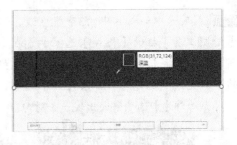

17 单击鼠标左键即可将直线颜色设置为与矩形相同的颜色，效果如图所示。

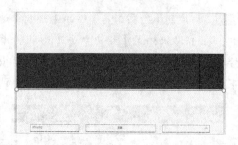

18 按照同样的方法，在幻灯片中再绘制1条长13厘米、深蓝色、0.25磅的直线，效果如图所示。

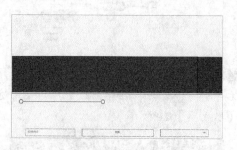

19 选中绘制的短直线，通过【Ctrl】+【C】和【Ctrl】+【V】组合键，在幻灯片中复制两条相同的直线。

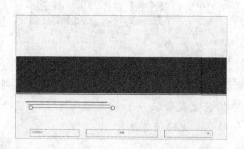

20 同时选中幻灯片中的3条段直线，切换【绘图工具】栏的【格式】选项卡，在【排列】组中单击【对齐对象】按钮，从弹出的下拉列表中选择【对齐幻灯片】选项，使【对齐幻灯片】选项前面出现一个对勾。

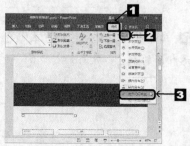

21 再次单击【对齐对象】按钮，从弹出的下拉列表中选择【左对齐】选项，即可使3条短直线相对于幻灯片左对齐。

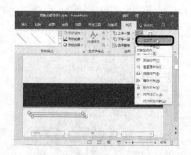

22 为方便管理，我们可以将3条短直线组合为一个整体。再次切换到【绘图工具】栏的【格式】选项卡，在【排列】组中单击【组合对象】按钮，从弹出的下拉列表中选择【组合】选项。

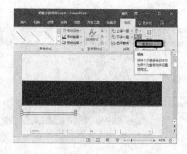

23 复制一组组合后的图形，将鼠标指针移动到组合图形的边框上，鼠标指针呈形状，按下鼠标左键，此时鼠标指针呈形状，拖动鼠标移动复制后的组合图形的位置，当出现两条表示与左边的图形对齐的虚线，一条与幻灯片右边界对齐的虚线时，释放鼠标左键即可。

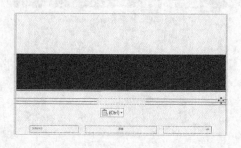

24 接下来插入封面底图。切换到【插入】选项卡，在【图像】组中单击【图片】按钮█。

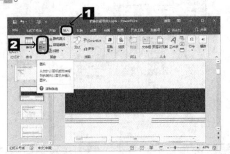

25 弹出【插入图片】对话框，选中图片"16.png"，然后单击 插入(S) 按钮。

26 即可将选中图片插入到幻灯片中。

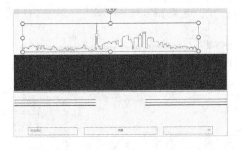

27 选中插入的图片，切换到【图片工具】栏的【格式】选项卡，在【大小】组中的【宽度】微调框中输入"33.87厘米"，然后将图片移动到合适的位置。

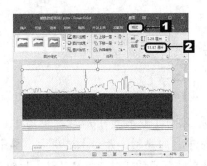

提示

在调整图片大小时，PowerPoint 2016默认情况下是勾选【锁定纵横比】复选框的，所以调整图片宽度后，图片的高度随之变化。

28 设置完成后，切换到【幻灯片母版】选项卡，在【关闭】组中单击【关闭母版视图】按钮，关闭母版视图即可。

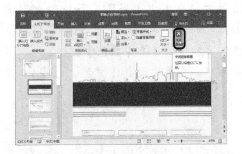

17.1.5 设计标题页版式

本小节原始文件和最终效果所在位置如下。	
原始文件	原始文件\第17章\销售技能培训2.pptx
最终效果	最终效果\第17章\销售技能培训2.pptx

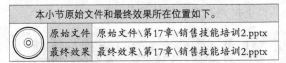

设计完封面版式后，接下来设置标题页的版式，具体操作步骤如下。

1 打开本实例的原始文件，切换到【视图】选项卡，在【视图】组中单击【幻灯片母版】按钮█。

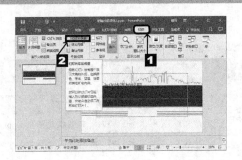

2 在左侧的幻灯片导航窗格中选中【仅标题 版式：任何幻灯片都不适用】幻灯片。

3 选中【仅标题】幻灯片中的【标题占位符】，切换到【开始】选项卡，单击【字体】组右下角的【对话框启动器】按钮 。

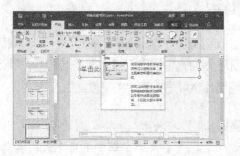

4 弹出【字体】对话框，切换到【字体】选项卡，在【中文字体】下拉列表中选择【微软雅黑】选项，在【大小】微调框中输入"24"，单击【颜色】按钮 ，从弹出的下拉列表中选择【黑色，文字1，淡色25%】选项。

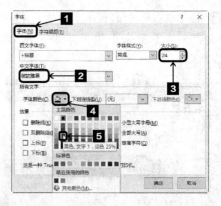

5 设置完毕，单击 确定 按钮，返回幻灯片中，调整占位符的大小，效果如图所示。

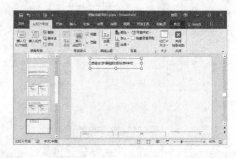

6 在【仅标题】幻灯片中，绘制4个矩形，并设置其形状格式并调整矩形和占位符的位置，效果如图所示。

7 设置完成后，切换到【幻灯片母版】选项卡，在【关闭】组中单击【关闭母版视图】按钮，关闭母版视图即可。

17.1.6 设计封底页版式

本小节原始文件和最终效果所在位置如下。	
原始文件	原始文件\第17章\销售技能培训3.pptx
最终效果	最终效果\第17章\销售技能培训3.pptx

1 打开本实例的原始文件，切换到【视图】选项卡，在【视图】组中单击【幻灯片母版】按钮 。

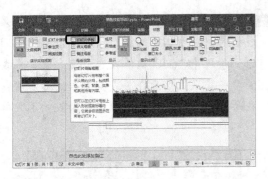

2 切换到【幻灯片母版】选项卡，在导航窗格中选中【空白 版式：任何幻灯片都不适用】幻灯片。

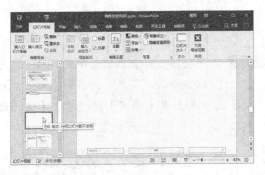

3 切换到【插入】选项卡，在【插图】组中单击【形状】按钮，从弹出的下拉列表中选择【基本形状】列表中的【直角三角形】选项，然后在幻灯片中绘制一个直角三角形，调整其位置，设置其【高度】为"3.25厘米"，宽度为"2.81厘米"，无轮廓，并设置一种合适的颜色，效果如图所示。

4 选中绘制的直角三角形，按【Ctrl】+【C】组合键进行复制，然后按【Ctrl】+【V】组合键进行粘贴，即可复制一个直角三角形。

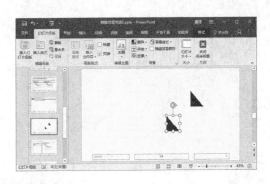

5 选中其中一个直角三角形，切换到【绘图工具】栏的【格式】选项卡，单击【形状样式】组右下角的【对话框启动器】按钮。

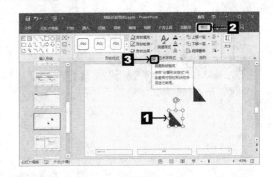

6 弹出【设置形状格式】任务窗格，单击【大小与属性】按钮，在【大小】组中的【旋转】微调框中输入"180°"。

7 设置完毕，单击【关闭】按钮×，返回幻灯片中即可。

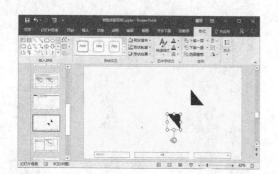

8 绘制其他形状并设置相应的格式，最后将这些形状组合为一个整体，效果如图所示。

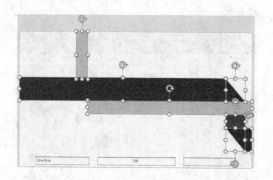

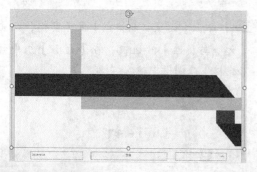

9 此时母版版式就制作完成了，接下来我们可以保留需要的版式，将多余的版式删除。按住【Ctrl】键依次选中没有设置样式的母版版式，然后在版式上单击鼠标右键，在弹出的快捷菜单中选择【删除版式】菜单项。

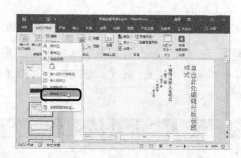

10 即可将多余母版删除，导航窗格中只保留设置好的3个母版样式。切换到【幻灯片母版】选项卡，在【关闭】组中单击【关闭母版视图】按钮，关闭母版视图即可。

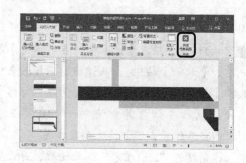

17.2 编辑幻灯片

幻灯片母版设计完成以后，接下来用户就可以在幻灯片中输入文本了，并且还可以通过表格、图形、图片等来美化幻灯片。

17.2.1 编辑封面页

封面页中往往要显示出公司LOGO、公司名称、演示文稿的主题以及其他美化图片、图形。演示文稿的标题有主标题和副标题，用户可以根据实际案例确定是否同时需要两个标题。

本小节原始文件和最终效果所在位置如下。	
原始文件	原始文件\第17章\销售技能培训4.pptx
最终效果	最终效果\第17章\销售技能培训4.pptx

对于"销售技能培训"案例，封面页中的美化图形，已经在幻灯片母版中设计完毕，此时只要输入封面页的文本内容即可，最终效果如图所示。

1 打开本实例的原始文件，将光标定位在标题占位符中，文本框处于可编辑状态，在文本框中输入文本"销售技能培训"。

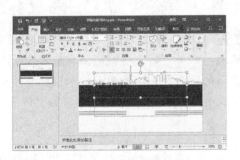

2 选中文本"销售技能培训"，切换到【开始】选项卡，单击【字体】组右下角的【对话框启动器】按钮。

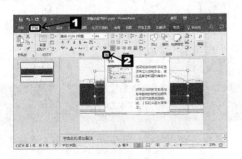

3 弹出【字体】对话框，切换到【字体】选项卡，在【中文字体】下拉列表中选择【微软雅黑】选项，在【字体样式】列表框中选择【加粗】选项，在【大小】微调框中输入"66"，然后单击【字体颜色】按钮，从弹出的下拉列表中选择【白色，背景1】选项。

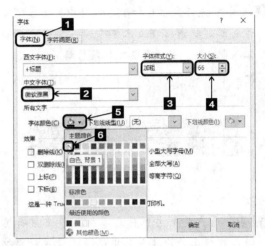

4 切换到【字符间距】选项卡，在【间距】下拉列表中选择【加宽】选项，然后在【度量值】微调框中输入"3"。

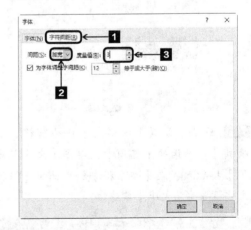

5 单击 确定 按钮，返回幻灯片中，选中【段落】组中的【居中】按钮，使标题文本居中显示，效果如图所示。

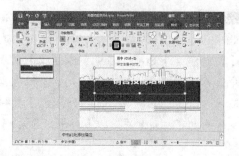

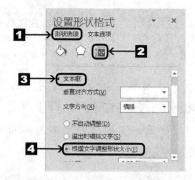

6 将光标定位在标题占位符中，文本框处于可编辑状态，在文本框中输入文本"新员工入职之"，并设置其字体段落格式。

9 设置完毕，单击【关闭】按钮，关闭【设置形状格式】任务窗格，返回幻灯片编辑区，效果如图所示。

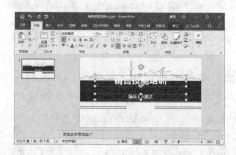

7 选中两个占位符文本框，单击鼠标右键，在弹出的快捷菜单中选择【设置对象格式】菜单项。

10 由于标题幻灯片中系统自带的文本框默认是水平居中的，所以此处我们只需利用键盘上的方向键，调整两个文本框在幻灯片中的纵向位置即可，调整后的效果如图所示。

8 弹出【设置形状格式】任务窗格，切换到【形状选项】选项卡，单击【大小与属性】按钮，在【文本框】组中选中【根据文字调整形状大小】单选钮。

17.2.2 编辑目录页

目录页是观众从整体上了解演示文稿的最简洁的、最快速的方法。目录页的表现形式既要新颖，同时又要能体现整个PPT的内容。

本小节原始文件和最终效果所在位置如下。	
素材文件	素材文件\第17章\6~8.png
原始文件	原始文件\第17章\销售技能培训5.pptx
最终效果	最终效果\第17章\销售技能培训5.pptx

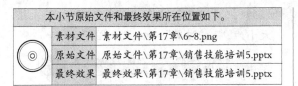

由于13.1节创建的3个母版页都不太适合目录的制作，所以，在编辑目录页时，需要再插入一个新的母版，具体操作步骤如下。

1 切换到【视图】选项卡，在【视图】组中单击【幻灯片母版】按钮 幻灯片母版。

2 在左侧的幻灯片导航窗格中的标题幻灯片上单击鼠标右键，在弹出的快捷菜单中选择【插入版式】菜单项。

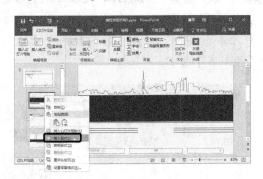

3 即可在标题幻灯片下面插入一个自定义版式。

4 切换到【幻灯片母版】选项卡，在【关闭】组中单击【关闭母版视图】按钮，关闭母版视图，返回普通视图界面。

5 切换到【开始】选项卡，单击【幻灯片】组中的【新建幻灯片】按钮的下半部分按钮，从弹出的下拉列表中选择【自定义版式】选项。

6 即可插入一张【自定义版式】的幻灯片。

7 将【自定义版式】幻灯片中的占位符删除，然后切换到【插入】选项卡，在【表格】组中单击【表格】按钮，在弹出的下拉列表中选择【插入表格】选项。

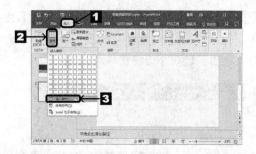

8 弹出【插入表格】对话框，在【列数】微调框中输入 "7"，在【行数】微调框中输入 "1"，然后单击 确定 按钮。

9 即可在幻灯片中插入一个1行7列的表格，效果如图所示。

10 选中表格的前6列，切换到【表格工具】栏的【布局】选项卡，在【单元格大小】组中的【宽度】微调框中输入 "4.4厘米"。

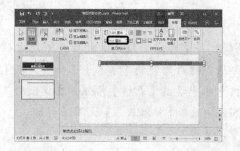

11 按照同样的方法，设置第7列的单元格大小为 "7.47厘米"，效果如图所示。

12 选中整个表格，切换到【表格工具】栏的【布局】选项卡，在【表格尺寸】组中的【高度】微调框中输入 "2.9厘米"。

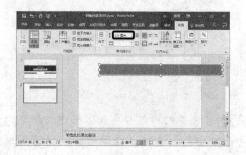

13 选中表格，切换到【表格工具】栏的【布局】选项卡，在【排列】组中，单击【对齐】按钮，从弹出的下拉列表中选择【左对齐】选项。

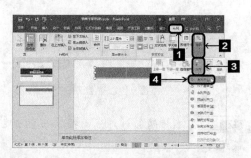

14 在【排列】组中，再次单击【对齐】按钮，从弹出的下拉列表中选择【顶端对齐】选项。

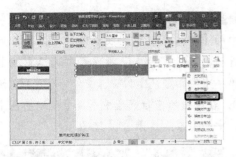

15 此时表格会相对于幻灯片左对齐，顶端对齐，效果如图所示。

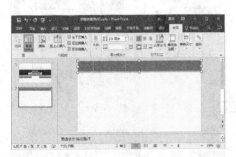

16 选中整个表格，切换到【表格工具】栏的【设计】选项卡，在【表格样式】组中，单击【底纹】按钮 🎨 ▾ 右侧的下三角按钮，从弹出的下拉列表中的【其他填充颜色】选项。

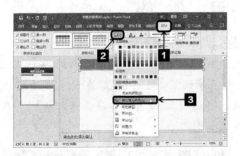

17 弹出【颜色】对话框，切换到【自定义】选项卡，在【颜色模式】下拉列表中选择【RGB】选项，然后在【红色】、【绿色】、【蓝色】微调框中输入合适的数值，例如分别输入"31""72""124"，然后单击 确定 按钮。

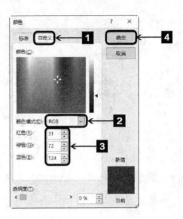

18 选中表格的第2个单元格，再次单击【底纹】按钮 🎨 ▾ 右侧的下三角按钮，从弹出的下拉列表中选中【图片】选项。

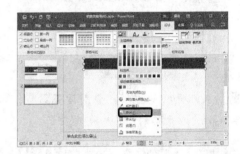

19 弹出【插入图片】界面，单击【浏览】按钮。

20 弹出【插入图片】对话框，找到素材文件的保存位置，选中图片"6.png"，然后单击 插入(S) ▾ 按钮。

21 返回幻灯片中，即可设置第2个单元格的图片填充。

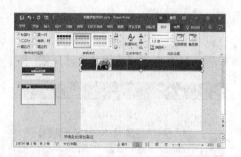

22 按照同样的方法，分别设置第4个单元格和第6个单元格的图片填充效果。

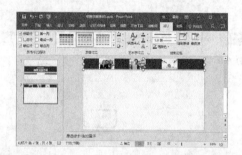

23 选中整个表格，切换到【表格工具】栏的【布局】选项卡，在【对齐方式】组中分别单击【居中】按钮三和【垂直居中】按钮目，使各单元格中的内容水平和垂直都居中对齐。

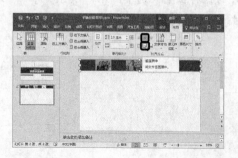

24 切换到【开始】选项卡，在【字体】组中的【字体】下拉列表中选择【微软雅黑】选项，在【字号】下拉列表中选择【28】，单击【字体颜色】按钮A右侧的下三角按钮，在弹出的下拉列表中选择【主题颜色】列表中的【白色，背景1】选项。

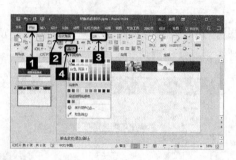

25 在第1个单元格、第3个单元格和第5个单元格中分别输入Part1、Part2、Part3。

26 为了突出显示该演示文稿有3个部分组成，我们可以依次将Part后面的数字1、2、3的字号设置为36，然后在目录页中输入目录，并通过添加辅助形状来进行美化，最终效果如图所示。

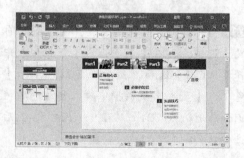

17.2.3 编辑过渡页

过渡页主要是以一种新颖的形式，展示二级目录。下面以制作第一部分的过渡页为例介绍制作过渡页的具体步骤。

⊚	本小节原始文件和最终效果所在位置如下。	
	原始文件	原始文件\第17章\销售技能培训6.pptx
	最终效果	最终效果\第17章\销售技能培训6.pptx

1 打开本实例的原始文件，选中第2张幻灯片，切换到【开始】选项卡，在【幻灯片】组中单击【新建幻灯片】按钮的下半部分，从弹出的下拉列表中选择【仅标题】选项。

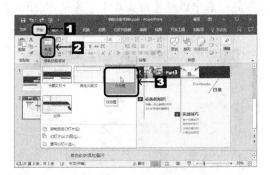

2 即可在演示文稿中插入一张【仅标题】版式的幻灯片。

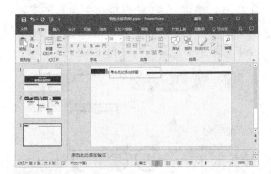

3 在"单击此处添加标题"占位符中输入第一个一级标题"正确的心态"。

4 在幻灯片中绘制一个文本框，输入文本"PART1"，将其设置为微软雅黑、18号、加粗，效果如图所示。

5 在幻灯片中绘制一个圆形，设置其直径为"7.24厘米"、无轮廓、深蓝色。

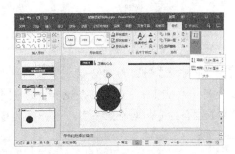

6 复制两个圆形，分别设置其大小和颜色，并调整其排列顺序，使黑色的圆置于蓝色的圆和白色的圆之间，效果如图所示。

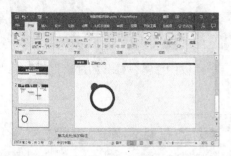

7 在黑色小圆中输入数字序号，在白色圆圈中输入对应的文本。

8 选中3个圆形，切换到【绘图工具】栏的【格式】选项卡，在【排列】组中单击【组合对象】按钮，在弹出的下拉列表中选择【组合】选项。

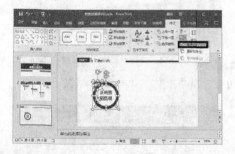

9 即可将3个圆形组合为一个整体，接着使用【Ctrl】+【C】组合键和【Ctrl】+【V】组合键复制两个组合图形，并粗略移动其位置。

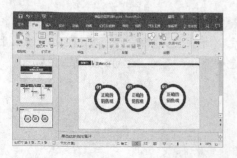

10 选中3个组合图形，切换到【绘图工具】栏的【格式】选项卡，在【排列】组中单击【对齐对象】按钮，在弹出的下拉列表中选择【横向分布】选项，即可使3个图形横向均匀分布。

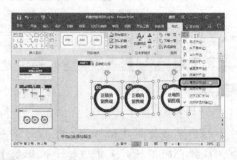

11 再次单击【对齐对象】按钮，在弹出的下拉列表中选择【垂直居中】选项，使3个图形垂直中部对齐。

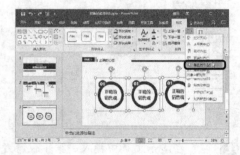

12 分别更改两个组合图形中的内容，更改完成后，选中3个组合图形，单击鼠标右键，在弹出的快捷菜单中选择【组合】▷【组合】菜单项。

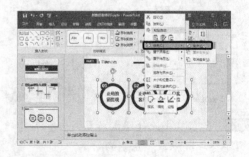

13 即可将3个组合图形组合为一个大的整体，选中组合后的图形，切换到【绘图工具】栏的【格式】选项卡，在【排列】组中单击【对齐对象】按钮，在弹出的下拉列表中选择【水平居中】选项，即可使图形相对于幻灯片水平居中分布。

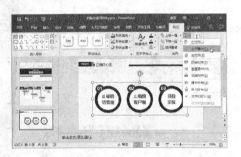

14 至此，当前过渡页就编辑完成了，用户可以按照同样的方法，编辑过渡页幻灯片，效果如图所示。

17.2.4 编辑标题页

这里的标题页也是演示文稿的正文页，即每个小标题下面的具体内容。这里同样使用绘制形状、组合、排列、插入图片、插入表格等方法，使我们的幻灯片以各种形式表现出来。

本小节原始文件和最终效果所在位置如下。	
原始文件	原始文件\第17章\销售技能培训7.pptx
最终效果	最终效果\第17章\销售技能培训7.pptx

1 打开本实例的原始文件，在第3张幻灯片后面插入一张【仅标题】版式的幻灯片。

2 编辑标题页。在深蓝色矩形框处绘制一个文本框，输入此部分的大标题，然后在"单击此处添加标题"占位符中输入本节的小标题，在幻灯片编辑区输入本小节的具体内容，最终效果如图所示。

3 按照相同的方法编辑演示文稿中其他正文页。

17.2.5 编辑封底页

封底页主要是说"感谢观看"，辅助形状我们已经在制作母版的时候制作完成了，此时只需要添加文本内容即可。

原始文件	原始文件\第17章\销售技能培训8.pptx
最终效果	最终效果\第17章\销售技能培训8.pptx

本小节原始文件和最终效果所在位置如下。

1 打开本实例的原始文件，选中第14张幻灯片，切换到【开始】选项卡，单击【幻灯片】组中的【新建幻灯片】按钮的下半部分，从弹出的下拉列表中选择【空白】选项。

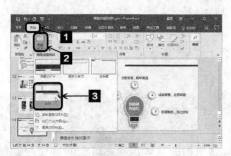

2 即可在演示文稿中插入一张空白版式的幻灯片。

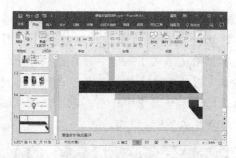

3 输入所需文本，最终效果如图所示。